建设工程软件系列教程

设备设计与负荷计算软件
高级实例教程

深圳市斯维尔科技有限公司　编著

中国建筑工业出版社

图书在版编目（CIP）数据

设备设计与负荷计算软件高级实例教程/深圳市斯维尔
科技有限公司编著.—北京：中国建筑工业出版社，2009
（建设工程软件系列教程）
ISBN 978-7-112-11646-1

Ⅰ.设…　Ⅱ.深…　Ⅲ.①采暖设备-计算机辅助设计-应用
软件-教材②采暖设备-计算机辅助计算-应用软件-教材③通风
设备-计算机辅助设计-应用软件-教材④通风设备-计算机辅助
计算-应用软件-教材　Ⅳ.TU83-39

中国版本图书馆 CIP 数据核字（2009）第 219571 号

责任编辑：郑淮兵
责任设计：崔兰萍
责任校对：袁艳玲　关　健

建设工程软件系列教程
设备设计与负荷计算软件高级实例教程
深圳市斯维尔科技有限公司　编著
*
中国建筑工业出版社出版、发行（北京西郊百万庄）
各地新华书店、建筑书店经销
北京千辰公司制版
北京建筑工业印刷厂印刷
*
开本：787×1092毫米　1/16　印张：$20\frac{1}{2}$　字数：512千字
2009年12月第一版　2010年5月第二次印刷
定价：**60.00**元（含光盘）
ISBN 978-7-112-11646-1
（18882）

前　　言

在以往的空调设计中，设计师大多采用单位面积负荷指标估算的方法进行负荷计算，由于计算方式偏于保守，计算结果偏大，致使主机、系统选型偏大，相应的初投资、运行、维护成本增加，造成资源的浪费。鉴于这种情况，在 2004 年 4 月 1 日开始实施的《采暖通风与空气调节设计规范》GB 50019—2003 中明确规定"……除方案设计或初步设计阶段可使用冷负荷指标进行必要的估算之外，应对空气调节区进行逐项逐时的冷负荷计算……（6.2.1）"。同时，在《公共建筑节能设计标准》GB 50189—2005 中明确规定："……施工图设计阶段，必须进行热负荷和逐项逐时的冷负荷计算"。

BECH 正是为了满足这一需求而设计的，软件提供了逐项逐时冷负荷、采暖热负荷和空调热负荷的计算功能。作为补充，软件仍然提供了负荷估算功能，以满足不同设计深度的需求。

市面上也有许多同类软件，提供了类似的负荷计算功能，但这些软件在进行负荷计算前，往往需要输入大量的基础数据，不能直接利用已有的建筑模型，使负荷计算效率低下，编辑、调整繁琐。

BECH 摒弃了以往繁琐的计算过程，使暖通空调专业的负荷计算变得简单易行。软件可以自动提取模型中的围护结构数据。构件也提供了丰富的属性以满足复合计算的需要。在负荷计算时，只须为构件对象设定相应属性，便可完成负荷计算过程。

应用范围

可以用于设计单位、审图机构和咨询机构对新建建筑和改建建筑的空调负荷计算、能耗分析，以及对不同设计方案的能耗比较。

软件特点

（1）严格按照《采暖通风与空气调节设计规范》GB 50019—2003 要求。

（2）可以同时计算采暖热负荷、空调热负荷和空调冷负荷。

（3）直接利用已有电子图档，直接提取负荷计算所需数据，省去了重复建模的过程。

（4）与 BECS2008 无缝结合，可以直接利用 BECS2008 节能设计项目文件。

（5）直接从模型中提取相关数据，省去了大量输入数据的过程。

（6）内含全国 600 余个城市的气象数据，并且可以不断扩充。

（7）内含丰富的材料库、构件库，并可以自由扩充，可以根据工程需求组成各种围护结构构造。

（8）强大的构件过滤功能，便于批量修改构件属性。

（9）提供丰富的计算结果及各种曲线，便于进行负荷分析、调整。

清华斯维尔建筑设备设计软件 MECH 是专为建筑设备（包括暖通空调、给水排水）设计服务的辅助设计系统，集人性化、智能化、参数化、可视化于一体，构建于 AutoCAD 2002 ~ 2010 和 Arch 平台之上，采用先进的自定义对象核心技术，以构件为基本单元、多视图技术实现二维图形与三维模型一体化。

智能化的管线系统，包括水管、风管、水阀、风阀、风口、设备等自定义构件，自动处理构件与构件之间的关系，并完全兼容 Arch 的图纸，整合了 Arch 对设备设计有用的功能。

应用范围

MECH 适用于暖通、给水排水专业的建筑设备设计工作，适用于建筑设计、咨询单位。

软件技术特点

（1）提供近 20 种设备专业对象，参数化创建，支持反复编辑。

（2）高效的菜单系统，减少鼠标的点击次数和减少查找命令的时间。

（3）命令行按钮，所有命令分支选择单键或鼠标单击即可。

（4）横条浮动对话框，提高创建图形效率的同时占用最少的屏幕有效空间。

（5）支持符合国标的中文图层命名方式。

（6）提供满屏观察和满屏编辑，最大限度地利用屏幕空间。

（7）Arch、MECH 以及本公司的安装算量、清单计价软件前后承接，形成了从建筑设计、设备设计到安装算量、预算计价的完整的解决方案，能最大限度地减少重复工作。

我们真诚地期待您提出宝贵的意见和建议，欢迎登录到 AB-BS 的"斯维尔论坛"，我们将认真答复您所提出的问题。如果对我公司产品有兴趣或希望了解公司情况，可以登录我公司的网站 http：//www. thsware. com 和 http：//www. thscad. com，那里有公司及公司产品的详细介绍。

您的支持永远是我们前进的动力。

目　录

第一部分　暖通负荷 BECH

第一部分　暖通负荷 BECH

第 1 章 概　述

本章详尽阐述斯维尔暖通负荷软件 BECH（简称 BECH）的相关理念和软件约定，这些知识对于您学习和掌握 BECH 不可缺少，请仔细阅读。

本章内容
- 文档自述
- 入门知识
- 用户界面

1.1　文档自述

本书是斯维尔暖通负荷软件 BECH 配套的使用手册，BECH 用于计算建筑物的暖通冷热负荷，为设备选型和方案提供必要的依据。

尽管本书力图尽可能完整地描述 BECH 软件的功能，但由于软件发展的日新月异，最后发行和升级中可能的内容变更，您得到的软件的功能未必和本书的叙述完全一致，若有疑问，请不要忘记参考软件的联机帮助文档，即本书最新的电子文档。

1.1.1　本书内容

本书按照软件的功能模块进行叙述，这和软件的屏幕菜单的组织基本一致，但本书并不是按照菜单命令逐条解释，如果那样的话，只能叫做命令参考手册了，那不是本书的意图。本书力图系统性地全面讲解 BECH，不仅讲解单个的菜单命令，还讲解这些菜单命令之间的联系、完成一项任务需要的多个命令的配合，让用户用好软件，把软件的功能最大限度地发挥出来。

本书的内容安排如下：

第 1 章　介绍 BECH 的入门知识和综合必备知识，为用户必读的内容；

第 2 章　介绍 BECH 暖通负荷计算的流程和计算原理；

第 3 章　建筑模型的建立，包括导入转换已有的电子图档或新建建筑框架以及建筑空间划分；

第 4 章　介绍负荷计算的热工设置及构造管理；

第 5 章　介绍负荷计算的过程；

第 6 章　介绍辅助工具的使用；

第 7 章　实例工程概况；

第 8 章　实例工程设置；

第 9 章　实例工程负荷计算。

1.1.2　术语解释

这里介绍一些容易混淆的术语，以便用户更好地理解本书的内容和本软件的使用。

1）拖放（Drag-Drop）和拖动（Dragging）

前者是按住鼠标左键不放，移动到目标位置时再松开左键，松开时操作才生效。

这是 Windows 常用的操作。

后者是不按鼠标键，在 AutoCAD 绘图区移动鼠标，系统给出图形的动态反馈，在绘图区左键点取位置，结束拖动。夹点编辑和动态创建使用的是拖动操作。

2）窗口（Window）和视口（Viewport）

前者是 Windows 操作系统的界面元素，后者是 AutoCAD 文档客户区用于显示 AutoCAD 某个视图的区域，客户区上可以开辟多个视口，不同的视口显示不同的视图。

3）浮动对话框

程序员的术语叫无模式（Modeless）对话框，由于本书的目标读者并非程序员，我们采用更容易理解的称呼，称为浮动对话框。这种对话框没有确定（OK）按钮和取消（Cancel）按钮，在 BECH 中通常用来创建图形对象，对话框列出对象的当前数据或有关设置，在视图上动态观察或操作，操作结束时，系统自动关闭对话框窗口。

1.2　入门知识

尽管本书尽量使用浅显的语言来叙述 BECH 的功能，软件本身也使用了很多方法以便更容易地使用，但这里还是要指出，本书不是一本计算机应用的入门书籍，用户需要一定的计算机常识，对 AutoCAD 也要有一定的了解。

1.2.1　必备知识

BECH 构筑在 AutoCAD 平台上，而 AutoCAD 又构筑在 Windows 平台上，因此用户是使用 Windows + AutoCAD + BECH 来解决问题。对于 Windows 和 AutoCAD 的基本操作，本书一般不进行讲解，如果还没有使用过

AutoCAD，请寻找其他资料解决 AutoCAD 的入门操作。除此之外，办公软件（主要指 Excel）也是需要的，计算结果的输出格式就是 Excel 文件，毕竟有些任务更适合用办公软件。

1.2.2　软硬件环境

BECH 对硬件并没有特别的要求，只要能满足 AutoCAD 的使用要求即可。推荐的硬件为 Pentium 3 + 256M 内存或更高档次的机器，除了 CPU 和内存，其他硬件的作用也很重要，请留意一下，鼠标是否带滚轮，并且有三个或更多的按钮（许多鼠标的第三个按钮就是滚轮，既可以按又可以滚）。如果用的是老掉牙的双键鼠标，立即去更换吧，落后的配置将严重阻碍软件的使用。作为 CAD 应用软件，屏幕的大小是非常关键的，用户至少应当在 1024 × 768 的分辨率下工作，如果达不到这个条件，用来操作图形的区域很小，很难想象会工作得很如意。

1.2.3　安装和启动

BECH 的安装过程简单明了，十分直观，如果有注意事项，请查看安装盘上的说明文件。

程序安装后，将在桌面上建立启动快捷图标"暖通负荷 BECH"。运行该快捷方式即可启动 BECH。

如果你的计算机安装了多个符合 BECH 要求的 AutoCAD 平台，那么首次启动时将提示选择 AutoCAD 平台。如果不喜欢每次都询问 AutoCAD 平台，可以选择"下次不再提问"，这样下次启动时，就直接进入 BECH 了。不过你也可能后悔，例如你安装了更合适的 AutoCAD 平台，或由于工作的需要，要变更 AutoCAD 平台。你只要更改 BECH 目录下的 startup. ini，SelectAutoCAD = 1，即可恢复到可以选择 AutoCAD 平台的状态。

1.3　用户界面

BECH 对 AutoCAD 的界面进行了必要的扩充，界面如图 1-1 所示。

1.3.1　屏幕菜单

BECH 的主要功能都列在屏幕菜单上，屏幕菜单采用"开合式"两级结构，第一级菜单可以单击展开第二级菜单，任何时候最多只能展开一个一级菜单，展开另外一个一级菜单时，原来展开的菜单自动并拢。二级菜单是真正可以执行任务的菜单，大部分菜单项都有图标，以方便用户更快地确定菜单项的位置。当光标移到菜单项上时，AutoCAD 的状态行会出现该菜单项功能的简短提示。

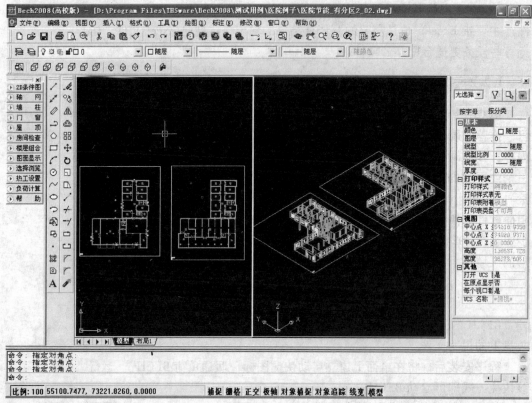

图 1-1　BECH 用户界面

1.3.2　右键菜单

这里介绍的是绘图区的右键菜单，其他界面上的右键菜单见相应的章节，过于明显的菜单功能不进行介绍。BECH 的功能不是都列在屏幕菜单上，有些编辑功能只在右键菜单上列出。右键菜单有两类：模型空间空选右键菜单，列出绘图任务最常用的功能；选中特定对象的右键菜单，列出该对象相关的操作。

1.3.3　工具条

工具条和屏幕菜单对应，为了节省屏幕空间，工具条默认情况下不开启，用户可以右击 AutoCAD 的工具条，可以选择打开 BECH 菜单组的各个工具条。

1.3.4　命令行按钮

在命令行的交互提示中，有分支选择的提示，都变成局部按钮，可以单击该按钮或单击键盘上对应的快捷键，即进入分支选择。注意不要再加一个回车了。用户可以通过设置，关闭命令行按钮和单键转换的特性。

1.3.5 文档标签

AutoCAD 平台是多文档的平台，可以同时打开多个 DWG 文档，当有多个文档打开时，文档标签出现在绘图区上方，可以点取文档标签快速地切换当前文档。用户可以配置关闭文档标签，把屏幕空间还给绘图区。

1.3.6 模型视口

BECH 通过简单的鼠标拖放操作，就可以轻松地操纵视口，不同的视口可以放置不同的视图。

1）新建视口

当光标移到当前视口的 4 个边界时，光标形状发生变化，此时开始拖放，就可以新建视口。注意光标稍微位于图形区一侧，否则可能是改变其他用户界面，如屏幕菜单和图形区的分隔条和文档窗口的边界。

2）改视口大小

当光标移到视口边界或角点时，光标的形状会发生变化，此时，按住鼠标左键进行拖放，可以更改视口的尺寸，通常与边界延长线重合的视口也随同改变，如不须改变延长线重合的视口，可在拖动时按住 < Ctrl > 或 < Shift > 键。

3）删除视口

更改视口的大小，使它某个方向的边发生重合（或接近重合），视口自动被删除。

4）放弃操作

在拖动过程中如果想放弃操作，可按 ESC 键取消操作。如果操作已经生效，则可以用 AutoCAD 的放弃（UNDO）命令处理。

1.4 本章小结

本章介绍了关于 BECH 的综合知识，通过本章的学习，应当了解：

（1）BECH 基本原理；

（2）BECH 用户界面的使用；

（3）用 BECH 进行暖通负荷计算的一般流程。

下面就可以开始大胆地使用 BECH 的各项功能了。

第 *2* 章 计算原理

本章详尽阐述斯维尔暖通负荷软件 BECH（简称 BECH）的工作流程（图 2-1）和计算原理，理解这些对熟练地操作软件进行负荷计算是至关重要的。

本章内容
- 工作流程
- 计算原理

2.1 工作流程

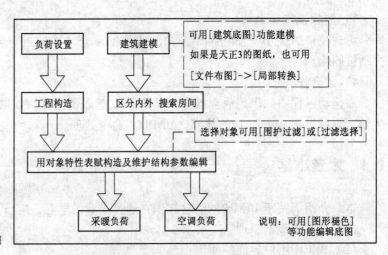

图 2-1　BECH 负荷计算流程图

　　我们要进行负荷计算，首先就需要一个可以认知的建筑模型。负荷计算所关注的建筑模型是由墙体、门窗等围护结构构成的建筑框架，以及由此而产生的房间对象和建筑轮廓，我们可以通过设定房间对象的热工参数来设定基础条件，同时通过设定房间的新风、人员、灯光、设备等情况来计算房间的冷负荷。对于屋顶和楼板，系统会自动处理，不需要建模。BECH 负荷计算所采用的围护结构模型与 Arch 以及 BECS 的建筑模型保持兼容，这意味着如果采用 Arch 提供的建筑模型就可以避免模型处理的过程；如果采用 BECS 提供的建筑模型以及项目设置文件，更省去了工程设置及围护结构构造设置的过程，直接设置与暖通负荷有关的新风、人员、设备参数，执行相应的负荷计算命令即可，从而节省了负荷计算过程中录入基础数据的过程。

如果手中的建筑底图不是 BECH 可以直接利用的图纸类型，则可以利用软件提供的【条件图】处理模块快速地对其进行转换，详细的处理过程请参阅【条件图】处理模块的详细说明，此处不再重复叙述。

2.2 热负荷计算原理

热负荷的计算是按照稳态传热的原理进行计算的，主要依据《采暖通风与空气调节设计规范》的有关规定，计算房间散失和获得的热量，计算散失的热量是热负荷计算的重点。根据热平衡原理，按以下各项进行计算：

（1）围护结构传热耗热量；

（2）加热渗入冷空气的耗热量或新风耗热量；

（3）其他途径散失或获得的热量；

（4）分户计量、间歇采暖等的热量修正。

2.2.1 围护结构传热耗热量

围护结构的传热耗热量由基本耗热量和附加耗热量构成。

1）围护结构的基本耗热量应按下式计算：

$$Q = \alpha F K (t_n - t_{wn}) \tag{2-1}$$

式中　Q——围护结构的基本耗热量（W）；

　　　α——围护结构温差修正系数，按表 2-1 采用；

围护结构温差修正系数　　　　　　　　表 2-1

围护结构特征	α
外墙、屋顶、地面以及与室外相通的楼板等	1.00
闷顶和室外空气相通的非采暖地下室上面的楼板等	0.90
与有外门窗的不采暖楼梯间相邻的隔墙（1～6 层建筑）	0.60
与有外门窗的不采暖楼梯间相邻的隔墙（7～30 层建筑）	0.50
非采暖地下室上面的楼板，外墙上有窗时	0.75
非采暖地下室上面的楼板，外墙上无窗且位于室外地坪以上时	0.60
非采暖地下室上面的楼板，外墙上无窗且位于室外地坪以下时	0.40
与有外门窗的非采暖房间相邻的隔墙	0.70
与无外门窗的非采暖房间相邻的隔墙	0.40
伸缩缝墙、沉降缝墙	0.30
防震缝墙	0.70

　　　F——围护结构的面积（m^2）；

　　　K——围护结构的传热系数 $[W/(m^2 \cdot ℃)]$；

　　　t_n——采暖室内计算温度（℃）；

　　　t_{wn}——采暖室外计算温度或邻室计算温度（℃）。

注：当邻室内采暖时，t_{wn} 为邻室计算温度，并且不再进行 α 值修正。否则 t_{wn} 取室外温度。

2）对于层高大于 4m 的工业建筑，其冬季室内计算温度，用户应按《采暖通风与空气调节设计规范》中 4.2.4 的要求进行计算后作为房间的计算温度。

3）对于与土壤不接触的围护结构的 K 值：

$$K = 1/(R_1 + R_j + R_2)$$

R_1——采暖房间的围护结构表面对流换热热阻，取 0.115（$m^2 \cdot ℃/W$）；

R_j——围护结构材料构造层热阻和内部空气夹层热阻之和（$m^2 \cdot ℃/W$）；

R_2——另外一侧表面空气对流换热热阻，室外取 0.04（$m^2 \cdot ℃/W$），室内取 0.115（$m^2 \cdot ℃/W$）。

对于外墙，还可以选择采用平均 K 值，即系统根据热桥情况自动求出各个外墙传热单元的平均 K 值，这对于内保温系统是非常必要的。

4）对于地面和地下外墙采用两个地带的方法，来求解 K 值：根据《民用建筑节能设计标准（采暖居住建筑部分）》，地面划分为周边地面和非周边地面，不重复计算拐角处面积，不保温周边地面的 K 值取 0.52，不保温非周边地面 K 值取 0.30。因此地面保温的时候：

周边地面 $K = 1/(1/0.52 + R_j)$

非周边地面 $K = 1/(1/0.30 + R_j)$

R_j——保温层材料热阻之和。

《民用建筑节能设计标准（采暖居住建筑部分）》给出了 70mm 聚苯乙烯泡沫塑料的保温周边地面 K 值为 0.30，可以根据上面的公式推导出来（保温材料修正系数取 1.1）。说明上面的公式求解地面传热系数是合适的。

5）围护结构的附加耗热量，应按其占基本耗热量的百分率确定。

$$\begin{aligned} Q_1 &= (Q + \alpha_1 \cdot Q + \alpha_2 \cdot Q + \alpha_3 \cdot Q)(1 + \alpha_4) \\ &= (1 + \alpha_1 + \alpha_2 + \alpha_3)(1 + \alpha_4)Q \end{aligned} \qquad (2\text{-}2)$$

式中　Q——围护结构基本耗热量；

Q_1——围护结构传热耗热量。

各项附加（或修正）百分率，宜按下列规定的数值选用：

（1）α_1 朝向修正率：

北、东北、西北	0 ~ 10%
东、西	−5%
东南、西南	−15% ~ −10%
南	−30% ~ −15%

注：① 应根据当地冬季日照率、辐射照度、建筑物使用和被遮挡等情况选用修正率。

② 冬季日照率小于 35% 的地区，东南、西南和南向的修正率，宜采用 −10% ~ 0，东、西向可不修正。

（2）风力附加率 α_2：建筑在不避风的高地、河边、海岸、旷野上的建筑物，以及城镇、厂区内特别高出的建筑物，垂直的外围护结构附加

$5\% \sim 10\%$。水平的围护结构不进行附加。

（3）外门附加率 α_3：

当建筑物的楼层数为 n 时：

一道门	$65\% \times n$
两道门（有门斗）	$80\% \times n$
三道门（有两个门斗）	$60\% \times n$
公共建筑和工业建筑的主要出入口	500%

注：① 外门附加率，只适用于短时间开启的、无热空气幕的建筑入口外门。

② 阳台门不计入外门附加。

（4）高度附加率 α_4：民用建筑和工业企业辅助建筑（楼梯间除外）的高度附加率，房间高度大于 4m 时，每高出 1m 应附加 2%，但总的附加率不应大于 15%。

注：高度附加率，附加于围护结构的基本耗热量和其他附加耗热量上。

2.2.2 冷风渗入耗热量

对于空调热负荷而言，由于通过送风采暖，采暖房间保持正压，因此不考虑冷风渗透负荷。对于采暖热负荷则需要考虑冷风渗透。冷风渗透耗热量有缝隙法、换气次数法和百分率法三种供选择。

1）缝隙法

◆ 加热由外窗、阳台外门窗缝隙渗入室内的冷空气的耗热量，应根据建筑物的内部隔断、门窗构造、门窗朝向、室内外温度和室外风速等因素确定，可按下式计算：

$$Q = 0.28 c_p p_{wn} L(t_n - t_{wn}) \tag{2-3}$$

式中　Q——由门窗缝隙渗入室内的冷空气的耗热量（W）；

c_p——空气的定压比热容，$c_p = 1\text{kJ}/(\text{kg} \cdot ℃)$；

ρ_{wn}——采暖室外计算温度下的空气密度（kg/m³）；

t_n——采暖室内计算温度（℃）；

t_{wn}——采暖室外计算温度（℃），根据热负荷是采暖热负荷还是空调热负荷采用不同的室外计算温度；

L——渗透冷空气量（m³/h），可根据不同的朝向，按下列计算公式确定：

$$L = L_0 l_1 m^b \tag{2-4}$$

式中　L_0——在基准高度单纯风压作用下，不考虑朝向修正和建筑物内部隔断情况时，通过每米门窗缝隙进入室内的理论渗透冷空气量 [m³/(m·h)]，按式（2-5）确定；

l_1——外门窗缝隙的长度（m），应分别按各朝向可开启的门窗缝隙长度计算；

m——风压与热压共同作用下，考虑建筑体形、内部隔断和空气流通等因素后，不同朝向、不同高度的门窗冷风渗透压差综合修正系数，按式（2-6）确定；

b——门窗缝隙渗风指数，$b = 0.56 \sim 0.78$，当无实测数据时，可取 $b = 0.67$。

（1）通过每米门窗缝隙进入室内的理论渗透冷空气量，按下式计算：

$$L_o = \alpha_1 \left(\frac{\rho_{wn}}{2} v_o^2 \right)^b \qquad (2\text{-}5)$$

式中 α_1——外门窗缝隙渗风系数 $[m^3/(m \cdot h \cdot Pa^b)]$，当无实测数据时，可根据建筑外窗空气渗透性能分级的相关标准，按表2-2采用。

外门窗缝隙渗风系数下限值 表2-2

建筑外窗空气渗透性能分级	I	II	III	IV	V
$\alpha_1 [m^3/(m \cdot h \cdot Pa^{0.67})]$	0.1	0.3	0.5	0.8	1.2

v_o——基准高度冬季室外最多风向的平均风速（m/s），按《采暖通风与空气调节设计规范》中第3.2节的有关规定确定。

（2）冷风渗透压差综合修正系数，按下式计算：

$$m = G_r \cdot \Delta C_f \cdot (n^{1/b} + C) \cdot C_h \qquad (2\text{-}6)$$

式中 C_r——热压系数，用户输入。当无法精确计算时，按表2-3采用。

热压系数表 表2-3

内部隔断情况	开敞空间	有内门或房门		有前室门、楼梯间门或走廊两端设门	
		密闭性差	密闭性好	密闭性差	密闭性好
C_r	1.0	0.8~1.0	0.6~0.8	0.4~0.6	0.2~0.4

ΔC_f——风压差系数，当无实测数据时，可取 $\Delta C_f = 0.7$；

n——单纯风压作用下，渗透冷空气量的朝向修正系数，按《采暖通风与空气调节设计规范》附录E采用；

C——作用于门窗上的有效热压差与有效风压差之比，按式（2-8）确定；

C_h——高度修正系数，按下式计算：

$$C_h = 0.3 h^{0.4} \qquad (2\text{-}7)$$

式中 h——计算门窗的中心线标高（m）。

（3）有效热压差与有效风压差之比，按下式计算：

$$C = 70 \frac{h_z - h}{\Delta C_f v_o^2 h^{0.4}} \cdot \frac{t_n' - t_{wn}}{273 + t_n'} \qquad (2\text{-}8)$$

式中 h_z——单纯热压作用下，建筑物中和面的标高（m），取建筑物总高度的1/2；

t_n'——建筑物内形成热压作用的竖井计算温度（℃），由用户输入。

◆ 加热不采暖楼梯间户门（包括公共建筑与楼梯间邻接的门）、不采暖封闭阳台门的耗热量按下列方法确定：

$$Q = 0.28c_{\text{p}}\rho_{\text{wn}}L(t_n - t_{\text{wn}})\alpha \tag{2-9}$$

$$L = l_1 L_1$$

α——温差修正系数;

l_1——缝隙长度(m);

L_1——单位缝隙长度冷风渗透量 [$m^3/(h \cdot m)$],用户输入,《建筑设备专业技术措施》推荐了不采暖楼梯户门的单位缝隙长度冷风渗透量按 $2.0m^3/(h \cdot m)$,但没有考虑温差修正系数。BECH 软件考虑了温差修正系数,相应的冷风渗透量约为 $4.0m^3/(h \cdot m)$。

2)换气次数法

多层建筑的渗透冷空气量,当无相关数据时,可按以下公式计算:

$$L = kV \tag{2-10}$$

式中 V——房间体积(m^3);

k——换气次数(次/h),用户输入,可按表2-4采用。

换气次数   表2-4

房间类型	一面有外窗房间	两面有外窗房间	三面有外窗房间	门　厅
k	0.5	0.5~1.0	1.0~1.5	2

3)百分率附加法

工业建筑,加热由门窗缝隙渗入室内的冷空气的耗热量,可按表2-5估算。

渗透耗热量占围护结构总耗热量的百分率(%)   表2-5

建筑物高度(m)		<4.5	4.5~10.0	>10.0
玻璃窗层数	单层	25	35	40
	单、双层均有	20	30	35
	双层	15	25	30

2.2.3 新风耗热量

对于空调热负荷,采用热风采暖。房间的新风负荷按下式计算:

$$Q = 0.28c_{\text{p}}\rho_{\text{wn}}L(h_n - h_{\text{w}})(1 - \eta_1\zeta) \tag{2-11}$$

式中 L——房间的设计新风量(m^3/h),用户输入,可以参考《公共建筑节能设计标准》;

η_1——显热回收效率(0~1),没有热回收时为0;

ζ——排风比例(0~1),即热回收装置的排风量/新风量;

h_n——室内焓;

h_{w}——室外焓。

对于空调热负荷,考虑了新风热负荷,由于房间正压,不再考虑冷风渗透热负荷。

图 2-2 房间其他负荷属性表

2.2.4 通过其他途径的耗热量

通过其他途径的耗热量包括：水分蒸发的耗热量、加热由外部运输的冷物料和运输工具的耗热量、热管道以及其他表面的散热量等。这部分耗热量与采暖房间各种途径的得热量综合考虑，通过设置房间对象的其他热负荷来设定（图 2-2）。

2.2.5 分户计量和间歇采暖热负荷

$$Q = Q_1\alpha + qM \tag{2-12}$$

式中 Q_1——前面 2.2.1～2.2.4 中计算出来的热负荷，即围护结构耗热量、冷风渗透耗热量、新风耗热量和其他耗热量之和；

α——间歇采暖修正系数，对于分户计量引起的间歇采暖，《建筑设备专业技术措施》推荐取 1.1，如果供暖热源本身是间歇的还要考虑热源间歇系数，《建筑设备专业技术措施》给出了不同热源的间歇系数，可供参考，城市热网 1.0，连续供暖锅炉房 1.05～1.1，不连续供暖锅炉房 1.2；

q——单位使用面积的户间传热量，《建筑设备专业技术措施》推荐取 $10W/m^2$；

M——房间使用面积。

户间传热 M 不计入系统负荷和整个建筑负荷，只作为选取房间供暖设备设施的依据。

公式 2-12 分解为两项：

间歇负荷 $$Q_2 = Q_1(\alpha - 1) \tag{2-13}$$

户间传热 $$Q_3 = qM \tag{2-14}$$

2.3 冷负荷计算原理

空调房间的冷负荷是由房间的以下各项得热转化而来的：

（1）透过外窗的日射得热量；

（2）通过围护结构传热的得热量；

（3）人员、灯光、设备的散热量和新风带入的热量；

（4）通过其他途径的得热量。

在 BECH 的冷负荷计算中，软件可以通过提取建筑物的热工、外形等参数来自动计算由透过外窗日射得热和围护结构传热得热形成的冷负荷，由新风、人员、灯光、设备以及其他途径的得热引起的冷负荷，则可以通过设定房间对象的相关参数来计算，如图 2-3 所示。

空调房间的总冷负荷取以上各项冷负荷逐时值的综合最大值。BECH 严格按照《采暖通风与空气调节设计规范》第 6.2 节所述规定进行空调冷负荷的计算，对于没有明确规定的，参考了其他相关文献的处理方法。

冷负荷计算中涉及的主要计算公式及相关参数的确定方法如下。

设备	
设备散热量单位	单位面积（W/m²）
设备散热量	20
是否有设备罩	否
开始作用时刻	8
最后作用时刻	18

人员	
人数单位	人均（m²/人）
人数	4
集群系数	0.8
劳动强度	极轻劳动
开始作用时刻	8
最后作用时刻	18

灯光	
灯散热量单位	单位面积（W/m²）
灯散热量	11
灯具类型	明装荧光灯
开始作用时刻	8
最后作用时刻	18

新风	
风量单位	人均[m³/（h·人）]
新风量	30

其他负荷	
其他湿负荷单位	总量（kg/h）
其他湿负荷	0.00
其他冷负荷单位	总量（W）
其他冷负荷	0.00
其他热负荷单位	总量（W）
其他热负荷	300

附加系数	
间隙附加系数	1
轻型附加系数	1
其他附加系数	1

图2-3 房间参数属性表

2.3.1 透过玻璃窗的日射得热冷负荷

$$Q_c = (F_c - F_1) x_m x_b x_z J_{c \cdot max} C_{CL} + F_1 x_m x_b x_z (J_{c \cdot max})_N (C_{CL})_N \quad (2-15)$$

式中 Q_c——各小时的日射冷负荷（W）；

F_c——包括窗框的窗的面积（m²）；

F_1——该时刻玻璃窗被遮挡部分的面积（m²）；

x_m——窗的有效面积系数，见表2-6；

窗的有效面积系数表　　　　　　　　表2-6

窗的类型	单 层		双 层		三 层	
	木	钢	木	钢	木	钢
x_m	0.7	0.85	0.6	0.75	0.55	0.7

x_b——窗玻璃修正系数，即不是3mm厚的单层普通玻璃时的修正系数，见表2-7；

窗玻璃修正系数表　　　　　　　　表2-7

窗 的 类 型	x_b	窗 的 类 型	x_b
标准玻璃	1.00	3mm厚吸热玻璃	0.96
5mm厚普通玻璃	0.93	5mm厚吸热玻璃	0.88
6mm厚普通玻璃	0.89	6mm厚吸热玻璃	0.83

窗 的 类 型	x_b	窗 的 类 型	x_b
双层 3mm 厚普通玻璃	0.86	双层 6mm 厚普通玻璃	0.74
双层 5mm 厚普通玻璃	0.78		

x_z——窗的内遮阳的遮阳系数，无内遮阳时 $x_z = 1$，见表 2-8；

窗的内遮阳的遮阳系数表　　　　　　　　　　　　　表 2-8

内遮阳类型	朝阳面颜色	x_z
布内窗帘	白色	0.55
布内窗帘	中间色	0.65
布内窗帘	深色	0.75
活动百叶窗	浅色	0.65
活动百叶窗	中间色	0.75

$J_{c \cdot max}$——窗日射得热量最大值（W/m^2），取自《采暖通风与空气调节设计规范》附录 B；

C_{CL}——冷负荷系数，分无内遮阳和有内遮阳，按纬度给出，数据取自《空气调节设计手册（第二版)》中表 2-16，计算方法详见该手册 63 页；

$(J_{c \cdot max})_N$——北向（北纬 20°、25°地区为南向）日射得热量的最大值；

$(C_{CL})_N$——该时刻北向（北纬 20°、25°地区为南向）的冷负荷系数。

2.3.2 玻璃窗传热的冷负荷

$$Q_2 = x_k K_c F_c (t_{wp} + \Delta t_k - t_n) \tag{2-16}$$

式中　Q_2——玻璃窗传热冷负荷（W）；

x_k——玻璃窗传热系数的修正系数，见《空气调节设计手册（第二版)》中表 2-22；

K_c——窗玻璃的传热系数〔W/(m^2·℃)〕；

F_c——包括窗框的窗的面积（m^2）；

t_{wp}——夏季空气调节室外计算日平均温度（℃），各地气象数据取自《空气调节设计手册（第二版)》；

Δt_k——夏季室外逐时温差，见《采暖通风与空气调节设计规范》中表 2-20，其计算式为：$\Delta t_k = \beta \Delta t_r$；

β——室外温度逐时变化系数，按《空气调节设计手册（第二版)》中表 1-2 采用；

Δt_r——夏季室外计算平均日较差（℃），见《空气调节设计手册（第二版)》中表 1-3；

t_n——室内计算温度（℃）。

2.3.3 外墙和屋盖的冷负荷

$$Q_w = K_w F_w (t_{wp} + \Delta t_{fp} + \Delta t_w - t_n) \tag{2-17}$$

式中　Q_w——屋盖（或外墙）"计算时间"的冷负荷（W）；

　　　K_w——屋盖（或外墙）的传热系数［W/(m^2·℃)］；

　　　F_w——屋盖（或外墙）的面积（m^2）；

　　　t_{wp}——夏季空气调节室外计算日平均温度（℃），各地气象数据取自《空气调节设计手册（第二版）》；

　　　Δt_{fp}——屋盖（或外墙）外表面辐射平均温升（℃），$\Delta t_{fp} = \dfrac{J_p \rho}{\alpha_w}$

　　　J_p——太阳辐射日平均照度（W/m^2），数据取自《采暖通风与空气调节设计规范》附录A；

　　　α_w——围护结构外表面换热系数，见《空气调节设计手册（第二版）》表2-8，一般可取18.6W/(m^2·℃)；

　　　ρ——围护结构外表面太阳辐射吸收系数，见《空气调节设计手册（第二版）》表2-7；

　　　Δt_w——屋盖（或外墙）"作用时间"室外温度波动部分的综合负荷温差（℃），见《空气调节设计手册（第二版）》中表2-24和表2-25；

　　　t_n——室内计算温度。

2.3.4 新风冷负荷

$$新风全热冷负荷 = (室外焓 - 室内焓) \times 新风量(1 - \eta\zeta) \tag{2-18}$$

式中　η——全热回收效率（0～1），没有热回收时为0；

　　　ζ——排风比例（0～1），即热回收装置的排风量/新风量。

2.3.5 内墙、内窗、楼板、地面的冷负荷

内墙、内窗、楼板等围护结构，当邻室为非空气调节房间时，邻室温度采用邻室平均温度，其冷负荷按下式计算：

$$Q_4 = KF(t_{wp} + \Delta t_{ls} - t_n) \tag{2-19}$$

式中　Q_4——通过内墙或楼板传热的冷负荷（W）；

　　　K——内墙或楼板的传热系数［W/(m^2·℃)］；

　　　F——内墙或楼板的面积（m^2）；

　　　Δt_{ls}——邻室平均温度与夏季空气调节室外计算日平均温度的差值（℃），当邻室有较好通风时，见表2-9。

邻室计算温差　　　　　　　　　　　　　　　　　　　　　表2-9

邻室散热量	Δt_{ls}（℃）	邻室散热量	Δt_{ls}（℃）
很少（如办公室、走廊）	0～2	23～116W/m^2	5
<23W/m^2	3	>116W/m^2	7

地面的冷负荷，舒适性空调房间夏季地面冷负荷可不必计算，对于工艺性空调房间，有外墙时，仅计算距外墙 2m 以内的地面传热作为冷负荷。即

$$Q_D = K_D F_D (t_{wp} - t_n) \qquad (2\text{-}20)$$

式中　Q_D——地面冷负荷（W）；

K_D——地面传热系数，无保温地面取 $K = 0.52 \text{W}/(\text{m}^2 \cdot \text{℃})$；

F_D——距外墙 2m 以内的地面面积（m^2）。

2.3.6　渗透空气冷负荷

空调房间一般不考虑渗透空气的冷负荷，但是在室内维持不了正压的情况下，可以按以下方法计算：

（1）通过空调房间外门渗入室内空气量按下式估算：

$$L = n_1 V_1 \qquad (2\text{-}21)$$

式中　L——门渗透空气量（m^3/h）；

n_1——每小时通过的人数（h^{-1}）；

V_1——每进入一人渗入的空气量（m^3）。

普通单层门，无空气幕时，$V_1 = 3.0\text{m}^3$；

普通单层门，有空气幕时，$V_1 = 1.0\text{m}^3$；

有门斗时，$V_1 = 1.5\text{m}^3$；

转门，$V_1 = 1.0\text{m}^3$。

（2）渗透空气量的全冷负荷 Q_q（W）按下式计算：

$$Q_q = \frac{1}{3.6} \rho_w L (h_w - h_n) \qquad (2\text{-}22)$$

式中　L——渗入室内的总空气量（m^3/h）；

ρ_w——夏季空调室外计算干球温度下的空气密度，一般可取 $\rho_w = 1.13\text{kg}/\text{m}^3$；

h_w——在夏季室外计算参数时的焓值（kJ/kg）；

h_n——室内空气的焓值（kJ/kg）。

（3）渗透空气量的湿负荷 W（kg）按下式计算：

$$W = \frac{1}{1000} \rho_w L (d_w - d_n) \qquad (2\text{-}23)$$

式中　d_w——在夏季室外计算参数时的含湿量（g/kg）；

d_n——室内空气的含湿量（g/kg）。

其他符号与上同。

（4）在使用软件进行冷负荷计算的时候，渗透空气量的冷负荷和湿负荷要归入"其他负荷"项进行计算。

2.3.7　设备冷负荷

（1）热设备及热表面散热形成的计算时刻冷负荷 Q_τ（W），可按下式

计算：

$$Q_\tau = Q_s X_{\tau-T} \tag{2-24}$$

式中　T——热源投入使用的时刻（点钟）；

　　$\tau-T$——从热源投入使用的时刻算起到计算时刻的时间（h）；

　　$X_{\tau-T}$——$\tau-T$时间设备、器具散热的冷负荷系数，对于中、重型结构见《空气调节设计手册（第二版）》中表2-38、表2-39，轻型结构按表2-35附加；

　　Q_s——热源的计算散热量（W）。

（2）热设备及热表面散热形成的冷负荷 Q（W），当不能确定连续使用的小时数时，可按照下式估算：

$$Q = Q_s n_4 \tag{2-25}$$

式中　n_4——蓄热系数、热源的冷负荷与计算散热量之比；

　　Q_s——热源的计算散热量（W）。

蓄热系数 n_4 可概略取下列数据：

当三班制工作时：热源经常稳定运行时，$n_4 = 0.9 \sim 1.0$；热源间断运行时，$n_4 = 0.7 \sim 0.8$。

当一班制工作时：热源经常稳定运行时，$n_4 = 0.7 \sim 0.75$；热源间断运行时，$n_4 = 0.5 \sim 0.65$。

工作班次二班可取工作班次三班的较小值。

（3）热源的计算散热量 Q_s（W）的计算方法参见《空气调节设计手册（第二版）》中所述。

2.3.8　照明冷负荷

（1）照明设备散热形成的计算时刻的冷负荷 Q_τ（W），可按照下式计算：

$$Q_\tau = Q_s X_{\tau-T} \tag{2-26}$$

式中　T——开灯时刻（点钟）；

　　$\tau-T$——从开灯时刻算起到计算时刻的时间（h）；

　　$X_{\tau-T}$——$\tau-T$时间照明散热的冷负荷系数，对于中、重型结构见《空气调节设计手册（第二版）》中表2-44，轻型结构按表2-34附加；

　　Q_s——照明设备的散热量（W）。

当不能确定照明灯开关的确切时间时，照明的冷负荷可按照下式估算：

$$Q = Q_s \cdot n_4 \tag{2-27}$$

式中　n_4——蓄热系数，明装荧光灯可取0.9，暗装的荧光灯或明装的白炽灯可取0.85。

（2）在使用软件进行照明冷负荷计算时，需要直接输入的数据是 Q_s，即照明设备的散热量。Q_s 的值需要自行计算，计算过程可参见下述方法：

对于明装的白炽灯

$$Q_s = 1000N \cdot n_3 \tag{2-28}$$

对于荧光灯

$$Q_s = 1000 n_3 n_6 n_7 N \qquad (2-29)$$

式中　N——照明设备的安装功率（kW）；

　　　n_3——同时使用系数，一般为 0.5～0.8；

　　　n_6——整流器消耗功率的系数，当整流器在空调房间内时取 1.2，当整流器在吊顶内时取 1.0；

　　　n_7——安装系数，明装时取 1.0；暗装且灯罩上部穿有小孔时取 0.5～0.6；暗装灯罩上无孔时，视吊顶内的通风情况取 0.6～0.8；灯具回风时可取 0.35。

2.3.9　人体冷负荷

1）显热冷负荷

人体的显热散热量中辐射部分约占 2/3，存在蓄热滞后的问题。显热散热形成的计算时刻冷负荷 Q_τ（W），可按照下式计算：

$$Q_\tau = Q_s X_{\tau-T} \qquad (2-30)$$

式中　T——人员进入房间的时刻（点钟）；

　　　$\tau - T$——从人员进入房间时算起到计算时刻的时间（h）；

　　　$X_{\tau-T}$——$\tau - T$ 时间人体显热散热的冷负荷系数，见《空气调节设计手册（第二版）》中表 2-45；

　　　Q_s——人体显热的散热量（W）。

人体显热的散热量 Q_s（W）可按下式计算：

$$Q_s = n\phi q_x \qquad (2-31)$$

式中　n——空调房间内的人员总数；

　　　ϕ——群集系数，男子、女子、儿童折合成成年男子的散热比例，见《空气调节设计手册（第二版）》中表 2-46；

　　　q_x——每名成年男子的显热散热量（W），见《空气调节设计手册（第二版）》中表 2-47。

对于以下情况可取 $X_{\tau-T} = 1$，即按稳态负荷计算：人员特别密集，人体对围护结构和室内家具的辐射热量相应较少的场所，如电影院、会堂等；围护结构为轻型结构的房间；单位体积内人员很少，人员冷负荷占总负荷的比例很少的房间。

2）潜热冷负荷

潜热冷负荷按即时负荷考虑，即与潜热散热量相等。潜热冷负荷 Q_q 按下式计算：

$$Q_q = n\phi q_q \qquad (2-32)$$

式中　Q_q——人体潜热冷负荷（W）；

　　　q_q——每名男子的潜热散热量（W），见《空气调节设计手册（第二版）》中表 2-47。

其余符号与（1）中所述一致。

3）人体全热冷负荷 $Q(\mathrm{W})$

为显热冷负荷与潜热冷负荷之和，计算公式如下：

$$Q = Q_\tau + Q_q \tag{2-33}$$

2.3.10　冷负荷的修正

1）间歇附加系数

办公楼、研究室、剧场、影院、单班值工厂等，一般仅在一定时间内工作，在不工作时不开空气调节设备。因此，开机时要负担开机以前的房间蓄热量。

对于设备、人员发热较大的房间，其设备和人员的发热如按稳定传热计算时，如预冷（工作前开机）$0.5\sim1\mathrm{h}$ 或更多时间，则不须附加。对于以围护结构负荷为主的房间（如办公楼），则需要将计算出的冷负荷乘以间歇负荷系数。

2）轻型附加系数

每平方米空调面积的围护结构的材料质量小于 $150\mathrm{kg}$ 的称为轻型结构。由于轻型结构的蓄热能力小，对波动负荷衰减少，故需增加一个附加系数。

3）其他附加系数

对于跃层的房间或厂房，当房间高度比较高时，因为人都是在下边活动，所以房间上边的温度高一点是无所谓的。这时可以把"其他附加系数"设成小于 1 的适当的值；对于其他情况若考虑得不足或过多时也可以设置"其他附加系数"来修正。

2.4　计算单位

在计算由新风、人员、灯光、设备以及其他途径得热引起的冷负荷时，我们首先需要在工程设置中指定输入参数的单位，如图 2-4 所示。

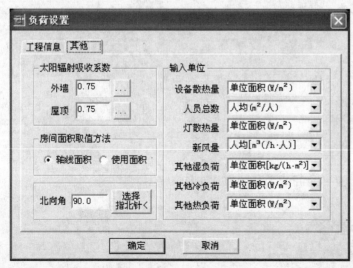

图 2-4　输入单位设置对话框

例如：我们可以设置人员总数的输入单位为：单位面积（人/m²），当我们按照此单位来对某一房间的人数进行设置时，软件会根据该房间的面积和您输入的数值自动计算出人员总数。值得注意的是，在设置某参数的输入单位时，与此输入单位有关的其他量的数值必须首先被确定，例如：指定新风量的单位为：人均 $[m^3/(h \cdot 人)]$，那么当计算某一房间的新风量时，我们需要首先设置该房间的人数。

2.5　本章小结

本章详尽阐述斯维尔暖通负荷软件 BECH（简称 BECH）的工作流程和计算原理，理解这些对熟练地操作软件进行负荷计算是至关重要的。

第 *3* 章　建筑模型

　　建筑模型是暖通负荷计算的基础，软件直接从建筑模型中提取计算所需要的围护结构数据，同时由围护结构形成房间对象，用于设定与负荷计算有关的新风、人员、设备、灯光等参数。如果有原始设计图纸的电子文档，就可以大大减少重新建模的工作量。BECH 可以打开、导入或转换主流建筑设计软件的图纸。然后根据建筑的框架就可以搜索出建筑的空间划分，为后续的负荷计算奠定基础。

本章内容
- 识别转换
- 轴柱绘制
- 创建墙体
- 门窗插入
- 创建屋顶
- 空间划分
- 楼层组合

　　建筑设计图纸是暖通负荷计算的基础条件，如果没有电子文档就需要录入建筑框架信息，包括轴网、墙体和门窗。如果已经有电子文档，就可以经过处理，变为 BECH 可以接受的建筑模型，从而大大节省建模时间。

3.1　2D 条件图

　　作暖通负荷计算需要有符合要求的建筑图档，这种图档不同于普通线条绘制的图形，而是由含有建筑特征和数据的构件构成，实际上是一个虚拟的建筑模型。像纯 ACAD 和天正 3 格式图不能直接用于暖通负荷计算，但可以通过转换、描图和新建获取符合要求的建筑图形。需要指出，建筑设计软件和暖通负荷计算软件对建筑模型的要求是不同的，建筑设计软件更多的是注重图纸的表达，而暖通负荷计算软件注重围护结构的构造和建筑形体参数。

　　常见的建筑设计电子图档是 DWG 格式的，如果获得的是斯维尔建筑设计 Arch 绘制的电子图档，那么可以用最短的时间建立建筑框架，直接打开即可；如果获得的是天正建筑 5.0 或天正建筑 6.0 绘制的电子图档，那么也可以用很短的时间建立建筑框架；如果获得的是天正建筑 3.0 或理正建筑绘制的电子图档，那么要化点时间来转换处理，所花费的时间根据绘图的规范程度和图纸的复杂程度而定；如果转换效果不理想，也可以把它作为底图，花点时间重新描绘建筑框架。

如果可以获得 BECS 的节能设计项目文件，甚至不需要对围护结构作任何的操作，只需要设定与暖通负荷计算相关的新风、人员、灯光等因素，就可以完成负荷计算的过程。

3.1.1　图形转换

屏幕菜单命令：【2D 条件图】→【转条件图】（ZTJT）
　　　　　　　　　　　　→【柱子转换】（ZZZH）
　　　　　　　　　　　　→【墙窗转换】（QCZH）
　　　　　　　　　　　　→【门窗转换】（MCZH）

对于天正建筑 3.0、理正建筑和 AutoCAD 绘制的建筑图，可以根据原图的规范和繁简程度，通过本组命令进行识别转换变为 BECH 的建筑模型。

1)【转条件图】

用于识别转换天正 3 或理正建筑图，按墙线、门窗、轴线和柱子所在的不同图层进行过滤识别。由于本功能是整图转换，因此对原图的质量要求较高，对于绘制比较规范和柱子分布不复杂的情况，本功能成功率较高（图 3-1）。

图 3-1　转条件图的对话框

操作步骤：

（1）按命令行提示，分别用光标在图中选取墙线、门窗（包括门窗号）、轴线和柱子，选取结束后，它们所在的图层名自动提取到对话框，也可以手工输入图层名。需要指出，每种构件可以有多个图层，但不能彼此共用图层。

（2）设置转换后的竖向尺寸和容许误差。这些尺寸可以按占比例最多的数值设置，因为后期批量修改十分方便。

（3）对于被炸成散线的门窗，要想让系统能够识别，需要设置门窗标志，也就是说，大致在门窗编号的位置给输入一个或多个符号，系统将根据符号代表的标志，判定这些散线转成门或窗。如下的情况不予转换：标志同时包含门和窗两个标志，无门窗编号，包含 MC 两个字母的门窗。总之，标识的目的是告诉系统转成什么。

（4）框选准备转换的图形。一套工程图有很多个标准层图形，一次转多少取决于图形的复杂度和绘制得是否规范，最少一次要转换一层标准图，最多支持全图一次转换。

2）【柱子转换】

用于单独转换柱子。对于一张二维建筑图，如果想柱子和墙窗分开转换，最好先转柱子，再进行墙窗的转换，这会大大降低图纸复杂度和增加转换成功率（图 3-2）。

图 3-2　柱子转换的对话框

3）【墙窗转换】

用于单独转换墙窗，原理和操作与【转条件图】相同（图 3-3）。

图 3-3　墙窗转换的对话框

4）【门窗转换】

用于单独转换天正 3 或理正建筑的门窗。对话框右侧选项的意义是，勾选项的数据取自本对话框的设置，不勾选项的数据取自图中测量距离。分别设置好门窗的转换尺寸后，框选准备转换的门窗块，系统批量生成 BECH 的门窗。采用描图方式处理条件图时，当描出墙体后用本命令转换门窗最恰当。天正 3 和理正建筑的门窗是特定的图块，如果被炸成散线本命令就无能为力，可考虑用【墙窗转换】的门窗标志方法或者利用原图中的门窗线用【两点插窗】快速插入（图 3-4）。

图 3-4　门窗替换的对话框

需要指出，对于绘制不规范的原始图，转换前适当作一下处理，比如【消除重线】和整理图层等，将大大增加转换成功率。

3.1.2 描图工具

屏幕菜单命令：【2D 条件图】→【背景褪色】（BJTS）

【辅助轴线】（FZZX）

【墙　　柱】→【创建墙体】（CJQT）

【2D 条件图】→【门窗转换】（MCZH）

【门　　窗】→【两点门窗】（LDMC）

面对来源复杂的建筑图，往往描图更为可靠。尽管 BECH 提供的建模工具游刃有余，但描图确实有一定的技巧性，处理好了就会省时省力。这里我们把描图的功能列出来，以启发用户怎么去描图。

1）【背景褪色】

描图前对天正建筑3.0 或理正建筑的图当作褪色处理，使得它们当做参考底图与描出来的围护结构看上去泾渭分明。另一方面，建筑设计的工程图纸，对于负荷计算而言，最关心的是墙体和门窗。可以把不关心的其他图形褪色处理，这样既不影响对图纸的阅读，又突出重点。分支命令选项：

［背景褪色］：将整个图形按50% 褪色度进行处理；

［删除褪色］：删除经褪色处理的图元；

［背景恢复］：恢复经褪色处理的图纸回到原来的色彩。

2）【辅助轴线】

本命令主要作为描图的辅助手段，对缺少轴网的图档在两根墙线之间居中生成临时轴线和表示墙宽的数字，以便沿辅助轴线绘制墙体。

3）【创建墙体】

本命令在后面的墙体章节中有详细介绍，在这里提出来为的是提醒用户【创建墙体】中有三种定位方式，其中左边和右边定位用于沿墙边线描图是一个很理想的方法。

4）【门窗转换】

描出墙体后，可以批量转换天正3 或理正建筑的门窗。然后用对象编辑修改同编号的门窗尺寸，也可以用特性表修改。

5）【两点门窗】

天正3 或理正建筑的门窗块含有属性，一旦被炸成一堆散线，尽管可以用门窗标志的方式转换却很麻烦。此种情况下，采用本功能利用图中的门窗线做捕捉点可快速连续插门窗（图3-5）。

图3-5　两点门窗的对话框

3.1.3 墙体整理

屏幕菜单命令:【2D 条件图】→【倒墙角】(DQJ)

【修墙角】(XQJ)

1)【倒墙角】

本功能与 AutoCAD 的倒角(Fillet)命令相似,专门用于处理两段不平行的墙体的端头交角问题。有两种情况:

当倒角半径不为 0,两段墙体的类型、总宽和左右宽必须相同,否则无法进行;

当倒角半径为 0 时,用于不平行且未相交的两段墙体的连接,此时两墙段的厚度和材料可以不同。

2)【修墙角】

本命令提供对两端墙体相交处的清理功能,当用户使用 AutoCAD 的某些编辑命令对墙体进行操作后,墙体相交处有时会出现未按要求打断的情况,采用本命令框选墙角可以轻松处理。

3.2 轴网

轴网在负荷计算中没有实质用处,仅反映建筑物的布局和围护结构的定位。轴网由轴线、轴号和尺寸标注三个相对独立的系统构成。

绘制轴网通常分三个步骤:

(1)创建轴网,即绘制构成轴网的轴线;

(2)对轴网进行标注,即生成轴号和尺寸标注;

(3)编辑修改轴号。

3.2.1 创建轴网

屏幕菜单命令:【轴网】→【直线轴网】(ZXZW)

【弧线轴网】(HXZW)

【墙生轴网】(QSZW)

1)【直线轴网】

创建直线正交轴网或非正交轴网的单向轴线,可以同时完成开间和进深尺寸的数据设置。对话框如图 3-6、图 3-7 所示。

输入轴网数据的方法有两种:

(1)直接在[键入]栏内键入,每个数据之间用空格或逗号隔开,输入完毕回车生效。

(2)在[个数]和[尺寸]中键入,或鼠标点击从下方数据栏获得待选数据,双击或点击[添加]按钮后生效。

2)【弧形轴网】

创建一组同心圆弧线和过圆心的辐射线组成弧线型轴网。开间的总和为360°时，生成弧线轴网的特例，即圆轴网。对话框如图3-7所示。

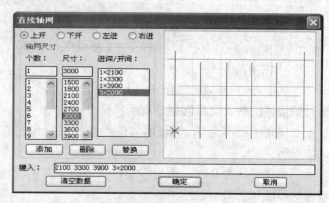

图3-6　直线轴网对话框

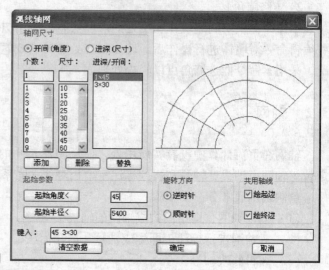

图3-7　弧线轴网实例

对话框选项和操作解释

［开间］：由旋转方向决定的房间开间划分序列，用角度表示，以（°）为单位。

［进深］：半径方向上由内到外的房间划分尺寸。

［起始半径］：最内侧环向轴线的半径，最小值为零。可在图中点取半径长度。

［起始角度］：起始边与 X 轴正方向的夹角。可在图中点取弧线轴网的起始方向。

［绘起边］、［绘终边］：当弧线轴网与直线轴网相连时，应不画起边或终边，以免轴线重合。

3）【墙生轴网】

此功能用于在已有墙体上批量快速生成轴网，很像先布置轴网后画墙体的逆向过程。在墙体的基线位置上自动生成轴网（图3-8）。

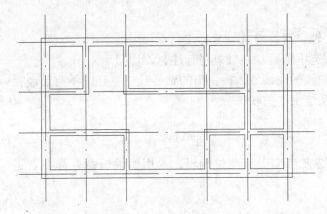

图 3-8　墙体生成的轴网

3.2.2　轴网标注

轴网的标注有轴号标注和尺寸标注两项，软件自动一次性智能完成，但两者属不同的自定义对象，在图中是分开独立存在的。

1）整体标注

屏幕菜单命令：【轴网】→【轴网标注】（ZWBZ）

右键菜单命令：〈选中轴线〉→【轴网标注】（ZWBZ）

本命令对起止轴线之间的一组平行轴线进行标注。能够自动完成矩形、弧形、圆形轴网以及单向轴网和复合轴网的轴号和尺寸标注。

操作步骤：

（1）如果需要的话，更改对话框（图 3-9）列出的参数和选项；

（2）选择第一根轴线；

（3）选择最后一根轴线。

图 3-9　轴网标注对话框

对话框选项和操作解释：

[单侧标注]：只在轴网点取的那一侧标注轴号和尺寸，另一侧不标。

[双侧标注]：轴网的两侧都标注。

[共用轴号]：选取本选项后，标注的起始轴线选择前段已经标好的最末轴线，则轴号承接前段轴号继续编号。并且前一个轴号系统编号重排后，后一个轴号系统也自动相应地重排编号。

[起始轴号]：选取的第一根轴线的编号，可按规范要求用数字、大小写字母、双字母、双字母间隔连字符等方式标注，如 8、A-1、1/B 等。

实例一：组合轴网的标注

选取 [共用轴号] 后的标注操作示意图（图 3-10）。

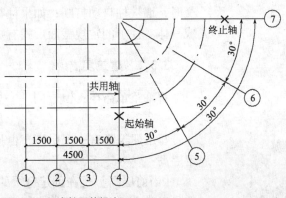

图 3-10　组合轴网的标注

2）轴号标注

屏幕菜单命令：【轴　网】→【轴号标注】（ZHBZ）

右键菜单命令：〈选中轴线〉→【轴号标注】（ZHBZ）

本命令只对单个轴线标注轴号，标注出的轴号独立存在，不与已经存在的轴号系统和尺寸系统发生关联。

3.2.3　轴号编辑

轴号常用的编辑是夹点编辑和在位编辑，专用的编辑命令都在右键菜单。

1）修改编号

使用在位编辑来修改编号。选中轴号对象，然后单击圆圈，即进入在位编辑状态。如果要关联修改后续的多个编号，按回车键；否则只修改当前编号。

2）添补轴号

右键菜单命令：〈选中轴号〉→【添补轴号】（TBZH）

本命令对已有轴号对象，添加一个新轴号。

3）删除轴号

右键菜单命令：〈选中轴号〉→【删除轴号】（SCZH）

本命令删除轴号系统中某个轴号，后面相关联的所有轴号自动更新。

3.3　柱子

柱子在建筑物中起承载作用。从热工学上讲，位于外墙中的钢筋混凝土柱子由于热工性能差会引起围护结构的热桥效应，影响建筑物的保温效果甚至在墙体内表面结露。因此，负荷计算中必须重视热桥带来的不利影响。BECH支持标准柱、角柱和异型柱，并且可以自动计算热桥影响下的外墙平均传热系数 K 和热惰性系数 D，前提是在模型中准确地布置了柱子。

负荷中只关心插入外墙中的柱子，独立的柱子不必理会。墙体与柱相交时，墙被柱自动打断；如果柱与墙体同材料，墙体被打断的同时与柱连成一体。柱子的常规截面形式有矩形、圆形、多边形等。

3.3.1　建筑层高

屏幕菜单命令：【墙柱】→【当前层高】（DQCG）

【改高度】（GGD）

每层建筑都有一个层高，也就是本层墙柱的高度。可以用两种方法确定层高：

【当前层高】是在创建每层的柱子和墙体之前，设置当前默认的层高，这可以避免每次创建墙体时都去修改墙高（墙高的默认值就是当前层高）。

【改高度】则是创建时接受默认层高，完成一层标准图后一次性修改所有墙体和柱子的高度，对 BECH 熟练的用户，推荐用这个方法。

3.3.2　标准柱

屏幕菜单命令：【墙柱】→【标准柱】（BZZ）

标准柱的截面形式为矩形、圆形或正多边形。通常柱子的创建以轴网为参照，创建标准柱的步骤如下：

（1）设置柱的参数，包括截面类型、截面尺寸和材料等；

（2）选择柱子的定位方式；

（3）根据不同的定位方式回应相应的命令行输入；

（4）重复 1～3，或回车结束（图 3-11）。

对话框选项和操作解释：

在上述对话框中，首先确定插入的柱子 [形状]，有常见的矩形和圆形，还有正三角形、正五边形、正六边形、正八边形和正十二边形等。

图 3-11　标准柱对话框

确定柱子的尺寸：

矩形柱子：[横向] 代表 X 轴方向的尺寸，[纵向] 代表 Y 轴方向的尺寸。

圆形柱子：给出 [直径] 大小。

正多边形：给出外圆 [直径] 和 [边长]。

确定 [基准方向] 的参考原则：

自动：按照轴网的 X 轴（即接近 WCS—X 方向的轴线）为横向基准方向。

UCS—X：用户自定义的坐标 UCS 的 X 轴为横向基准方向。

柱子的偏移量有 [横偏] 和 [纵偏]，分别代表在 X 轴方向和 X 轴垂直方向的偏移量。

柱子的 [转角] 在矩形轴网中以 X 轴为基准线。在弧形、圆形轴网中以环向弧线为基准线，以逆时针为正，顺时针为负。

柱子的 [材料] 有混凝土、砖、钢筋混凝土和金属。

左侧图标表达的插入方式：

交点插柱：捕捉轴线交点插柱，如未捕捉到轴线交点，则在点取位置插柱。

轴线插柱：在选定的轴线与其他轴线的交点处插柱。

区域插柱：在指定的矩形区域内，所有的轴线交点处插柱。

替换柱子：在选定柱子的位置插入新柱子，并删除原来的柱子。

3.3.3　墙角柱

屏幕菜单命令：【墙柱】→【角柱】（JZ）

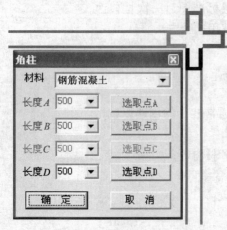

图 3-12　角柱创建对话框

本命令在墙角（最多四道墙汇交）处创建角柱。点取墙角后，弹出对话框（图 3-12）。

对话框选项和操作解释：

［材料］：确定角柱所使用的材质，有混凝土、砖、钢筋混凝土和金属。

［长度 A］/［长度 B］/［长度 C］/［长度 D］：分支在图中墙体上代表的位置与图中颜色一一对应，注意此值为墙体基线长度，直接键入或在图中点取控制点确定这些长度值。

3.3.4　异型柱

屏幕菜单命令：【墙柱】→【异型柱】（YXZ）

本命令可将闭合的 PLINE 转为柱对象。柱子的底标高为当前标高（ELEVATION），柱子的默认高度取自当前层高。

3.3.5　转构造柱

屏幕菜单命令：【墙柱】→【转构造柱】（ZGZZ）

本命令把来自 Arch 和天正建筑 6 图中的构造柱转换成标准柱，以便在负荷计算中作为热桥对待。操作时可以框选整个图形，系统自动过滤选择出构造柱并将其转换成同材料和同尺寸的标准柱，外观上没有变化只是类型的改变，可以用【对象查询】查看。

3.3.6　编辑柱子

柱子编辑主要是修改柱子的高度、柱子截面尺寸和样式。

单柱改高：使用［对象编辑］修改单个柱子高度。

批量改高：用【改高度】和墙体一同修改高度，或【过滤选择】选出柱子然后在特性表中修改高度。

替换柱子：打开创建柱子的对话框，设计好新柱子，按下左侧的［替换］按钮，在图中批量选择原有柱子实现替换，只有标准柱子才有这样的替换功能。

3.4　墙体

墙体作为建筑物的主要围护结构在负荷中起到至关重要的作用，同时它还是围成建筑物和房间的对象，又是门窗的载体。在进行模型处理过程中，与墙体打交道最多，负荷计算无法正常进行下去往往与墙体处理不当有关。如果不能用墙体围成建筑物和有效的房间，负荷计算将无法进行下去。

BECH 墙体的表面特性。选中墙体时可以看到墙体两侧有两个黄色箭头，它们表达了墙体两侧表面的朝向特性，箭头指向墙外表示该表面朝向室外与大气接触，箭头指向墙内表示该表面朝向室内。显然，外墙的两侧箭头一个指向墙内一个指向墙外，而内墙则都指向墙内（图3-13）。

3.4.1　墙体基线

墙体基线是墙体的代表"线"，也是墙体的定位线，通常和轴线对齐。墙体的相关判断都是依据于基线，比如墙体的连接

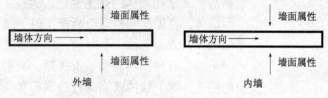

图 3-13　墙体表面特性示意图

相交、延伸和剪裁等，因此互相连接的墙体应当使得它们的基线准确地交接。BECH 规定墙基线不准许重合，也就是墙体不能重合，如果在绘制过程产生重合墙体，系统将弹出警告，并阻止这种情况的发生。如果用 Auto-CAD 命令编辑墙体时产生了重合墙体，系统将给出警告，并要求用户排除重合墙体。

建筑设计中通常不需要显示基线，但在负荷计算中把墙基线打开有利于检查墙体的交接情况。【图面显示】菜单下有墙体的"单线／双线／单双线"开关。从图形表示来说，墙基线一般应当位于墙体内部，也可以在墙体外。选中墙对象后，表示墙位置的三个夹点，就是基线的点。

3.4.2　墙体类型

在建筑负荷计算中，按照墙体两侧空间的性质不同，可将墙体分为四种类型：

外墙：与室外接触，并作为建筑物的外轮廓；

内墙：建筑物内部空间的分隔墙；

户墙：住宅建筑户与户之间的分隔墙，或户与公共区域的分隔墙；

虚墙：用于室内空间的逻辑分割（如居室中的餐厅和客厅分界）。

虽然在创建墙体时可以分类绘制，但用户不必为此劳神，BECH 有更加便捷的自动分类方式。也就是说，创建模型时用户不必关心墙体的类型，在随后的空间划分操作中系统将自动分类。

（1）【搜索房间】：自动识别指定内外墙。

（2）【搜索户型】：在搜索房间的基础上，将内墙转换为户墙。

（3）【天井设置】：在搜索房间的基础上，将天井空间的墙体转换为外墙。

上述三个功能将墙体分类后，如果又作了墙体的删除和补充，请重新进行搜索。对象特性表中也可以修改墙体的类型。需要指出，对于来自 Arch 或天正建筑 5～7 的建筑图，如果含有装饰隔断、卫生隔断和女儿墙，BECH 将不予理睬，如果需要这些墙体起分割房间作用，将它们的类型改成内外墙都可以。可以用【对象查询】快速查看墙体的类型。

3.4.3　墙体材料

在墙体创建对话框中有"材料"项，指的是墙的主材类型，它与墙的

建筑二维表达有关，不同的主材有不同的二维表现形式，这是建筑设计的需要，这个"材料"与负荷计算的"构造"无关。负荷计算中用"工程构造"来描述墙体的热工性能，通过工程构造的形式按墙体的不同类型赋予墙体。在创建和整理负荷模型时，墙体材料可以用来区分不同工程构造的墙体，无须名称——对应，比如钢筋混凝土的墙体不一定要用"钢筋混凝土墙"材料，用砖墙也没关系，只要在"工程构造"中设置钢筋混凝土的构造并赋予墙体就能进行正确的负荷计算了。总之，建筑负荷计算采用的墙体，其材料取决于工程构造附赋予的构造，而与墙体的材料无关。关于工程构造的概念和应用在第4章4.3.1节中有详细介绍。

3.4.4　创建墙体

屏幕菜单命令：【墙柱】→【创建墙体】（CJQT）
【墙柱】→【单线变墙】（DXBQ）

墙体可以直接创建，也可以由单线转换而来，底标高为当前标高（ELEVATION），墙体的所有参数都可以在创建后编辑修改。直接创建墙体有三种方式：连续布置、矩形布置和等分创建。单线转换有两种方式：轴网生墙和单线变墙。

1）直接创建墙体

直接创建墙体的对话框中左侧的图标为创建方式，可以创建单段墙体、矩形墙体和等分加墙，总宽/左宽/右宽用来指定墙的宽度和基线位置，三者互动，应当先输入总宽，然后输入左宽或右宽。高度参数，默认值取的是当前层高，而不是上次的值，若想改变这一项，设置【当前层高】即可（图3-14）。

对话框右侧是创建墙体时的三种定位方式：基线定位/左边定位/右边定位，表达的意义如图3-15所示，左边定位和右边定位特别适合描图时描墙边画墙的情况。

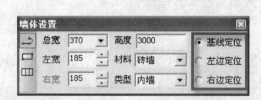

图3-14　直接创建墙体

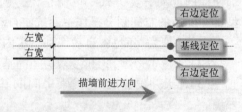

图3-15　画墙定位示意图

创建墙体是一个浮动对话框，画墙过程中无须关闭，可连续绘制直墙、弧墙，墙线相交处自动处理。墙宽和墙高数值可随时改变，单元段创建有误可以回退。当绘制墙体的端点与已绘制的其他墙段相遇时，自动结束连续绘制，并开始下一连续绘制过程。

需要指出，在基线定位时，为了墙体与轴网的准确定位，系统提供了自动捕捉，即捕捉已有墙基线和轴线。如果有特殊需要，用户可以按 F3

打开 AutoCAD 的捕捉，这样就自动关闭对墙基线和轴线的捕捉。换句话说，AutoCAD 的捕捉和系统捕捉是互斥的，并且采用同一个控制键。

2）单线变墙

本命令有两个功能：一是将 LINE、ARC 绘制的单线转为墙体对象，并删除选中单线，生成墙体的基线与对应的单线相重合。二是在设计好的轴网上成批生成墙体，然后再编辑。

轴线生墙与单线变墙操作过程相似，差别在于轴线生墙不删除原来的轴线，而且被单独甩出的轴线不生成墙体。本功能在圆弧轴网中特别有用，因为直接绘制弧墙比较麻烦，批量生成弧墙后再删除无用墙体更方便（图3-16）。

图3-16 单线变墙对话框

3.4.5 墙体分段

屏幕菜单命令：【墙窗屋顶】→【墙体分段】(QTFD)

本功能把一段墙体分割为两段或三段，以便设置不同的材料或图层，进而赋予不同的墙体构造，常常用在剪力墙结构的建模中。

采用墙体分段的好处在于转换或创建外墙时不考虑多种构造，从始至终一种墙体画到底，然后分段处理。另一种能达到同样目的的方法是，创建时就按不同材料分开绘制，再设置不同的构造。很多情况下后者更方便，用户按自己习惯的方式选择方法。

操作步骤：

（1）选择待分段的一段墙体。

（2）选择第一个断点后回车结束，该段墙体被分割成两段。

（3）选择第一个断点和第二个断点，该段墙体被分割成三段。

（4）被分割的墙段仍然为在进行【搜索房间】前，用【对象编辑】或在特性中把分割出来的墙段设置成与相邻墙不同的材料或图层，否则，搜索房间时分割出来的墙体将合成原状。

3.5 门窗

门窗是建筑物的负荷薄弱环节，也是负荷计算的重点。透光的外门须当做窗考虑。在 BECH 中门窗属于两个不同类型的围护结构，二者与墙体之间有智能联动关系，门窗插入后在墙体上自动开洞，删除门窗则墙洞自动消除。因此门窗的建模和修改效率非常高。

3.5.1 门窗种类

建筑专业以功能划分门窗，而负荷计算则以是否透光来判定是门还是窗。负荷计算中窗包含门的透光部分，因此模型处理过程中务必将门窗准确分清，尤其需要注意一些建筑条件图为满足图面表达而混淆了门窗的情况。BECH 支持下列类型的门窗。

1）普通门

普通门的参数如图 3-17 的对话框所示，其中门槛高指门的下缘到所在的墙底标高的距离，通常就是离本层地面的距离，插入时可以选择按尺寸进行自动编号。

图 3-17　普通门和窗

2）普通窗

其参数与普通门类似，支持自动编号（图 3-18）。

图 3-18　普通窗的参数

3）弧窗

弧窗安装在弧墙上，并且和弧墙具有相同的曲率半径。弧窗的参数如图3-19中的对话框所示。需要注意的是，弧墙也可以插入普通门窗，但门窗的宽度不能很大，尤其弧墙的曲率半径很小的情况下，门窗的中点可能超出墙体的范围而导致无法插入。

4）凸窗

即外飘窗，包括四种类型，其中矩形凸窗具有侧挡板特性（图3-20）。

5）转角窗

安装在墙体转角处，即跨越两段墙的窗户，可以外飘或骑在墙上。因两扇窗体的朝向不同，负荷计算中按两个窗处理。转角窗的参数如图3-21中的对话框所示。

图 3-19　弧墙上的弧窗

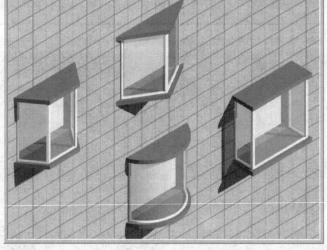

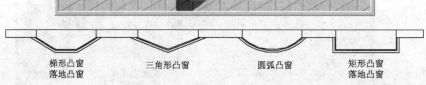

梯形凸窗　　　　三角形凸窗　　　　圆弧凸窗　　　　矩形凸窗
落地凸窗　　　　　　　　　　　　　　　　　　　　　落地凸窗

图 3-20　各种凸窗

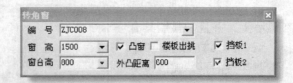

图 3-21　转角窗

6）带形窗

不能外飘，可以跨越多段墙。负荷计算中按多个窗处理（图 3-22）。

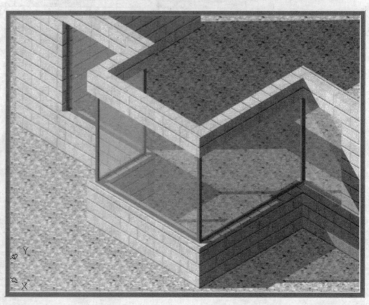

图 3-22　带形窗

3.5.2　门窗编号

屏幕菜单命令：【热工设置】→【门窗编号】（MCBH）

本命令给图中的门窗编号，可以单选编号也可以多选批量编号，分支命令［自动编号］与门窗插入对话框中的"自动编号"一样，按门窗的洞口尺寸自动组号，原则是由四位数组成，前两位为宽度、后两位为高度，按四舍五入提取，比如 900×2150 的门编号为 M09X22。这种规则的编号可以直观地看到门窗规格，目前被广泛采用。

需要特别指出的是，应用 BECH 进行负荷计算，门窗编号是一个重要的属性，用来标志同类制作工艺的门窗，即同编号的门窗，除了位置不同外，它们的材料、洞口尺寸和三维外观都应当相同。如果没有编号形成了空号门窗，则会给后期的负荷计算造成麻烦，因为无标志的门窗无法在【门窗类型】中确定其与负荷相关的参数。补救的方法就是采用本命令给门窗进行统一的编号。

3.5.3　插入门窗

屏幕菜单命令：【门窗】→【插入门窗】（CRMC）
右键菜单命令：〈选中墙体〉→【插入门窗】（CRMC）

【插入门窗】汇集了普通门窗、凸窗和弧窗等多种门窗的插入功能，位于对话框下方还提供了定位方式按钮，这些插入方式将帮助设计者快速准确地确定门窗在墙体上的位置。虽然负荷计算并不强调门窗精确定位，但从提高效率角度讲，还是有必要介绍一下各种定位的特点。

1）自由插入

可在墙段的任意位置插入，鼠标点到哪插到哪，这种方式快而随意，但不能准确定位。鼠标以墙中线为分界，内外移动控制开启方向，单击一次<Shift>键控制左右开启方向，一次点击，门窗的位置和开启方向就完全确定。

2）顺序插入

以距离点取位置较近的墙端点为起点，按给定距离插入选定的门窗。此后顺着前进方向连续插入，插入过程中可以改变门窗类型和参数。在弧墙顺序插入时，门窗按照墙基线弧长进行定位。

3）轴线等分插入

将一个或多个门窗等分插入到两根轴线之间的墙段上，如果墙段内缺少轴线，则该侧按墙段基线等分插入。门窗的开启方向控制参见自由插入中的介绍。

4）墙段等分插入

与轴线等分插入相似，本命令在一个墙段上按较短的边线等分插入若干个门窗，开启方向的确定同自由插入。

5）垛宽定距插入

系统自动选取距离点取位置最近的墙边线顶点作为参考位置，快速插入门窗，垛宽距离在对话框中预设。本命令特别适合插室内门，开启方向的确定同自由插入。

6）轴线定距插入

与垛宽定距插入相似，系统自动搜索距离点取位置最近的轴线与墙体的交点，将该点作为参考位置快速插入门窗。

7）角度定位插入

本命令专用于弧墙插入门窗，按给定角度在弧墙上插入直线型门窗。

8）满墙插入

门窗在门窗宽度方向上完全充满一段墙，使用这种方式时，门窗宽度由系统自动确定。

采用上述八种方式插入的门窗实例如图3-23所示。

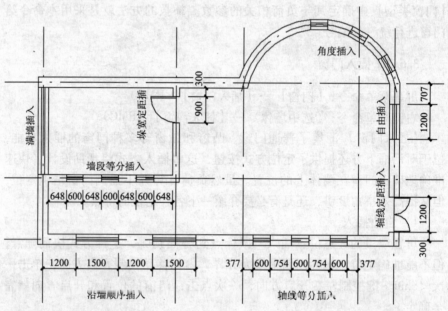

图3-23　门窗插入方式的实例

9）上层插入

上层窗指的是在已有的门窗上方再加一个宽度相同、高度不同的窗，这种情况常常出现在厂房或大堂的墙体设计中（图3-24）。

图3-24　插入上层门窗的选项

在对话框下方选择［上层插入］方式，输入上层窗的编号、窗高和窗台到下层门窗顶的距离。使用本方式时，注意上层窗的顶标高不能超过墙顶高。

3.5.4　插转角窗

屏幕菜单命令：【门窗】→【转角窗】（ZJC）

右键菜单命令：〈选中墙体〉→【转角窗】（ZJC）

在墙角的两侧插入等高角窗，有三种形式：随墙的非凸角窗（也可用带窗完成）、落地的凸角窗和未落地的凸角窗。转角窗的起始点和终止点在一个

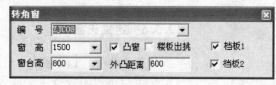

图 3-25　转角窗对话框

墙角的两个相邻墙段上，转角窗只能经过一个转角点。如果不是凸窗，最好用下面介绍的带形窗更方便（图 3-25）。

操作步骤：

（1）确定角窗类型：

不选取［凸窗］，就是普通角窗，窗随墙布置；选取［凸窗］，再选取［楼板出挑］，就是落地的凸角窗；只选取［凸窗］，不选取［楼板出挑］，就是未落地的凸角窗（图 3-26）。

（2）输入窗编号和外凸尺寸。

（3）点取墙角点，注意在内部点取。

（4）拉动光标会动态显示角窗样式。

（5）分别输入两个墙段上的转角距离，墙线显示为虚线的为当前一侧。

特别提示

（1）凸角窗的凸出方向只能是阳角方向。

（2）转角窗编号系统不检查其是否有冲突。

（3）凸角窗的两个方向上的外凸距离只能相同。

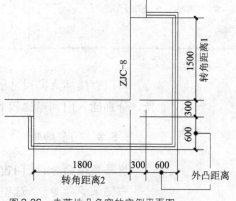

图 3-26　未落地凸角窗的实例平面图

3.5.5　布置带形窗

屏幕菜单命令：【门窗】→【带形窗】（DXC）

右键菜单命令：〈选中墙体〉→【带形窗】（DXC）

本命令用于插入高度不变、水平方向沿墙体走向的带形窗，此类窗转角数不限。点取命令后命令行提示输入带形窗的起点和终点。带形窗的起点和终点可以在一个墙段上，也可以经过多个转角点（图 3-27）。

建筑中常见的封闭阳台用带形窗最

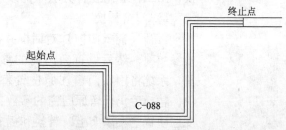

图 3-27　带形窗的插入实例

为方便，先绘制封闭的墙体，然后从起点到终点插入带形窗，就形成一个带阳台窗的封闭阳台。如图 3-28 所示。

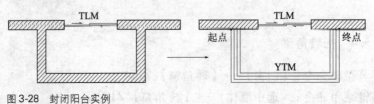

图 3-28 封闭阳台实例

3.5.6 定义天窗

屏幕菜单命令：【门 窗】→【定义天窗】(DYTC)

定义天窗将封闭线条定义成天窗。封闭线条可以是多义线和圆。先将封闭线条布置在天窗下的房间所在楼层上，可以不必设置其标高，系统提取模型时，会自动将其投影到屋顶上去。

3.5.7 门转窗

负荷计算中，透光的外门须当做窗考虑。对于玻璃门须整个转为窗，部分透光的门（如阳台门）则把透光的部分当做窗，即门的上部分要转成窗。本命令可以完成门部分或全部转成窗。如果部分转换，则上部分转换为上层窗（图 3-29）。

图 3-29 门转窗对话框

需要指出，插入门时如果确定这个门是全玻璃门，可以直接插入同尺寸的窗代替门，免得再门转窗了。如果门的上部透光，分别插入门和窗比较麻烦，还是插门再部分转窗比较方便。

3.5.8 门窗编辑

屏幕菜单命令：【门 窗】→【插入门窗】(CRMC)
右键菜单命令：〈选中门窗〉→【对象编辑】(DXBJ)

批量修改门窗（只针对插入门窗所建立的普通门窗）在模型处理过程中非常有用，BECH 有三种特点不同的解决方法。其一是利用插门窗对话框中的［替换］按钮，其二是对门窗进行［对象编辑］，其三是在特性表中进行修改。第一种方法最强，不仅可以改编号、尺寸，还能门窗类型互换；第二种和第三种方法只能改尺寸和编号。

1）门窗替换

打开【插入门窗】对话框并按下［替换］按钮，在右侧勾选准备替换的参数项，然后设置新门的参数，最后在图中批量选择准备替换的门窗，系统将用新门窗在原位置替换掉原门窗。对于不变的参数去掉勾选项，替换后仍保留原门窗的参数，例如，将门改为窗，宽度不变，应将宽度选项置空。事实上，替换和插入的界面完全一样，只是把"替换"作为一种定位方式（图 3-30）。

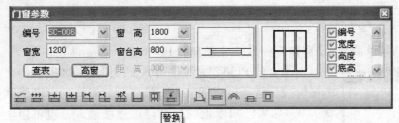

图3-30 门窗替换操作对话框

需要注意，建筑专业提交的图纸中，门窗类型有时并不正确，可以用门窗替换（清空全部过滤参数）来完成门窗类型的替换。

2）对象编辑

利用【对象编辑】可以批量修改同编号的门窗，首先对一个门窗进行修改，当命令行提示相同编号门窗是否一起修改时，回答 Y 一起修改，回答 N 只修改这一个门窗。

3）过滤选择 + 特性表

打开对象特性表（Ctrl + 1），然后用过滤选择选中多个门窗，在特性表中修改门窗的尺寸等属性，达到批量修改的目的。

3.6 屋顶

屋顶是建筑物的重要围护结构，对于负荷计算而言屋顶的数据和形态具有复杂多变的特点。值得欣慰的是，在 BECH 中屋顶的数据和工程量都自动提取，无须人工计算。BECH 除了提供常规屋顶——平屋顶、多坡屋顶、人字屋顶和老虎窗，还提供了用二维线转屋顶的工具来构建复杂的屋顶。

需要特别指出，BECH 中约定屋顶对象要放置到屋顶所覆盖的房间上层楼层框内，并且数据提取中的屋顶数据也是统计在上层。

3.6.1 生成屋顶线

屏幕菜单命令:【屋顶】→【搜屋顶线】(SWDX)

本命令是一个创建屋顶的辅助工具，搜索整栋建筑物的所有墙体，按外墙的外皮边界生成屋顶平面轮廓线。该轮廓线为一个闭合 PLINE，用于构建屋顶的边界线。负荷计算中，屋顶挑出墙体之外的部分对温差传热没有贡献，因此屋顶轮廓线应当与墙外皮平齐，也就是外挑距离等于零。

操作步骤:

（1）在命令行提示"请选择互相联系墙体（或门窗）和柱子"时，选取组成建筑物的所有外围护结构，如果有多个封闭区域要多次操作本命令，形成多个轮廓线。

（2）偏移建筑轮廓的距离请输入"0"。

3.6.2 人字坡顶

屏幕菜单命令：【屋顶】→【人字坡顶】(RZPD)

图3-31 人字屋顶的创建对话框

以闭合的 PLINE 为屋顶边界，按给定的坡度和指定的屋脊线位置，生成标准人字坡屋顶。屋脊的标高值默认为 0，如果已知屋顶的标高可以直接输入，也可以生成后编辑抬高。由于人字屋顶的檐口标高不一定平齐，因此使用屋脊的标高作为屋顶竖向定位标志（图3-31）。

操作步骤：

（1）准备一封闭的 PLINE，或利用【搜屋顶线】生成的屋顶线作为人字屋顶的边界。

（2）执行命令，在对话框中输入屋顶参数，图中点取 PLINE。

（3）分别点取屋脊线起点和终点，生成人字屋顶。也可以把屋脊线定在轮廓边线上生成单坡屋顶。

理论上讲，只要是闭合的 PLINE 就可以生成人字坡屋顶，具体的边界形状依据设计而定。也可以生成屋顶后与闭合的 PLINE 进行［布尔编辑］运算，切割出形状复杂的坡顶。图3-32 是几个多边形人字坡屋顶的实例。

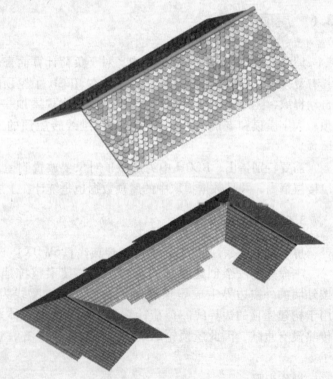

图3-32 人字屋顶的实例

3.6.3 多坡屋顶

屏幕菜单命令：【屋顶】→【多坡屋顶】(DPWD)

由封闭的任意形状的 PLINE 线生成指定坡度的坡形屋顶，可采用对象编辑单独修改每个边坡的坡度，以及用限制高度切割顶部为平顶形式。

操作步骤：

（1）准备一封闭的 PLINE，或利用【搜屋顶线】生成的屋顶线作为屋顶的边线。

（2）执行命令，图中点取 PLINE。

（3）给出屋顶每个坡面的等坡坡度或接受默认坡度。

（4）回车生成。

（5）选中"多坡屋顶"通过右键对象编辑命令进入坡屋顶编辑对话框，进一步编辑坡屋顶的每个坡面，还可以通过屋顶的夹点修改边界。

在坡屋顶编辑对话框中，列出了屋顶边界编号和对应坡面的几何参数。单击电子表格中某边号一行时，图中对应的边界用一个红圈实时响应，表示当前处理对象是这个坡面。用户可以逐个修改坡面的坡角或坡度，修改完后请点取［应用］使其生效。［全部等坡］能够将所有坡面的坡度统一为当前的坡面。坡屋顶的某些边可以指定坡角为 90°，对于矩形屋顶，表示双坡屋面的情况（图 3-33、图 3-34）。

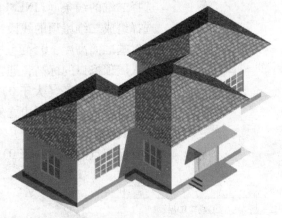

图 3-33　多坡屋顶编辑对话框　　　　图 3-34　标准多坡屋顶

对话框中的［限定高度］可以将屋顶在该高度上切割成平顶，效果如图 3-35 所示。

3.6.4　平屋顶

屏幕菜单命令：【屋顶】→【平屋顶】（PWD）

本命令由闭合曲线生成平屋顶。在 BECH 中，通常情况下平屋顶无须建模，系统自动处理，只有一些特殊情况需要建平屋顶。

1）多种构造的屋顶

创建多个平屋顶，默认屋顶仍无须建模。在工程构造的［屋顶］项中设置相应

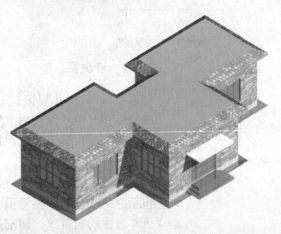

图 3-35　多坡屋顶限定高度后成为平屋顶

的构造，系统默认把位居第一位的构造赋予默认屋顶，其他构造的屋顶用【局部设置】分别赋予。

2）公共建筑与居住建筑混建

当上部为居住建筑、下部为公共建筑，且公共建筑的平屋顶比居住建筑的首层地面大的情况下，与居住建筑地面重合的这部分公共建筑屋顶，需要建平屋顶，并在特性表中将这个屋顶的边界条件设置为"绝热"。

3）地下室与室外大气相接触的顶板

当地下室的某部分顶板暴露在大气中，这部分顶板的构造不同于与地上首层连接的顶板，需要建平屋顶来解决。

3.6.5　线转屋顶

屏幕菜单命令：【屋顶】→【线转屋顶】（XZWD）

本命令将由一系列直线段构成的二维屋顶转成三维屋顶模型（PFACE）。

交互操作：

选择二维的线条（LINE/PLINE）：

选择组成二维屋顶的线段，最好全选，以便一次完整生成。

设置基准面高度＜0＞：

输入屋顶檐口的标高，通常为0。

设置标记点高度（大于0）＜1000＞：

系统自动搜索除了周边之外的所有交点，用绿色X提示，给这些交点赋予一个高度。

设置标记点高度（大于0）＜1000＞：

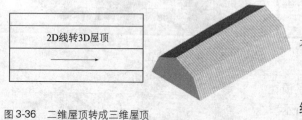

图3-36　二维屋顶转成三维屋顶

继续赋予交点一个高度……

是否删除原始的边线？［是（Y）/否（N）］＜Y＞：

确定是否删除二维的线段。

命令结束后，二维屋顶转成了三维模型（图3-36）。

3.6.6　老虎窗

屏幕菜单命令：【屋顶】→【加老虎窗】（JLHC）

本命令在三维屋顶坡面上生成参数化的老虎窗对象，控制参数比较详细。老虎窗与屋顶属于父子逻辑关系，必须先创建屋顶才能够在其上正确加入老虎窗（图3-37）。

根据光标拖拽老虎窗的位置，系统自动确定老虎窗与屋顶的相贯关系，包括方向和标高。在屋顶坡面点取放置位置后，系统插入老虎窗并自动求出与坡顶的相贯线，切割掉相贯线以下部分实体。

图 3-37　老虎窗的创建对话框

对话框选项和操作解释：

请对照对话框左侧的示意图理解下列参数的意义。

［形式］：有双坡、三角坡、平顶坡、梯形坡和三坡共计五种类型（图3-38、图 3-39）。

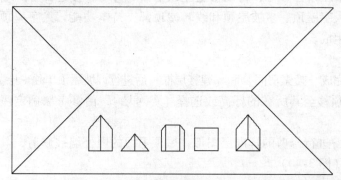

图 3-38　五种老虎窗的二维视图

图 3-39　老虎窗的三维表现

［编号］：老虎窗编号。

［窗宽］：老虎窗的小窗宽度。

［窗高］：老虎窗的小窗高度。

［墙宽 A］：老虎窗正面墙体的宽度。

［墙高 B］：老虎窗侧面三角形墙体的最大高度。

［坡高 C］：老虎窗屋顶高度。

［坡角度］：坡面的倾斜坡度。

［墙厚］：老虎窗墙体厚度。

［檐板厚 D］：老虎窗屋顶檐板的厚度。

［出檐长 E］：老虎窗侧面屋顶伸出墙外皮的水平投影长度。

［出山长 F］：老虎窗正面屋顶伸出山墙外皮的长度。

上述个别参数对于某些形式的老虎窗来说没有意义，因此被置为灰色无效。

3.6.7　墙齐屋顶

屏幕菜单命令：【屋顶】→【墙齐屋顶】（QQWD）

本命令以坡形屋顶作参考，自动修剪屋顶下面的外墙，使这部分外墙与屋顶对齐。像人字屋顶、多坡屋顶和线转屋顶都支持本功能，人字屋顶的山墙由此命令生成。

操作步骤：

（1）必须在完成［搜索房间］和［建楼层框］后进行，坡屋顶单独一层。

（2）将坡屋顶移至其所在的标高或选择［参考墙］，由参考墙确定屋顶的实际标高。

（3）选择准备进行修剪的标准层图形，屋顶下面的内外墙被修剪，其形状与屋顶吻合（图3-40）。

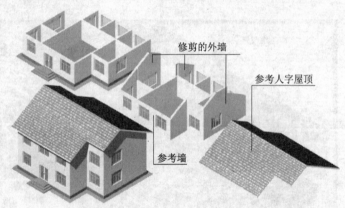

图 3-40　墙齐屋顶的实例

3.7　空间划分

建筑负荷计算的目标就是要确保房间供冷和供热的能耗保持一个经济的水平，我们把常规意义上的房间概念扩展为空间，那么就包含了室内空间、室外空间和大地等，围护结构把室内各个空间和室外分隔开，每个围护结构通过其两个表面连接不同的空间，这就是 BECH 的建筑模型。

围合成建筑轮廓的墙就是外墙，它与室外接壤的表面就是外表面。室内用来分隔各个房间的墙，就是内墙。居住建筑中某些房间共同属于某个住户，这里称为户型或套房，围合成户型但又不与室外大气接触的墙，就是户墙。

在处理负荷建筑模型时，应根据具体采用的负荷判定方法灵活地建模，对于不需要和可以简化掉的内围护结构可以不建，这样将大大节省建模时间。

3.7.1　搜索房间

屏幕菜单命令：【房间】→【搜索房间】（SSFJ）

【搜索房间】是建筑模型处理中一个重要命令和步骤，能够快速地划分室内空间和室外空间，即创建或更新一系列房间对象和建筑轮廓，同时自动将墙体区分为内墙和外墙。需要注意的是建筑总图上如果有多个区域要分别搜索，也就是一个闭合区域搜索一次，建立多个建筑轮廓。如果某房间区域已经有一个（且只有一个）房间对象，本命令不会删除之，只更新其边界和编号。

特别提醒，房间搜索后系统记录了围成房间的所有墙体的信息，在负荷计算中采用，请不要随意更改墙体，如果必须更改请务必重新搜索房间。有一个情况需要交代，【搜索房间】后即便生成了房间对象也不意味这个房间能为负荷计算所用，有些貌似合格的房间在进行【数据提取】等后续操作时系统会给出"房间找不到地板"等提示，一旦有提示请用【节点检查】纠正，然后再进行【搜索房间】。那么如何直观区分有效和无效房间呢？选中房间对象后，能够为负荷计算所接受的有效房间在其周围的墙基线上有一圈蓝色边界，无效房间则没有（图3-41）。

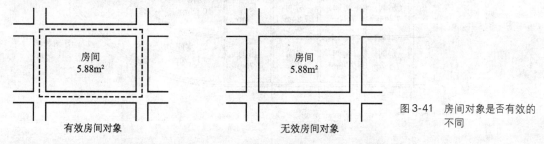

图3-41　房间对象是否有效的不同

图3-42是【搜索房间】的对话框，作负荷计算时一般接受默认的设置就可以。当以［显示房间名称］方式搜索生成房间时，房间对象的默认名称为"房间"，通过在位编辑或对象编辑可以修改名称。这个名称是房间的标称，不代表房间的功能，房间的功能在特性表中设置。一旦设置了房间功能，名称的后面会加一个带"（）"的房间功能。比如一个房间对象为"资料室（办公室）"，资料室是房间名称，办公室为房间的功能。

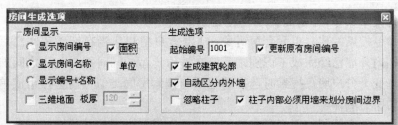

图3-42　房间生成对话框

对话框选项和操作解释：

［显示房间名称］：房间对象以名称方式显示。

［显示房间编号］：房间对象以编号方式显示。

［面积］、［单位］：房间使用面积的标注形式，显示面积数值
或面积加单位。

［三维地面］、［板厚］：房间对象是否具有三维楼板，以及楼
板的厚度。

［更新原有房间编号］：是否更新已有房间编号。

［生成建筑轮廓］：是否生成整个建筑物的室外空间对象，即建筑
轮廓。

［自动区分内外墙］：自动识别和区分内外墙的类型。

［忽略柱子］：房间边界不考虑柱子，以墙体为边界。

［柱子内部必须用墙来划分房间边界］：当围合房间的墙只搭到柱子边
而柱内没有墙体时，系统给柱内添补一段短墙为房间的边界（图3-43）。

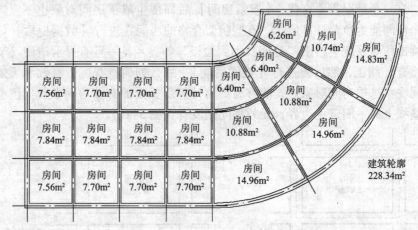

图3-43　房间对象生成实例

特别提示：

（1）如果搜索的区域内已经有一个房间对象，则更新房间的边界，否
则创建新的房间；

（2）对于敞口房间，如客厅和餐厅，可以用虚墙来分隔；

（3）再次强调，修改了墙体的几何位置后，要重新进行房间搜索。

3.7.2　搜索户型

屏幕菜单命令：【房间】→【搜索户型】（SSHX）

本命令搜索并建立单元套房对象。【搜索户型】应当在搜索房间之后
进行，即内外墙已经完成了识别，系统在搜索户型的同时把户与户之间的
边界内墙变为分户墙。搜索时选择的范围与搜索房间类似，请选择组成单
元套房的所有墙体。

户型对象有不同的填充样式可选，也可以设置不同的颜色以便区分不

同的户型。户型的填充可能会干扰其他操作，必要时冻结其图层。

3.7.3 房间排序

屏幕菜单命令：【房间】→【房间排序】（FJPX）

前面介绍过，房间的表示有名称和编号两种方式，二者一一对应，用什么方式取决于用户的习惯和设计需要。当用编号表示时，如果多次房间搜索，得到的编号可能会杂乱无章，这时可以使用【房间排序】命令，把选中的房间按照位置排序，给出有规律的编号。

3.7.4 天井设置

屏幕菜单命令：【房间】→【设置天井】（SZTJ）

本命令完成天井空间的划分和设置，一定要在【搜索房间】后再操作本设置，否则天井的边界墙体内外属性不对。搜索房间时天井内会生成一个房间对象，同时删除该区域内已有房间和天井对象（图3-44）。

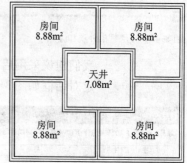

图3-44　天井对象

3.8 楼层组合

3.8.1 建楼层框

屏幕菜单命令：【楼层组合】→【建楼层框】（JLCK）

本命令用于全部标准层在一个DWG文件的模式下，确定标准层图形的范围，以及标准层与自然层之间的对应关系，其本质就是一个楼层表。

交互操作：

第一个角点＜退出＞：在图形外侧的四个角点中点取一个；

另一个角点＜退出＞：向第一角点的对角拖拽光标，点取第二点，形成框住图形的方框；

对齐点＜退出＞：点取从首层到顶层上下对齐的参考点，通常用轴线交点；

层号（形如：-1，1，3~7）＜1＞：输入本楼层框对应自然层的层号；

层高＜3000＞：本层的层高。

楼层框从外观上看就是一个矩形框，内有一个对齐点，左下角有层高和层号信息，【数据提取】中和【三维组合】中的层高取自本设置。被楼层框圈在其内的建筑模型，系统认为是一个标准层。建立过程中提示录入"层号"时，是指这个楼层框所代表的自然层，输入格式与楼层表中输入相同。

楼层框的层高和层号可以采用在位编辑进行修改，方法是首先选择楼层框对象，再用鼠标直接点击层高或层号数字，数字呈蓝色被选状态，直接输入新值替代原值，或者将光标插入数字中间，像编辑文本一样再修改。楼层框具有五个夹点，鼠标拖拽四角上的夹点可修改楼层框的包容范围，拖拽对齐点可调整对齐位置（图3-45）。

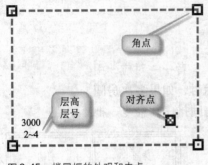

图3-45 楼层框的外观和夹点

3.8.2 楼层表

屏幕菜单命令：【楼层组合】→【楼层表】（LCB）

建筑模型是由不同的标准层构成的，在BECH中用楼层表来指定标准层和自然层之间的对应关系。这样系统才可以获取整个建筑的相关数据来进行负荷计算。每个标准层可以单独放到不同的DWG文件中，也可以放到同一个DWG文件中，用楼层框加以区分。

我们建议采用后者，因为这样可以使整个操作过程更加快捷便利。楼层设定对话框如图3-46所示。

楼层	文件名	层高
-1		1800
1		1000
2		2900
3~4		2900
5		2900
6~13		2900
14		4500
15		3500

项目位置：F:\02节能设计\实例\典型实例ok\居住\河南评

图3-46 楼层设定对话框

对于多图设置，确保［全部标准层都在当前图］复选框没有被选中，然后在［楼层］列相应的行内输入一张标准层所代表的自然楼层，可以写多项，各项之间用逗号隔开，每一项又可以写成"××"或"××~××"的格式，比如"2，4~6"，表示该图代表第二层和第四到第六层。然后在［文件名］列内输入此标准层图形文件的完整路径，也可以通过［选文件…］按钮来选择图形文件。对于单图设置，只须将［全部标准层都在当前图］复选框选中即可，系统会自动识别图形文件中的楼层框。

需要注意的是，不管是单图设置还是多图设置，一定要确认楼层没有重复。再者，单图和多图两种模式只能任取其一，不支持混合方式，即一个工程由多张图构成，其中的某些图上又包括多个楼层的情况。

3.9 图形检查

图形在识别转换和描图等操作过程中，难免会发生一些问题，如墙角连接不正确、围护结构重叠、门窗忘记编号等，这些问题可能阻碍节能分析的正常进行。为了高效率地排除图形和模型中的错误，BECS2008提供了一系列检查工具。

3.9.1 闭合检查

屏幕菜单命令：【图形检查】→【闭合检查】（BHJC）

本命令用于检查围合空间的墙体是否闭合，光标在屏幕上动态搜索空间的边界轮廓，如果放置到建筑内部则检查房间是否闭合，放置到室外则检查整个建筑的外轮廓闭合情况。检查的结果是闭合时，沿墙线动态显示一闭合红线，点击鼠标左键或按 Esc 键结束操作。

3.9.2 重叠检查

屏幕菜单命令：【图形检查】→【重叠检查】（CDJC）

本命令用于检查图中重叠的墙体、柱子、门窗和房间，可删除或放置标记。检查后如果有重叠对象存在，则弹出检查结果（图 3-47）。

此时处于非模式状态，可用鼠标缩放和移动视图，以便准确地删除重叠对象。命令行有下列分支命令可操作：

图 3-47　重叠检查的结果

［下一处（Q）］：转移到下一重叠处；

［上一处（W）］：退回到上一重叠处；

［删除黄色（E）］：删除当前重叠处的黄色对象；

［删除红色（R）］：删除当前重叠处的红色对象；

［切换显示（Z）］：交换当前重叠处黄色和红色对象的显示方式；

［放置标记（A）］：在当前重叠处放置标记，不作处理；

［退出（X）］：中断操作。

3.9.3 柱墙检查

屏幕菜单命令：【图形检查】→【柱墙检查】（ZQJC）

本命令用于检查和处理图中柱内的墙体连接。节能计算要求房间必须由闭合墙体围合而成，即便有柱子，墙体也要穿过柱子相互连接起来。有些图档，特别是来源于建筑的图档往往会有这个缺陷，因为在建筑中柱子可以作为房间的边界，只要能满足搜索房间建立房间面积对建筑就足够了。为了处理这类图档，BECS2008 采用【柱墙检查】对全图的柱内墙进行批量检查和处理，处理原则是：

（1）该打断的予以打断；

（2）未连接墙端头，延伸连接后为一个节点时自动连接；

（3）未连接墙端头，延伸连接后多于一个节点时给出提示，人工判定是否连接。

3.9.4 模型检查

屏幕菜单命令：【图形检查】→【模型检查】（MXJC）

在作节能分析之前，利用本功能检查建筑模型是否符合要求，这些错误或不恰当之处，将使分析和计算无法正常进行。检查的项目有：

（1）超短墙；

（2）未编号的门窗；

（3）超出墙体的门窗；

（4）楼层框层号不连续、重号和断号；

（5）与围合墙体之间关系错误的房间对象。

检查结果将提供一个清单，这个清单与图形有关联关系，用鼠标点取提示行，图形视口将自动对准到错误之处，可以即时修改，修改过的提示行在清单中以淡灰色显示（图3-48）。

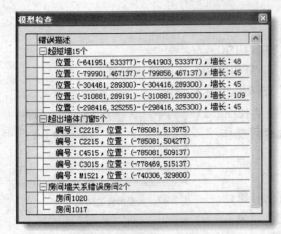

图3-48 模型检查的错误清单

3.9.5 关键显示

屏幕菜单命令：【图形检查】→【关键显示】（GJXS）

本命令用于隐藏与节能分析无关的图形对象，只显示有关的图形。目的是为了简化图形的复杂度，便于处理模型。

3.9.6 模型观察

屏幕菜单命令：【图形检查】→【模型观察】（MXGC）

本命令用渲染技术实现建筑热工模型的真实模拟，用于观察建筑热工模型的正确性，查看建筑数据以及不同部位围护结构的冷热负荷。进行本观察前必须正确完成如下设计：建立标准层，完成搜索房间并建立有效的房间对象，创建除了平屋顶之外的坡屋顶，建立楼层框（表），这样才能查看到正确的建筑模型和数据（图3-49）。

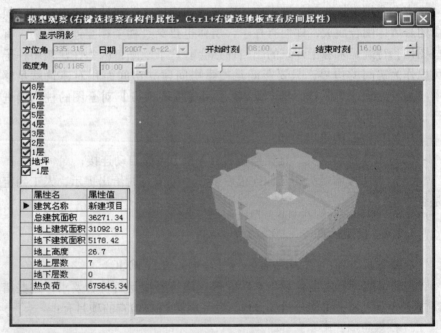

图3-49 模型观察的对话框

右键选取构件，可查看各围护结构的参数；右键选取地坪，可查看建筑的参数；Ctrl + 右键选取地板，可查看房间的参数。

当热负荷非模式对话框存在时，执行"模型观察"命令，右键选取不同的围护结构，将查看构件的热负荷参数；当冷负荷非模式对话框存在时，执行"模型观察"命令，右键选取不同的围护结构，将查看构件的冷负荷参数；若冷热负荷非模式对话框都不存在时，执行"模型观察"命令，右键选取不同的围护结构，将查看构件的热工参数。

此外，观察窗口支持鼠标直接操作平移、旋转和缩放。

3.10　本章小结

本章介绍了负荷计算中的建筑模型建立，这是负荷计算中花费时间最多的环节。经过本章的学习，建立建筑模型后，马上就可以尝试作负荷计算了。当然，还没有输入与负荷计算有关的一些设置，但系统都有默认的设置，对程序运行而言不是必须的。当然，如果要获得正确的评估，还是要看看下一章的热工设置。

第 4 章 设置管理

本章介绍了文档组织、负荷设置、工程构造、热工设置，以及构造库的维护和管理等内容。合适地设置热工参数以及新风、人员等参数是暖通负荷计算正确性的前提条件。

本章内容
- 文件组织
- 负荷设置
- 工程构造
- 热工设置
- 构造管理

4.1 文件组织

本软件要求将一个项目即一幢建筑物的图纸文件统一置于一个文件夹下，因此，请特别注意，请勿把不同工程的文件放在一个文件夹下。除了用户的 DWG 文件，软件本身还要产生一些辅助文件，包括工程设置 swr_workset. ws 和外部楼层表 building. dbf，请不要删除工程文件夹下的文件。备份的时候需要把这两个文件和 DWG 文件一起备份。

4.2 负荷设置

屏幕菜单命令：【热工设置】→【负荷设置】(FHSZ)

当前 DWG 必须命名过才可以进行负荷设置，否则工程项目的位置无法确定。如图 4-1 所示。

地理位置，工程所在地点，这个选项决定了本工程的气象参数。打开地理位置后点击"更多地点…"进入省和地区列表找到工程所在的城市，如果地方太小列表中没有，可以选择气象条件相似的邻近城市作为参考。

工程名称、建设单位、设计单位、施工单位和项目地址可填可不填，不会影响检查和计算。如果想增加、编辑修改气象数据可以通过【气象参数】命令来实现。如图 4-2 所示。建筑类型，设置是居住建筑还是公共建筑。

图 4-1　工程设置对话框

自动考虑热桥，如果选择"是"，则系统按模型中插入的柱子和设置的梁自动计算热桥；选择"否"，即便模型中有柱子和梁也不予考虑。所以，让本选项起作用的前提是图形中有柱子和梁，并且尺寸准确。

上下边界，当一幢建筑物的下部是公共建筑、上部是居住建筑时，必须分别单独进行负荷计算分析。同时，因为二者的结合部不与大气接触，计算中可以视公共建筑的屋顶和居住建筑的地面为绝缘构造。在进行公共建筑负荷计算时设置"上边界绝缘"，进行居住建筑负荷计算时设置"下边界绝缘"。其他类似的建筑可参照这个原理进行设置。

首层封闭阳台挑空，当建筑类型为居住建筑时，设置首层封闭阳台挑空，即不落地。

![气象参数设置对话框]

气象参数			
地理位置	地理位置：所在地区 北京市	城市名称 北京	

北京市
　北京
　密云
　延庆
安徽省
福建省
甘肃省
广东省
广西
贵州省
海南省
河北省
河南省
黑龙江
湖北省
湖南省
吉林省
江苏省
江西省
辽宁省
内蒙古
宁夏
青海省
山东省
山西省
陕西省
上海市

大气压力
冬季　1020.4
夏季　998.6

室外平均风速
冬季　2.8
夏季　1.9

台站位置
北纬　40
东经　116.47

室外最冷最热月
最冷月月平均湿度 45
最冷月月平均温度 -4.5

室外计算干球温度
冬季采暖　-9
冬季通风　-5
冬季空气调节　-12
夏季空气调节　33.2
夏季通风　30
夏季空气调节日平均 28.6
室外计算湿球温度
夏季空气调节　26.4

最热月月平均湿度 78

修改　删除　添加　确定　取消

图 4-2　气象参数设置对话框

在"其他"页中，可以设定外墙、屋顶的太阳辐射吸收系数、北向角度、输入单位及房间面积计算方法。在设定外墙和屋顶的辐射吸收系数时，可以点击右侧相应的按钮来查询相应的数值，也可以手工输入。这个系数和外表面的颜色和粗糙度有关系，可以查询有关的规范选取合适的数值。

北向角度是指北方向和水平线的夹角。通常，北向角度是 WCS-X 轴逆时针转 90°，即"上北下南左西右东"，不过也有些项目，不是正南正北的，这时，依然可以把轴线按 X-Y 方向画，再适当地设定北向角度就可以了。如果图纸中绘有指北针的话，也可以选取指北针来获取北向角度。

4.3 热工设置

建筑模型建立后，首先设定房间的功能、外窗遮阳和门窗类型，以及其他必要的设置，然后设置围护结构的构造。

4.3.1 工程构造

屏幕菜单命令：【热工设置】→【工程构造】（GCGZ）

构造是指建筑围护结构的构成方法，一个构造由单层或若干层一定厚度的材料按一定顺序叠加而成，组成构造的基本元素是建筑材料。

为了设计的方便和思路的清晰，BECH 提供了基本【材料库】，并用这些材料建立了一个丰富的【构造库】，我们可以把这个库看做是系统构造库，它的特点是按地区分类并且种类繁多。当进行一项负荷计算工程设计时，软件采用【工程构造】的方式为每个围护结构附构造，【工程构造】中的构造可以从【构造库】中选取导入，也可以即时手工创建。

工程构造用一个表格形式的对话框管理本工程用到的全部构造。每个类别下至少要有一种构造。如果一个类别下有多种构造，则位居第一位者作为默认值赋予模型中对应的围护结构，位居第二位后面的构造须采用【局部设置】赋予围护结构（图 4-3）。

工程构造分为［外围护结构］、［地下围护结构］、［内围护结构］、［门］、［窗］、［材料］六个页面。前五项列出的［构造］赋予了当前建筑物对应的围护结构，［材料］项则是组成这些构造所需的材料以及每种材料的热工参数。构造的编号由系统自动统一编制。

对话框下边的表格中显示当前选中构造的材料组成，材料的顺序是从上到下或从外到内。右边的图示是根据左边的表格绘制的，点击它后可以用鼠标滚轮进行缩放和平移。表格下方是构造的热工参数。

1）新建构造/复制构造

在已有构造行上单击鼠标右键，在弹出的右键菜单中选择［新建构造］创建空行，然后在新增加的空行内点击［类别 \ 名称］栏，其末尾会出现一个按钮，点击按钮可以进入系统构造库中选择构造。［复制构造］则拷贝上一行内容，然后进行编辑。

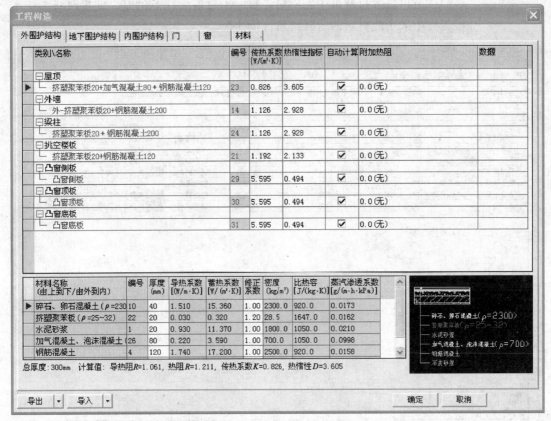

图 4-3　工程构造库对话框

2）编辑构造

更改名称：直接在［类别＼名称］栏中修改。

添加＼复制＼更换＼删除材料：单击要编辑的构造行，在对话框下边的材料表格中右键单击准备编辑的材料，在"添加＼复制＼更换＼删除"中选择一个编辑项。添加和更换这两个编辑项将切换到材料页中，选定一个新材料后，点击下边的"选择"按钮完成编辑（图 4-4）。

材料名称 (由上到下/由外到内)	编号	厚度 (mm)	导热系数 [W/(m·K)]	蓄热系数 [W/(m²·K)]	修正 系数	密度 (kg/m³)	比热容 [J/(kg·K)]	蒸汽渗透系数 [g/(m·h·kPa)]
挤塑聚苯板	添加		0.033	0.347	1.00	28.0	1790.0	0.0000
水泥砂浆	复制		0.930	11.370	1.00	1800.0	1050.0	0.0000
190双排孔混凝土小砌块	更换		0.690	5.970	1.00	1300.0	546.4	0.0000
石灰水泥砂浆	删除		0.870	10.750	1.00	1700.0	1050.0	0.0000

总厚度：255mm　　计算值：热阻 R = 1.227，传热系数 K = 0.815，热惰性 D = 2.398

图 4-4　围护结构的构造表

改变厚度：直接修改表格中的厚度值，不要忘记点击该构造的平均传热系数和热惰性指标列内末尾的按钮更新数值，或手工键入修正后的数值。

材料顺序：选中一个材料行，鼠标移到行首时会出现上下的箭头，此时按住鼠标上下拖拽即可改变材料的位置顺序。

可以修改材料页中的材料参数，不过需要注意的是，此更改将影响本工程中采用此材料的所有构造（图4-5）。

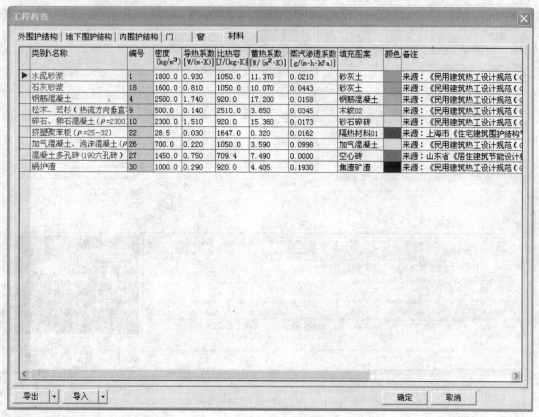

图4-5 工程构造库"材料"页

3）选择构造

也可以直接在构造库中编辑，然后再选择编辑好的构造。方法是点击所要编辑构造的［类别＼名称］列，在列的末尾出现一个灰色小按钮，点击这个小按钮，进入外部系统构造库中，可以选择合适的围护结构构造，按"确定"按钮或双击该行完成选择。

4）删除构造

只有本类围护结构下的构造有两个以上时才容许［删除构造］，也就是说每类围护结构下至少要有一个构造不能为空。鼠标点击选中构造行，再单击鼠标右键，在弹出的右键菜单中选择［删除构造］，或者按"DELETE"键。需要注意的是，请确认删去的是无用的构造，否则，被赋予了该构造的围护结构将无法被正确计算。

5）导出/导入

表格下方提供了将当前工程构造库"导出"的功能，可以存为软件的初始默认工程构造库，或者导出一个构造文件＊.wsx，遇到其他构造相似的工程时可"导入"采用。导入时全部导入，也可以部分导入。

4.3.2　局部设置

屏幕菜单命令：【热工设置】→【局部设置】（JBSZ）

当负荷计算模型的局部热工参数和属性与默认值不同时，我们利用 ACAD 的对象特性表进行局部的设置。对象特性表也可以用 < Ctrl + 1 > 键打开。图 4-6 是房间对象的特性表属性。

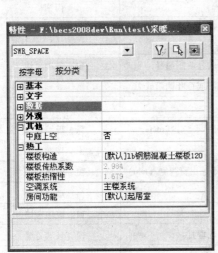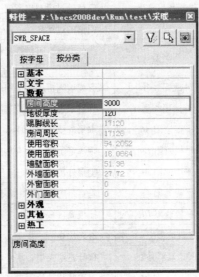

图 4-6　房间对象特性表属性

表 4-1 列出了 BECH 所有的热工属性。

BECH 所有的热工属性		表 4-1
属 性 名 称	解　　　释	拥有该属性的构件类型
构造	构件所引用的工程构造中的构造	墙、门窗、屋顶、柱子
楼板构造	房间楼板引用的工程构造中的楼板构造	房间
老虎窗的屋顶构造	老虎窗屋顶所引用的构造	老虎窗
老虎窗的外墙构造	老虎窗外墙所引用的构造	老虎窗
老虎窗的外窗构造	老虎窗外墙所引用的构造	老虎窗
空调系统	房间所属空调系统，通过【系统类型】管理当前工程的空调系统	房间
房间功能	房间所引用的房间功能	房间
有无楼板	当本层房间与下层相通时设置为"无"	房间
房间高度	房间的高度，用于计算房间体积。除了坡屋顶下面的房间取平均高度，其他应当取楼层高度	房间
边界条件	墙体的边界条件，可供选择的条件如下：[自动确定]、普通墙、沉降缝、伸缩缝、防震缝、地下墙、不采暖阳台、绝热	墙
梁构造	指定墙的梁构造，没有梁则为空	墙
梁高	墙的梁高（mm）	墙

属 性 名 称	解　　　　释	拥有该属性的构件类型
朝向	墙的朝向，可供选择的类型是：自动确定东、南、西和北	墙
地下比例	地下部分所占比例	墙（边界条件为地下墙时）
过梁构造	指定门窗过梁的构造，没有过梁则为空	门窗
过梁超出宽度	门窗的过梁超出宽度（mm）	门窗
过梁高	门窗的过梁高度（mm）	门窗
门类型	门的类型，可供选择的有：自动、外门、阳台门、户门和内门	门
外遮阳编号	窗或玻璃幕墙所引用的外遮阳编号	窗、玻璃幕墙
外遮阳类型	外遮阳类型，平板遮阳或百叶遮阳或无	窗、玻璃幕墙
平板遮阳 Ah	水平外挑 A（mm）	窗、玻璃幕墙
平板遮阳 Eh	距离窗上沿，垂直超出窗上沿（mm）	窗、玻璃幕墙
平板遮阳 Av	垂直外挑（mm）	窗、玻璃幕墙
平板遮阳 Ev	垂直距离窗边缘，水平超出窗两侧（mm）	窗、玻璃幕墙
平板遮阳 Dh	挡板高（mm）	窗、玻璃幕墙
平板遮阳 $\eta*$	透光比 $0 \sim 1$	窗、玻璃幕墙
百叶遮阳类型	百叶遮阳类型，水平或垂直	窗、玻璃幕墙
百叶遮阳外挑 A	遮阳叶片外挑距离 A（mm）	窗、玻璃幕墙
百叶遮阳间隔 D	遮阳叶片之间的间隔 $D = B + C$（mm）	窗、玻璃幕墙
百叶遮阳下垂 C	遮阳叶片下垂距离 c（mm）	窗、玻璃幕墙
百叶遮阳净间隔 B	净间隔 $B = D - C$（mm）	窗、玻璃幕墙

有些重要的属性在下面详细介绍一下。

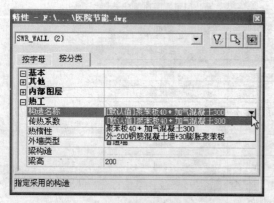

图 4-7　墙体对象在特性表中指定构造

1）围护结构的构造

墙、门窗、屋顶、柱子、房间楼板和老虎窗等围护结构都有构造属性，所引用的构造位于【工程构造】中，而工程构造中的构造是分类别的，比如说，屋顶只能引用屋顶类别的构造。如果不设置该属性，则引用对应类别的第一个构造。

梁构造和过梁构造比较特殊，默认为空的，代表没有梁和过梁。

图 4-7 是对墙指定构造。

2）外墙的边界条件

所谓外墙的边界条件就是外墙的边界类型，通常由系统"自动确定"，当外墙遇有特殊情况时，需要手动设置它的属性。外墙的边界条件包括下列几种类型：

自动确定：系统依据楼层表（框）判定，层号为正数就是普通墙，负数则为地下墙。

普通墙：外侧与大气相接触的外墙。

变形缝和防震缝：外墙为变形缝或防震缝处的墙体。

地下墙：外墙的外侧与土壤相接触。

不采暖阳台：处于封闭的不采暖阳台内的外墙。

绝热：外墙不与大气相接触且处于不传热状况。新建筑与旧建筑相邻并共用一个墙，此墙可设置为绝热（图4-8）。

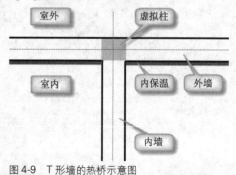

图4-8 墙的边界条件的热工设置

3）墙体的朝向

默认情况下外墙的朝向由系统自动判定和处理，本设置可以强行改变外墙的朝向。比如，在某些地方负荷计算中规定，天井内的外墙或狭窄内凹的外墙应视为北向墙，此处朝向设为北。

4）门的类型

系统默认自动识别和判定门的类型。与楼梯间相邻的外墙上的门为外门，与楼梯间相邻的内墙上的门为户门，与阳台相邻的内墙上的门为阳台门。本设置抛开自动指定而强行改变指定门的类型。

5）房间功能

房间功能就是房间的用途。房间功能决定房间的控温特性、室内热源和作息制度等。公共建筑和居住建筑可选的房间功能是不同的。居住建筑的房间功能有：起居室、主卧室、次卧室、厨房、卫生间、空房间、楼梯间和封闭阳台，默认为起居室。公共建筑房间功能很多，系统预置了一些常用的，也可以通过【房间类型】来扩充。

6）其他属性

其他属性中，还有外遮阳类型和空调系统也是很重要的，将在后面的遮阳类型和系统类型等小节中详细介绍。

4.3.3 T墙热桥

屏幕菜单命令：【热工设置】→【T墙热桥】（TQRQ）

在外墙采用内保温的情况下，外墙与内墙的T形交点处保温层会被内墙打断而不连续，这将引起该处的热桥效应。本命令在交点处生成一个虚拟的柱子，并通过工程构造给这个柱子赋予不含保温层的外墙构造，通过这种方式考虑T形墙角的热桥影响。特别提醒，使得本设置有效的前提是在【工程设置】中选择自动考虑热桥为"是"（图4-9）。

图4-9 T形墙的热桥示意图

4.3.4 门窗类型

屏幕菜单命令：【热工设置】→【门窗类型】（MCLX）

本命令用来设置和检查门窗与负荷计算有关的参数。包括门窗编号、开启比例、气密性等级和构造。外窗的遮阳由【遮阳类型】设置和管理，因为相同编号的外窗会有不同的遮阳形式。

透光的玻璃幕墙在负荷计算中按窗对待。在 BECH 中幕墙和窗默认按对象类型区分，可以在门窗类型表中手动指定"外窗类型"，假如用插入大窗的方法来建玻璃幕墙，请将该大窗的外窗类型设置为"幕墙"。窗和幕墙的区别在于气密性和开启面积的要求不同（图4-10）。

门窗编号	开启比例	气密性等级	外窗类型	外窗构造
06-HC06	0.00	3	普通外窗	[默认]12A钢铝单框双玻窗（平均）
1-HC01	0.00	3	普通外窗	[默认]12A钢铝单框双玻窗（平均）
2-HC02	0.00	3	普通外窗	[默认]12A钢铝单框双玻窗（平均）
3-HC03	0.00	3	普通外窗	[默认]12A钢铝单框双玻窗（平均）
5-HC05	0.00	3	普通外窗	[默认]12A钢铝单框双玻窗（平均）
6-HC06	0.00	3	普通外窗	[默认]12A钢铝单框双玻窗（平均）
7-HC07	0.00	3	普通外窗	[默认]12A钢铝单框双玻窗（平均）
C0821	0.00	3	普通外窗	[默认]12A钢铝单框双玻窗（平均）
C1221	0.00	3	普通外窗	[默认]12A钢铝单框双玻窗（平均）
C1315	0.00	3	普通外窗	[默认]12A钢铝单框双玻窗（平均）
C17821	0.00	3	普通外窗	[默认]12A钢铝单框双玻窗（平均）
C1809	0.00	3	普通外窗	[默认]12A钢铝单框双玻窗（平均）
C1821	0.00	3	普通外窗	[默认]12A钢铝单框双玻窗（平均）
C20821	0.00	3	普通外窗	[默认]12A钢铝单框双玻窗（平均）
C2409	0.00	3	普通外窗	[默认]12A钢铝单框双玻窗（平均）
C2421	0.00	3	普通外窗	[默认]12A钢铝单框双玻窗（平均）
C2521	0.00	3	普通外窗	[默认]12A钢铝单框双玻窗（平均）
C2609	0.00	3	普通外窗	[默认]12A钢铝单框双玻窗（平均）
C2621	0.00	3	普通外窗	[默认]12A钢铝单框双玻窗（平均）

确定　　取消

图4-10　门窗类型的对话框

4.3.5　遮阳类型

研究表明，减少夏季能耗的关键是采取遮阳措施，BECH 提供了若干种固定遮阳形式的设置，有平板遮阳和百叶遮阳，系统自动计算遮阳系数（图4-11）。

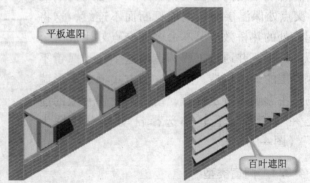

图4-11　外遮阳形式

【遮阳类型】命令用于命名和添加多种遮阳设置，然后赋予外窗，可反复修改。描述遮阳的参数如图4-12 所示。

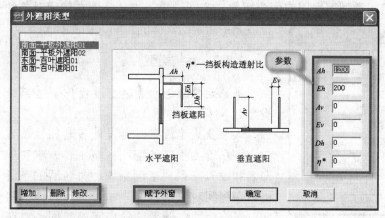

图 4-12 外遮阳设置对话框

图 4-13 特性表中修改外
遮阳参数

外遮阳一旦设置好，如果不改变形式仅仅修改参数，可以在 AutoCAD 的特性表中进行，打开对象特征表，选中有遮阳的门窗，在特性表中修改 Ah、Av、Eh、Ev、Dh。可用"无遮阳"去掉遮阳设置（图 4-13）。

需要指出，在采暖地区居住建筑的热工计算表中，外窗分为两类：有阳台或无阳台，BECH 用窗的遮阳属性加以区分，对于受上部阳台或外挑结构遮挡的外窗设置外遮阳以便使这些外窗划归到"有阳台"类型中，因为仅仅需要确定"有或无"，所以遮阳参数的多少无关紧要，接受默认值即可。

描述百叶遮阳的参数如图 4-14 所示。

图 4-15 是在特性表中显示的百叶遮阳参数。

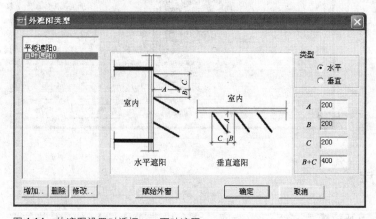

图 4-14 外遮阳设置对话框——百叶遮阳

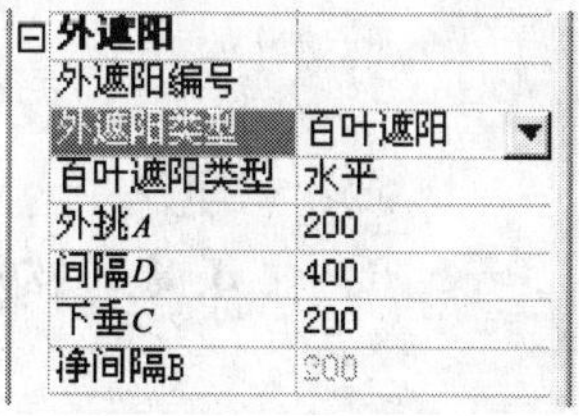

图 4-15 特性表中修改外遮阳
参数——百叶遮阳

4.3.6 房间类型

屏幕菜单命令：【热工设置】→【房间类型】（FJLX）

前面介绍了如何设置房间的功能，当系统给定的房间类型不能满足需求时，采用本功能扩充。设置夏冬室温、新风量等参数来定义新的房间，设置好的房间类型，采用前面介绍的"房间设置"方法，即在房间对象的特性表中指定给具体的房间（图4-16）。

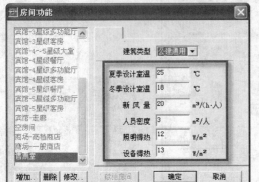

图4-16　房间类型设置对话框

4.3.7　系统类型

屏幕菜单命令：【热工设置】→【系统类型】（XTLX）

大型公共建筑有时会设计多套相互独立的空调系统为不同的空间区域工作，本功能命名和设置一系列空调系统。命名后的系统可以在房间对象的特性表中设置给具体的房间，具有相同空调系统的房间处于同一空调系统内。

建筑物只有一个系统的情况无须设置，第一项空就是这个默认系统。右侧显示的是整幢建筑的所有房间，勾选表示该房间隶属于左侧选中的系统（图4-17）。

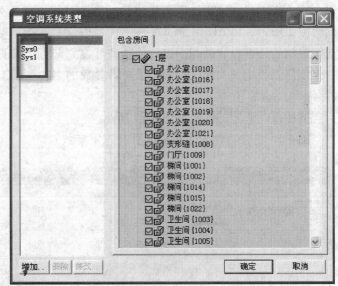

图4-17　空调系统类型

4.4　构造库

BECH采用开放模式来组织构造库，一个构造库就是BECH安装位置Structlib下的一个文件夹，其中的structrue.dbf是构造表，material.dbf是材料表。BECH安装位置Structlib下的所有材料表组成一个虚拟的全局材料库，Structlib下的每个构造库都与这个虚拟的材料库对应，这样就可以为不同的数据来源建立相应的构造库。

4.4.1 构造管理

屏幕菜单命令：【热工设置】→【构造库】（GZK）

这是一个管理和维护系统构造库的功能。可以选择左边树中的某一项打开相应的构造库，通过窗口的一排工具条按钮在当前库内进行新建和更改构造等操作。"输出到 EXCEL"按钮，可以把列表中的构造输出到 EXCEL 中。

除用户构造库外，其他构造库都是不可编辑的，用户可以在用户构造库中添加自己的构造。软件不提供新建构造库功能（图4-18）。

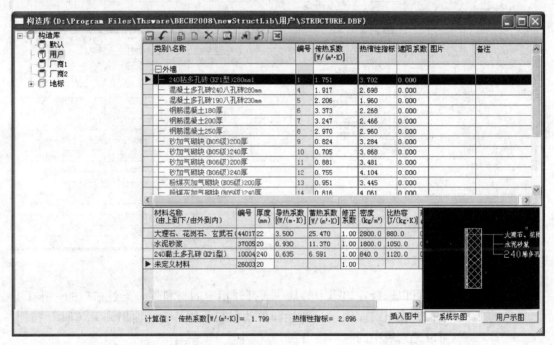

图4-18 构造库对话框

与工程构造类似，选中某种构造后，对话框下方表格内列出此种构造所用的全部材料，选中"用户"构造库时，可以对组成构造的材料进行新建、交换、复制和删除操作。屋顶、楼板和地面材料的顺序由上到下；墙体的材料顺序则由外到内（图4-19）。

材料名称 (由上到下/由外到内)	编号	厚度 (mm)	导热系数 [W/(m·K)]	蓄热系数 [W/(m²·K)]	修正系数	密度 (Kg/m³)
水泥砂浆		930	11.370	1.00		1800.0
聚苯颗粒保温浆料1		069	1.169	1.00		230.0
钢筋混凝土		740	17.200	1.00		2500.0
石灰水泥砂浆		870	10.750	1.00		1700.0

新建材料
交换材料
复制材料
删除材料

图4-19 编辑组成构造的材料

编辑某种构造时，对话框的最下面会显示根据材料层算出的传热系数和热惰性指标，这是默认数据。也可以在上半区的表格中强行填入构造的平均传热系数和热惰性指标，规范验证时将以填入的数为准。

4.4.2 材料管理

屏幕菜单命令：【热工设置】→【材料库】（CLK）

构造由建筑材料构成，BECH 的材料库汇集了大量各地常用的建筑材料，其管理模式与构造库相似（图 4-20）。

图 4-20　材料库操作界面

可以选择左边树中的某一项打开相应的材料库，通过窗口的一排工具条按钮在当前库内进行新建和更改材料等操作。"输出到 EXCEL"按钮，可以把列表中的材料输出到 Excel 中。

除用户材料库外，其他材料库都是不可编辑的，用户可以在用户材料库中添加自己的材料。软件不提供新建材料库功能。

选择某一材料库时，相应的介绍会显示在树控件下面的信息栏中。

4.5　本章小结

本章介绍了文档组织、负荷设置、热工设置，以及构造库的维护和管理等内容。

第 *5* 章　负荷计算

这一章，我们介绍负荷计算功能，这是 BECH 的核心内容。在这部分内容中，我们可以进行三种负荷的计算：空调热负荷、采暖热负荷和空调冷负荷。

本章内容
- 热负荷
- 冷负荷

5.1　热负荷

屏幕菜单命令：【负荷计算】→【热负荷】(RFH)
通过此命令可以进行采暖热负荷和空调热负荷的计算，命令执行后弹出如图 5-1 所示界面。选择计算的类型是采暖热负荷还是空调热负荷，选择空调热负荷时，需要设置计算冷风渗透、计算新风还是都不计算；设置朝向修正率和风力附加率（对于高层建筑，系统会自动修正），设置间歇修正率；设置是否考虑内围护结构得热。

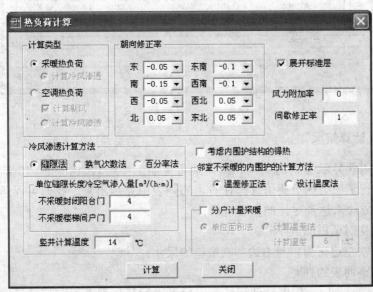

图 5-1　热负荷计算对话框

展开标准层选项是为了处理一些特殊结构，使其计算更加准确。例如：如果某个标准层存在着挑空楼板，而这个标准层又代表了多个自然层。这时就需要展开标准层。否则，软件会按照这个标准层的每个自然层都存在挑空楼板来计算。另外，展开标准层后房间编号会有一点变化，在后面有详细说明。

当选中计算冷风渗透时，可以设置冷风渗透的计算方法：缝隙法、换气次数法或百分率法。选择缝隙法时，可以设置单位缝隙长度冷空气渗入量的不采暖封闭阳台门、不采暖楼梯间户门和竖井计算温度。

设置邻室不采暖的内围护的计算方法。

分户计量采暖，设置是否考虑间歇采暖耗热量。考虑时可设置计算方法。

设置完毕，点击"计算"按钮，之后程序就开始计算，并显示热负荷结果输出界面，如图 5-2 所示。

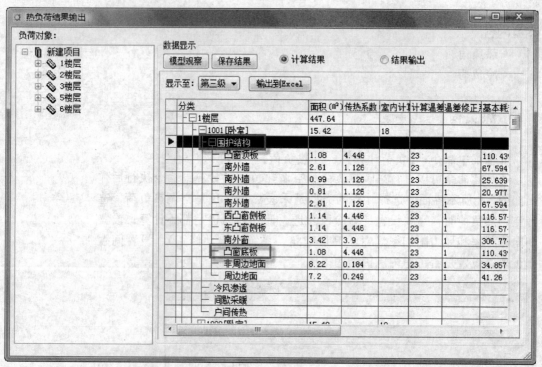

图 5-2　热负荷结果输出对话框

5.1.1　计算结果

左边以树状显示建筑的结构，选择某项（如 1 楼层），相应的热负荷信息及其所有子项的热负荷信息都在右边的列表中显示出来。我们可以通过以下几种方法来达到更佳的查看效果：

（1）改变对话框的大小；

（2）调整左边树窗口与右边列表窗口的尺寸；

（3）调整列表的列宽。

列表列宽调整后，程序自动记忆，以后每次运行，列表列宽都是最后一次调整的状态，无须每次都调整。

重要说明：

计算房间冷热负荷时，若同一楼层或相邻楼层有相同编号的房间，则软件会把所有相同编号的房间作为一个房间来处理，房间的冷热负荷是这些房间的冷热负荷之和。

计算房间冷热负荷时，若工程中一个标准层表示 1~5 层，展开标准层后，1~5 层都有编号为 1001 的房间，这样软件会把 1~5 层的编号为 1001 的房间作为一个房间来处理。为了避免这种误解，当开始计算前选择"展开标准层"选项时，软件自动把每层的 1001 房间的房间编号分别改为"1001@1"、"1001@2"……"1001@5"，"@"是分隔符，"@"后的数字表示楼层。我们可以看到，图中 1 楼层房间 1001 的房间编号变成了"1001@1"。

图中列表的选择项中，房间"1001@1"有内墙"内墙（1004@1）"，括号内为房间编号，表示房间"1001@1"的与房间（1004@1）相邻的内墙。

图中列表的选择项中，房间"1001@1"的热负荷为两个值"2631.85/2352.85"，表示"包含户间传热的热负荷/不包含户间传热的热负荷"，若没有户间传热，则只显示一个值。

显示至：第三级 ▼ ，可以控制树形列表显示的级数，以方便查看。

输出到Excel 是把列表的数据"原样输出"到 Excel 中，"原样输出"意思是在 Excel 中仍然以树状结构分级显示负荷信息，列表中树形结点的折叠展开状态在 Excel 中仍然保持。如图 5-3 所示。

分类	面积(m²)	传热系数[W/(m²·℃)]	室内计算温度(℃)	计算温差(℃)	温差修正系数	基本耗热量(W)	朝向修正率	风力附加率	外门附加率	附加后耗热量(W)	高度附加率	热负荷(W)
												"陕西XXX医院综合楼"热负荷
○陕西XXX医院综合楼	4316											206100.43
├○1楼层	690.9											31806.38
│├○1001@1[梯间(办公楼其他房间)	27.9		22									2781.77/2522.83
│││├○围护结构												1811.28
││││├ 顶板(2001@2)	27.9	2.984		2	1	166.51			0	166.51		166.51
││││├ 西南外墙	5.94	0.858		27	1	137.55	-0.1	0	0	123.8	0	123.8
││││├ 东南外墙	10.26	0.817		27	1	226.33	0.05	0	0	237.64	0	237.64
││││├ 东北外墙	5.94	0.858		27	1	137.55	0.05	0	0	144.43	0	144.43
││││├ 东北外墙	15.57	0.857		27	1	360.43	0.05	0	0	378.45	0	378.45
││││├ 东南外窗	2.7	2.6		27	1	189.54	0.05	0	0	199.02	0	199.02
││││├ 东北外窗	3.15	2.6		27	1	221.13	0.05	0	0	232.19	0	232.19
││││├ 内墙(1004@1)	18.72	1.925		2	1	72.072		0	0	72.072		72.07
││││├ 内墙(1005@1)	11.16	1.925		4	1	85.932	0	0	0	85.932	0	85.93
││││├ 非周边地面	9.4	0.184		27	1	46.794			0	46.794		46.79
││││└ 周边地面	18.5	0.249		27	1	124.45			0	124.45		124.45
│││├ 冷风渗透												482.2
│││├ 间歇采暖												229.35
│││└ 户间传热												258.95
│├○1002@1[梯间(办公楼其他房间)	60.3		20									4403.38/3827.98
│└○1003@1[卫生间(办公楼卫生间)	148.7		20									8345.66/6902.66

图 5-3　输出到 Excel

模型观察 ，点击此按钮，与执行屏幕菜单的"模型观察"命令相同。

○ 计算结果 、○ 结果输出 ，这两个单选按钮是控制在"显示计算结果"页面、"计算结果输出"页面之间切换的，点击 ○ 结果输出 ，进入计算结果输出页面，如图5-4所示。

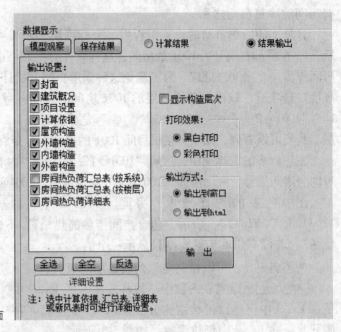

图5-4 热负荷结果输出页面

5.1.2 结果输出

进入结果输出页面，让我们先来看一下输出结果，点击 输 出 ，程序会显示如图5-4所示对话框，我们可以看到，热负荷计算书由建筑概况、项目设置、计算依据、屋顶构造、外窗构造、内墙构造、外窗构造以及房间热负荷汇总表和房间热负荷详细表几部分构成，如果对结果满意可以点"保存到文件"按钮保存成 html 文件，也可以点击"用 Word 打开"按钮在 Word 中打开计算书以便于打印输出。

看过了输出结果，让我们再回到图5-4所示页面，输出设置列表列出了输出结果的各个组成部分，如果我们不想输出哪些部分，只须取消对应项前面的选择状态，下次输出时，被我们取消的部分就不再出现在计算书中，这样就可以根据需要很方便地定制自己的计算书。

详细设置 是灰色的，只有在列表中用鼠标选中"＊＊＊汇总表"项或"＊＊＊详细表"项时，此按钮才会变为正常状态，点击"详细设置"会弹出相应的详细设置对话框，我们以选中"＊＊＊详细表"项为例，弹出如图5-6所示对话框。我们可以详细地设置要输出的楼层和房间，更灵活地定制我们的计算书。

图5-4中 全选 、 全空 、 反选 是控制列表项的选择状态，方便我们操作的。双击列表，可以在 全选 、 全空 间切换。

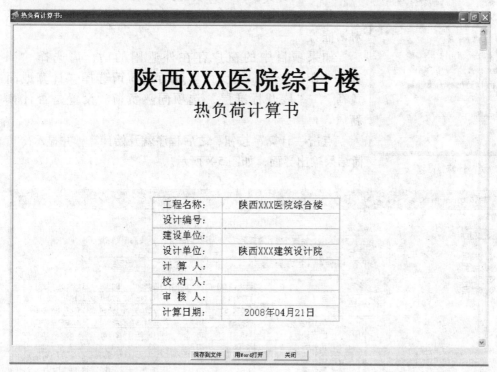 、 ，如果打印机是黑白的，在输出前请选择，这样打印
输出时能得到更好的输出效果。

刚才我们输出时输出方式栏用的是默认项 输出到窗口，如果选择
输出到html，则直接存贮成 html 文件。

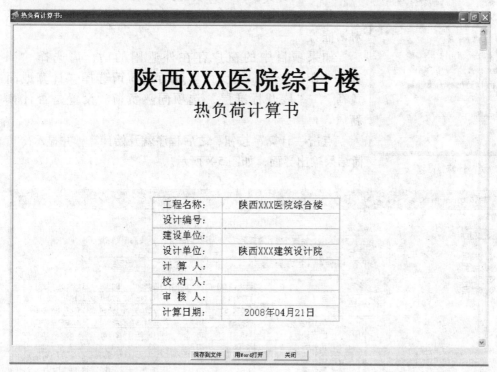

图 5-5　热负荷计算书对话框

图 5-6　热负荷详细表详细设置对话框

5.2　冷负荷

屏幕菜单命令：【负荷计算】→【冷负荷】(LFH)

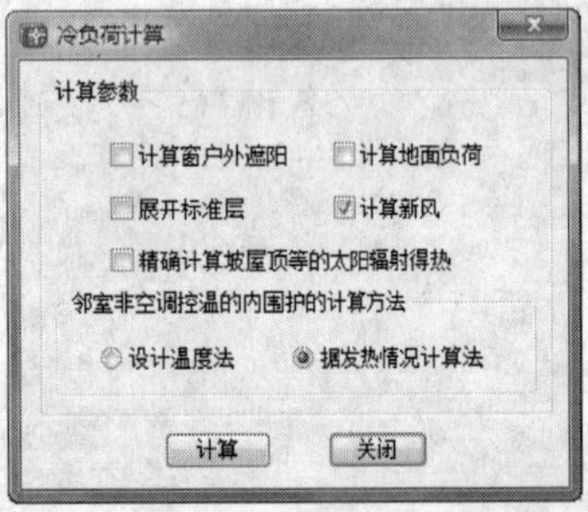

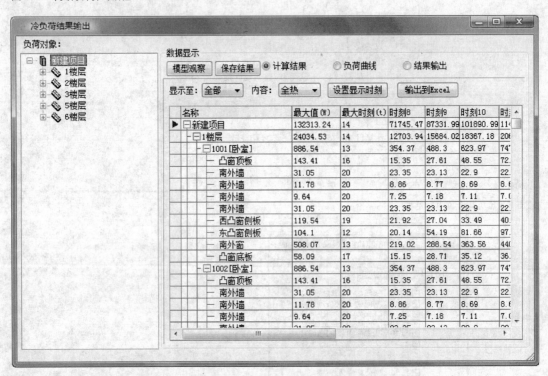

图 5-7　冷负荷计算对话框

此命令用来计算冷负荷，命令执行后弹出如图 5-7 所示对话框。

如果项目中的窗户存在外遮阳的话，请选择"计算外遮阳"选项，需要计算地面负荷请选择"计算地面负荷"，"展开标准层"选项同热负荷。设置是否计算新风。

点击"计算"按钮，之后程序就开始计算，并显示冷负荷结果输出界面，如图 5-8 所示。

图 5-8　冷负荷结果输出对话框

5.2.1　计算结果

左边以树状显示建筑的结构，选择某项（如 1 楼层），相应的冷负荷信息及其所有子项的冷负荷信息都在右边的列表中显示出来。我们可以通过以下几种方法来达到更佳的查看效果：

（1）改变对话框的大小；

（2）调整左边树窗口与右边列表窗口的尺寸；

（3）调整列表的列宽。

与热负荷一样，程序自动记忆最后一次调整后列表列宽的状态，无须每次都调整。

列表默认显示所有时刻的负荷信息，可以通过点击 `设置显示时刻` 定制，只显示关心的时刻的结果。

`输出到EXCEL` 功能同热负荷。

`显示至：全部 ▾`，可以控制树形列表显示的级数，以方便查看。

`内容：全热 ▾` 是切换列表显示内容的，选择"全热"、"显热"、"潜热"、"除湿量"可以控制列表显示相应的结果。若选择"细节"则进入细节模式界面，如图5-9所示。

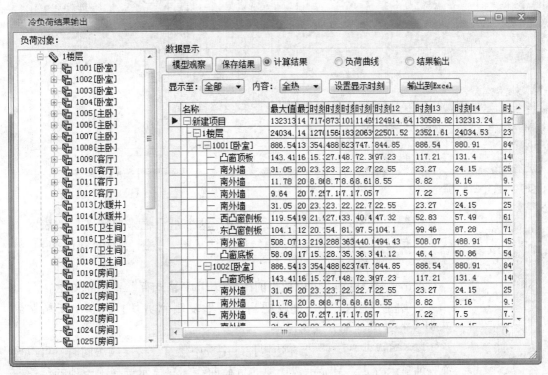

图5-9 冷负荷细节模式页面

细节模式显示某一时刻的详细负荷信息。`时刻：最大冷 ▾`，选择时刻组合框或拖动滑杆条可以改变显示时刻。

`模型观察`，点击此按钮，与执行屏幕菜单的"模型观察"命令相同。

`◉ 计算结果` 、`○ 负荷曲线` 、`○ 结果输出`，这三个单选按钮是控制在"显示计算结果"页面、"显示负荷曲线"页面和"计算结果输出"页面之间切换的，点击 `○ 负荷曲线`，进入负荷曲线页面，如图5-10所示。

5.2.2 负荷曲线

左边树控件中当前选中项及其一级子项对应的负荷信息，在一天中各个时刻的变化曲线，清晰直观地表示在图上。

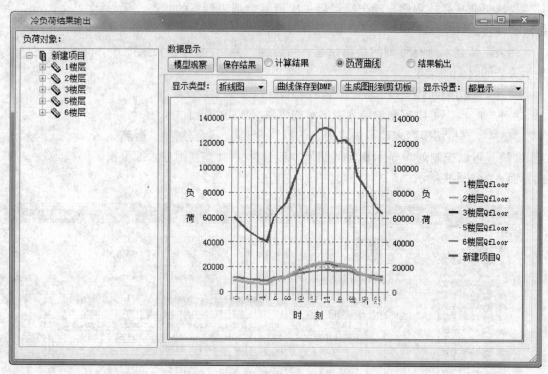

图 5-10　负荷曲线页面

，我们可以通过选择这个组合框来控制图形的表示方式。共有以下几种表示方式：折线图、柱状图、饼图、3D 折线图和 3D 柱状图。

点击 曲线保存到BMP ，可以把当前图形以 BMP 格式存贮到外部文件中。

点击 生成图形到剪切板 ，可以把当前图形复制到剪切板，以便于粘贴到 Word 文档或其他地方编辑保存。

显示设置：显示选择项 ，当左边树控件中选中建筑、楼层或房间时，可以设置三种显示方式：只显示选择项的负荷曲线、只显示选择项子项的负荷曲线、都显示。

5.2.3　结果输出

结果输出页面同热负荷，在此不再赘述。

5.3　标注结果

此命令用于将计算出的各个房间负荷值标注于对应建筑房间的底图上（图 5-11）。因此，运行此命令需要先将计算出的负荷结果保存。

对话框命令解释：

【重新加载结果】：对负荷值进行重新加载，软件会自动找到与建筑底图对应的所要加载的负荷结果文件。

【打开】：打开—冷负荷或者热负荷结果的文件，分别为 HLR、CLR 格式，负荷值默认保存在建筑底图的同一个文件夹下。

【热负荷结果】：加载热负荷的结果。

【冷负荷结果】：加载冷负荷的结果。

【是否按系统查看结果】：按下此命令表示按系统的形式查看结果。

【将所选项房间结果标注到图中】：将各个房间冷负荷或者热负荷值标注到对应的房间底图上。

【是否根据选择项自动缩放】：按下此命令表示在工程架构栏中选择查看的房间，那么视图会自动显示到对应的房间底图。

图 5-11　标注结果对话框

5.4　估算负荷

此命令用于对负荷值进行一个估算。其中房间名称、房间面积等列表行中支持在原图中提取数据和手动输入数值，房间面积与负荷指标为必选项。对话框中的右边部分为打开、保存、导出等命令，在此不作赘述。批量提取指框选建筑底图中的多个房间对象，然后直接提取房间面积等信息（图 5-12）。

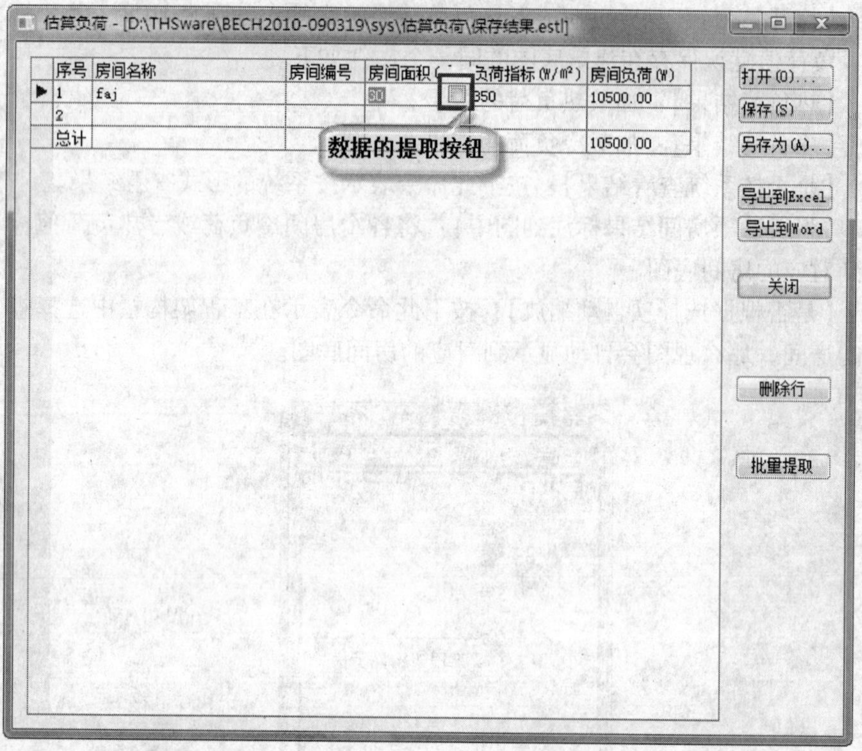

图 5-12　估算负荷对话框

5.5　本章小结

　　本章介绍了负荷计算功能，包括热负荷和冷负荷，这是 BECH 的核心内容。

第 *6* 章　辅助功能

本章介绍的辅助功能虽不是核心功能，却也很常用，灵活使用这些工具能够更方便和快速地完成建模和核对工作。

本章内容
- 注解工具
- 图面显示
- 图层工具
- 浏览选择

6.1　注解工具

6.1.1　文字编辑

屏幕菜单命令：【注解工具】→【文字编辑】（WZBJ）

用于编辑文字等所有图面上的字符，包括文字、尺寸数值、表格内文字、门窗编号和楼层框左下角的数值等。选择待编辑的文字后弹出一个编辑框，直接在上面输入新内容，编辑完毕后回车或鼠标点击图面空白处则编辑生效。

BECH 中编辑文字的另一方法是"在位编辑"，它是一种方法而不是一个命令，"在位编辑"是在文字原位上直接对文字进行修改，过程直观，效果即时所见，而文字编辑的优势在于是在清晰的编辑框上进行，框内的编辑文字固定不变。在位编辑的步骤是首先选中一个对象，然后单击这个对象的文字，系统自动显示光标的插入符号，直接输入文字即可。多选文字采用鼠标 + <Shift> 键，在位编辑的时候可以用鼠标缩放视图，这样可以一边看图一边输入。

6.1.2　单行文字

屏幕菜单命令：【注解工具】→【单行文字】（DHWZ）

本命令能够单行输入文字和字符，输入到图面的文字独立存在，特点是灵活，修改编辑不影响其他文字。单行文字输入对话框如图 6-1 所示。

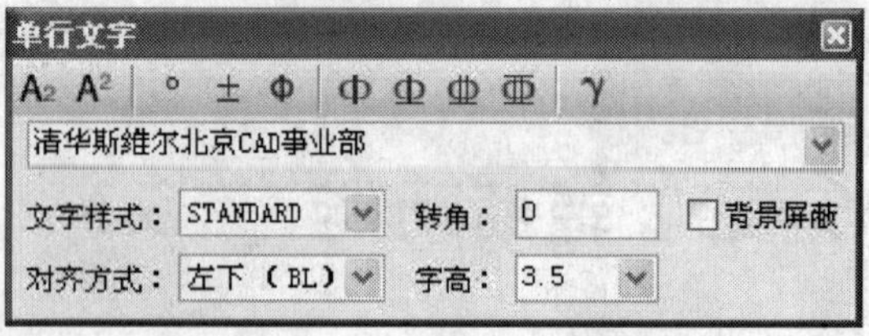

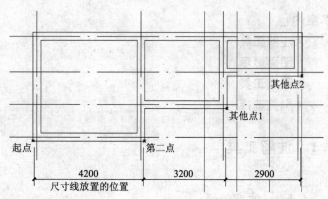

图6-1 单行文字对话框

6.1.3 尺寸标注

屏幕菜单命令：【注解工具】→【尺寸标注】（CCBZ）

本命令是一个通用的灵活尺寸标注工具，对选取的一串给定点沿指定方向和选定的位置标注尺寸。尺寸的编辑菜单在尺寸对象的右键菜单中（图6-2、图6-3）。

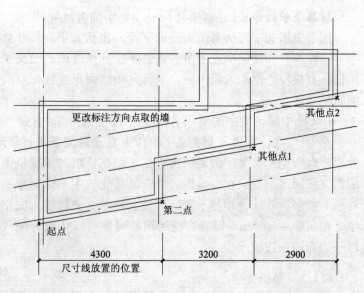

图6-2 尺寸标注实例1

图6-3 尺寸标注实例2

命令交互：

起点或［参考点（R）］＜退出＞：

点取第一个标注点作为起始点。

第二点<退出>：

点取第二个标注点。

请点取尺寸线位置或[更正尺寸方向（D）]<退出>：

这时动态拖动尺寸线，点取尺寸线就位点。

或者键入D通过选取一条线或墙来确定尺寸线方向。

请输入其他标注点或[撤销上一标注点（U）]<结束>：

逐点给出标注点，并可以回退。

请输入其他标注点或[撤销上一标注点（U）]<结束>：

反复取点，回车结束。

6.1.4 指北针

屏幕菜单命令：【注解工具】→【指北针】（ZBZ）

本命令在图中标出指北针符号。指北针由两部分组成，指北符号和文字"北"，两者一次标注出，但属于两个不同对象，"北"为文字对象。典型的标注样式如图6-4所示。

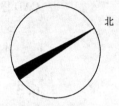

图6-4 指北针标注实例

工程设置：[其他]页中的"北向角度"可以"选择指北针"指定北向的角度。

6.1.5 箭头引注

屏幕菜单命令： 【注解工具】→【箭头引注】（JTYZ）

本命令在图中标注尾部带有文字说明的箭头引注符号（图6-5）。

图6-5 箭头引注符号的对话框

6.2 图面显示

6.2.1 墙柱显示

屏幕菜单命令：【图面显示】→【单线】/【双线】/【单双线】
【加粗开】/【加粗关】
【填充开】/【填充关】

本组命令用于控制墙柱的显示形式，对负荷计算本身没有任何影响，但恰当的显示形式会给模型的整理带来方便。墙体有单线/双线/单双线三种样式，墙柱的边线有加粗和不加粗两种样式，混凝土墙柱也有填充和不填充两种样式。描图时打开墙体的单双线和边线加粗，能够清晰看到描图进程。

6.2.2 视口管理

屏幕菜单命令：【图面显示】→【满屏观察】（MPGC）

【视口放大】（SKFD）

【视口恢复】（SKHF）

1）［满屏观察］

本功能将屏幕绘图区放大到屏幕最大尺寸，便于更加清晰地观察图形，按 Esc 键退出满屏观察状态。需要特别指出，在 AutoCAD2006 以上平台，满屏观察下也可以键入命令进行编辑。其他 AutoCAD 平台，由于用来交互的命令行窗口被关闭，因此不适合编辑。

2）［视口放大］

本命令在模型空间多视口的模式下，将当前视口放大充满整个 Auto-CAD 图形显示区，以便更清晰地观察视口内的图形。

3）［视口恢复］

本命令将放大的视口恢复到原状。

6.3 图层工具

屏幕菜单命令：【2D 条件图】→【图层转换】（TCZH）

【图面显示】→【关闭图层】（GBTC）

【隔离图层】（GLTC）

【图层全开】（TCQK）

【图层管理】（TCGL）

为了方便操作，软件提供了通过图形对象隔离和关闭图层的功能，在条件图的前期处理和转换过程中使用，将大大提高工作效率。

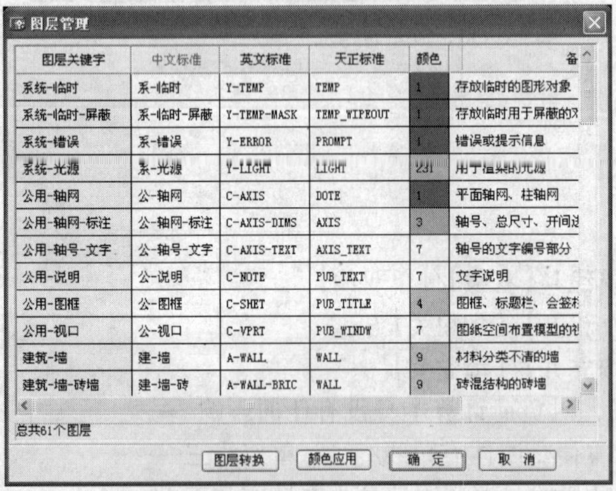

图层关键字	中文标准	英文标准	天正标准	颜色	备注
系统-临时	系-临时	Y-TEMP	TEMP	1	存放临时的图形对象
系统-临时-屏蔽	系-临时-屏蔽	Y-TEMP-MASK	TEMP_WIPEOUT	1	存放临时用于屏蔽的对
系统-错误	系-错误	Y-ERROR	PROMPT	1	错误或提示信息
系统-光源	系-光源	Y-LIGHT	LIGHT	231	用于标头的光线
公用-轴网	公-轴网	C-AXIS	DOTE	1	平面轴网、柱侧网
公用-轴网-标注	公-轴网-标注	C-AXIS-DIMS	AXIS	3	轴号、总尺寸、开间进
公用-轴号-文字	公-轴号-文字	C-AXIS-TEXT	AXIS_TEXT	7	轴号的文字编号部分
公用-说明	公-说明	C-NOTE	PUB_TEXT	7	文字说明
公用-图框	公-图框	C-SHET	PUB_TITLE	4	图框、标题栏、会签栏
公用-视口	公-视口	C-VPRT	PUB_WINDW	7	图纸空间布置模型的视
建筑-墙	建-墙	A-WALL	WALL	9	材料分类不清的墙
建筑-墙-砖墙	建-墙-砖墙	A-WALL-BRIC	WALL	9	砖混结构的砖墙

总共61个图层

图层转换　颜色应用　确 定　取 消

图 6-6　图层管理对话框

【图层转换】和【图层管理】提供对图层的管理手段，系统提供中英文两种标准图层，同时附加天正的标准图层。用户可以在图层管理中修改上述三种图层的名称和颜色，以及对当前图档的图层在三种图层之间进行即时转换。图层管理有以下功用：

（1）设置图层的颜色（外部文件）；

（2）把颜色应用于当前图；

（3）对当前图的图层标准进行转换（层名转换）。

图层管理对话框如图 6-6 所示。

有几点需要说明，当前图档采用的图层标准名称为红色；图层的设置只影响修改后生成的新图形，已经存在的图形不受影响，除非点取［颜色应用］；中文标准和英文标准之间可以来回转换，而和天正标准之间的转换，不一定能完全转回来，因为前两个标准划分得更细，和天正层名不是一一对应的关系。

6.4 浏览选择

6.4.1 对象查询

屏幕菜单命令:【选择浏览】→【对象查询】(DXCX)

利用光标在各个对象上面的移动,动态查询显示其信息,并可以即时点击对象进入对象编辑状态(图6-7)。

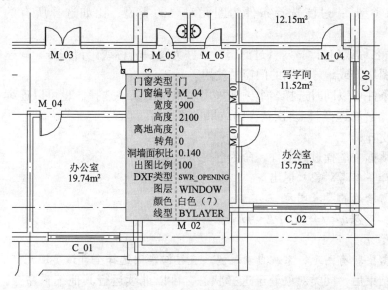

门窗类型	门
门窗编号	M_04
宽度	900
高度	2100
离地高度	0
转角	0
洞墙面积比	0.140
出图比例	100
DXF类型	SWR_OPENING
图层	WINDOW
颜色	白色(7)
线型	BYLAYER

图6-7 对门的对象查询实例

本命令与 AutoCAD 的 List 命令相似,但比 List 更加方便实用。调用命令后,光标靠近对象屏幕就会出现数据文本窗口,显示该对象的有关数据,此时如果点取对象,则自动调用对象编辑功能进行编辑修改,修改完毕继续进行对象查询。

对于 TH 对象将有详细的数据;而对于 AutoCAD 的标准对象,只列出对象类型和通用的图层、颜色、线型等信息。

6.4.2 对象浏览

屏幕菜单命令:【选择浏览】→【对象浏览】(DXLL)

本功能对给定的对象类型逐个浏览,注意事先打开对象特性表(Ctrl+1),以便即时修改参数。通常用来浏览门窗并随时修改其尺寸比较方便。

6.4.3 过滤选择

屏幕菜单命令:【选择浏览】→【过滤选择】(GLXZ)

本命令提供过滤选择对象功能。首先选择过滤参考的图元对象,再选择其他符合参考对象过滤条件的图形,在复杂的图形中筛选同类对象建立需要批量操作的选择集（图 6-8）。

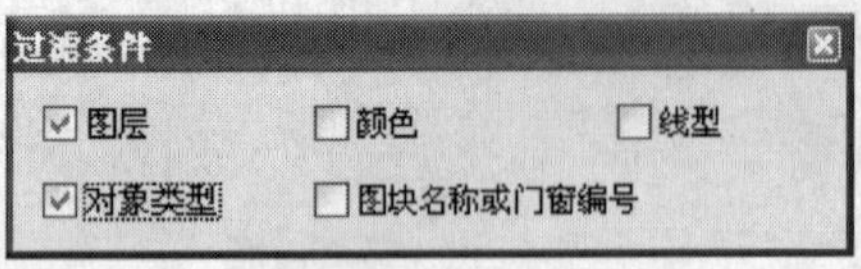

图 6-8　过滤选择对话框

对话框选项和操作解释：

[图层]：过滤选择条件为图层名，比如过滤参考图元的图层为 A，则选取对象时只有 A 层的对象才能被选中。

[颜色]：过滤选择条件为图元对象的颜色，目的是选择颜色相同的对象。

[线型]：过滤选择条件为图元对象的线型，比如删去虚线。

[对象类型]：过滤选择条件为图元对象的类型，比如选择所有的 PLINE。

[图块名称或门窗编号]：过滤选择条件为图块名称或门窗编号，快速选择同名图块，或编号相同的门窗时使用。

过滤条件可以同时选择多个，即采用多重过滤条件选择。也可以连续多次使用 [过滤选择]，多次选择的结果自动叠加。

命令交互：

在对话框中选择过滤条件，命令行提示：

请选择一参考对象＜退出＞：

选取需修改的参考图元

提示：空选即为全选，中断用 Esc！

选择图元：

选取需要所有图元，系统自动过滤。直接回车则选择全部该类图元。

命令结束后，同类对象处于选择状态，可以继续运行其他编辑命令，对选中的物体进行批量编辑。

6.4.4　对象选择

屏幕菜单命令：【选择浏览】→【选择外墙】（XZWQ）

　　　　　　　　　　　　【选择内墙】（XZNQ）

　　　　　　　　　　　　【选择户墙】（XZHQ）

　　　　　　　　　　　　【选择窗户】（XZCH）

　　　　　　　　　　　　【选择外门】（XZWM）

　　　　　　　　　　　　【选择房间】（XZFJ）

本组命令可以快速过滤选择不同围护结构和房间，然后在 AutoCAD 的特性表中进行批量编辑和参数设置。通常要在执行完【搜索房间】和【搜索户型】后，围护结构已经自动正确分类，再采用本组命令批量选择。每项选择都有特定的过滤条件可供选择，以便在同类对象中筛选出想要的对象。

6.5　本章小结

本章介绍了 BECH 的一些主要辅助功能，包括注解工具、图面显示、图层工具和浏览选择工具，这些虽不是核心功能，却也很常用，灵活使用这些工具能够更方便、更快速地完成建模和核对工作。

实例工程前言

本实例教程是斯维尔暖通负荷设计软件 BECH 使用手册的一部分，适用于利用 BECH 完成暖通负荷设计工作的用户以及对 BECH 感兴趣的读者。本教程还可以作为 BECH 的培训教材使用。

本实例教程是一个综合教学楼工程，可以通过本工程学习怎样使用 BECH 来完成暖通负荷设计工作，从而掌握 BECH 的基本操作流程与方法，最终，可以独立完成一个工程实例从围护结构建模，到参数设置、负荷计算以及输出送审表格等一系列的负荷设计工作。本实例力图系统性地讲解利用 BECH 进行负荷设计工作的流程，讲解过程中并不是按照菜单顺序进行操作，而是以负荷设计的产出数据为核心，每一步计算前仅进行该计算所需要的前提操作，使大家清晰地了解每一个操作，每一个设置的用途是什么。实际操作中不必完全按照本实例的操作顺序进行，除了具有因果关系的步骤必须严格遵守外，通常没有严格的先后顺序限制。

由于 BECH 功能强大，为了使本实例教程便于学习，教程中仅使用了软件中的部分功能，如须对 BECH 作进一步的了解，请您参阅用户手册或使用系统的在线帮助。

第 7 章 围护结构建模

建筑模型是负荷计算的基础，建筑模型来源于建筑师的设计图纸。如果有原始设计图纸的电子文档，就可以大大减少重新建模的工作量。BECH 可以打开、导入或转换主流建筑设计软件的图纸。然后根据建筑的框架就可以搜索出建筑的空间划分，为后续的负荷计算奠定基础。

本章内容
- 描图建模
- 设备建模
- 屋顶建模
- 楼层设置
- 空间划分
- 模型检查

7.1 实例工程概况

本教学实例所在为寒冷地区——北京市某中小学综合办公楼工程，如图 7-1 所示。该楼共计 4 层，其中地下 1 层地上 3 层，屋面为坡屋顶形式，屋顶有老虎窗，层高为 4.2m 和 3.3m，建筑高度 15m，建筑面积 1193m^2。

该实例的目标是利用 BECH 为该综合办公楼进行围护结构建模，进行节能计算，最后用 BECH 输出负荷计算结果的送审材料。

在学习的过程中，对于一些命令的使用可以参考用户手册部分，仍然不清楚的，可致电斯维尔全国统一客服热线 95105705，或登录 ABBS 网站（http：//www. abbs. com. cn/）的斯维尔论坛发帖提问。

7.2 围护结构建模

BECH 是基于 AutoCAD 平台的负荷计算软件，平台通用，被广大设计人员所熟悉。它可以通过四种方式来形成用于负荷计算和节能设计的建筑模型。

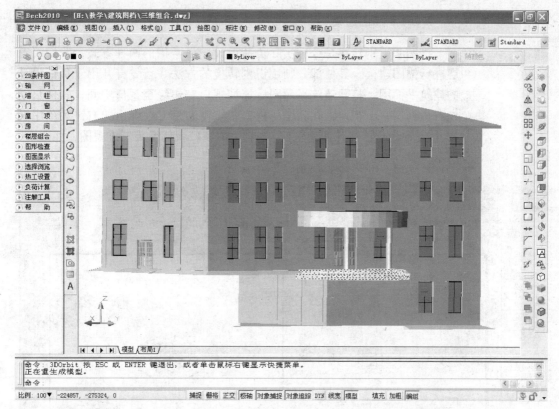

图 7-1　实例工程模型

（1）直接打开：

对于利用斯维尔建筑设计 TH-Arch 或者天正建筑 TArch5.0 以上版本绘制的建筑图纸，如果建筑师设计时就已经正确设置好了三维信息，那么直接打开就可以使用。若建筑师绘图时只关注平面信息，未正确设置三维信息，则打开后首先需要修改围护结构的三维信息后再进行下一步的节能设计工作。

（2）图纸识别：

对于利用天正建筑 TArch3 或理正建筑以及部分用纯 AutoCAD 绘制的图纸，利用软件的"条件图"处理模块对图纸进行识别转换，来快速形成建筑模型。

（3）描图：

如果图纸不是以上两种类型，或者图纸不规范导致转换后的效果不理想，后期修改工作量很大，也可以将已有的电子图档作为底图，采用描图的方式来快速地形成建筑模型。

（4）新建：

利用 BECH 的建模模块来形成建筑模型，快速形成一个用于暖通负荷计算的建筑模型。

7.2.1 描图建模

描图和识别转换是今后实际负荷设计中最常用的两种方式，我们对首层进行描图建模，其他部分则用识别转换的方法。首先打开用于负荷设计的建筑平面图。打开建筑平面图后拖拽视口右边缘至视口中间，软件自动在右边新增一个视口，在新增的视口中点击右键，在弹出的右键菜单中选择【视图设置】→【西南轴侧】，右边的视口就切换为三维视图，如图7-2所示。

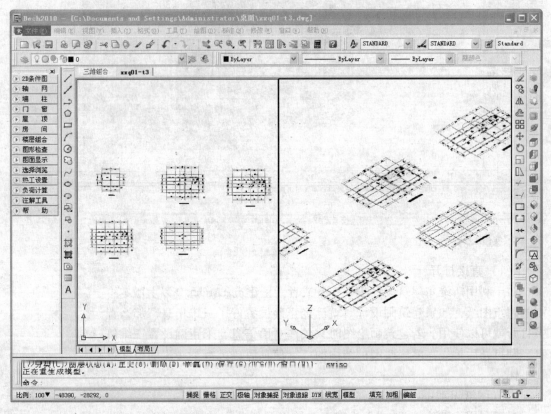

图 7-2 建筑平面图

从三维视图中可以看到，目前的建筑图是二维的平面图纸，负荷设计首先要做的就是利用这些二维平面图纸快速建立用于负荷计算的三维模型。

我们首先对首层进行描图，形成用于负荷计算的建筑模型。描图之前最好关闭一些不需要的图层，以便更方便地描图。由于规定性指标检查只需要外围护结构，可以只保留轴网、墙体、门窗及必要的标注图层。点取菜单命令【图面显示】→【关闭图层】（GBTC），点取欲关闭的图层中的对象，执行后如图7-3所示。

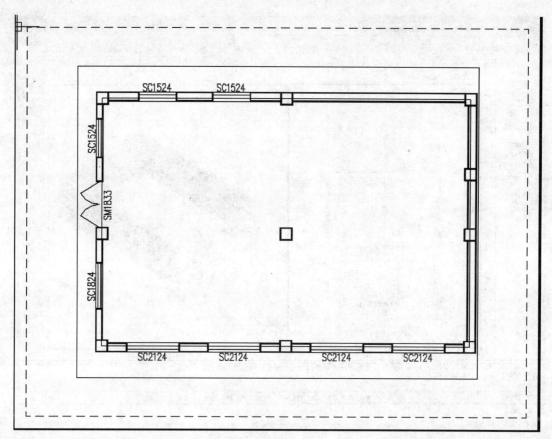

图 7-3　关闭图层

　　为了使描绘的新对象与底图明显地区分开来，可以执行屏幕菜单命令【2D 条件图】→【背景褪色】（BJTS）。接下来就可以进行外墙的描图操作，点取菜单命令【墙柱】→【创建墙体】（CJQT），弹出如图 7-4 所示对话框。

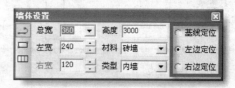

图 7-4　创建墙体

　　在对话框中设置墙体总宽度、左右宽、高度、材料，墙体类型可以接受默认的"内墙"，建模完成后由软件自动区分内外墙。描墙的定位方式是一个关键问题，决定了描图的效率高低。首推用"边线定位"，这样就可以沿墙边线描墙了，因为有些图也许缺少轴线或者轴线在墙线之外，导致无法利用轴线。按"基线定位"描图是另一种方式，需要有轴线作定位参考，如果墙段内没有轴线，可以点取菜单命令【2D 条件图】→【辅助轴线】（FZZX），在两条墙线内居中生成辅助轴线，然后再沿着辅助轴线进行墙体的描图工作。首层完成墙体描图后如图 7-5 所示。

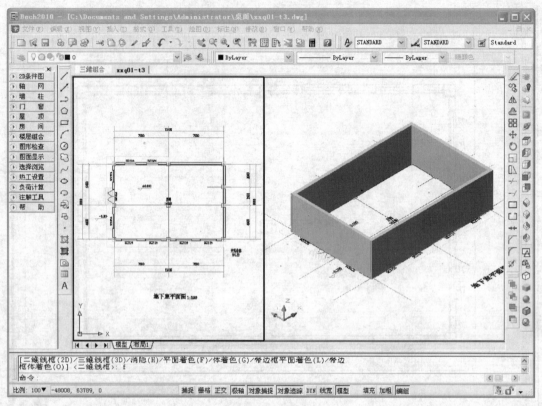

图 7-5 外墙描图

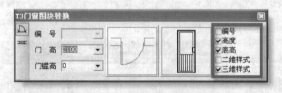

图 7-6 门窗替换

完成墙体的描图后就可以进行门窗的建模，对于天正 3 和理正等建筑软件绘制的门窗块，可以通过门窗转换快速生成门窗，点取菜单命令【2D 条件图】→【门窗转换】（MCZH），弹出如图 7-6 所示对话框。

点取对话框左侧的"门"和"窗"图标，分别设置好门窗的竖向参数，包括"窗高/门高"、"窗台高/门槛高"，右侧内容为转换选项，被勾选项目的数据取自对话框中的设置，未勾选项目的数据取自图形中，一般门窗的"编号"、"二维样式"可以不勾选，直接从二维底图中得到。设置好后就可以选择欲转换的门窗块了，对于参数一致的门窗可以批量选择，批量替换。替换后平面的门窗块就变成了可以用于节能计算的三维门窗对象，如图 7-7 所示。

需要注意的是，负荷设计中"窗"的概念是指透明的围护结构，阳台门的透明部分也应作为"窗"进行计算，所以透明的阳台门替换后还须将其转化为窗，点取菜单命令【门窗】→【门转窗】（MZC），弹出如图 7-8 所示对话框。

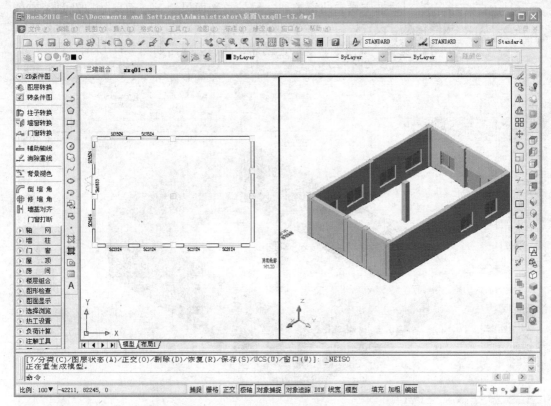

图 7-7 外墙门窗

　　如果整个阳台门都是透明的，则选择"整个作为窗"，如果阳台门只有上部是透明的，则选择"上部转为窗"，然后设置上部透明部分的高度，本实例中选择"整个作为窗"，然后选择图形中需要转换的阳台门进行转换。

　　【门窗转换】只转换了天正 3 的直型窗块，对于被炸开的天正 3 或理正建筑的门窗或其他软件绘制的门窗，则无法用门窗转换功能，可以通过【门窗】→【两点门窗】（LDMC）快速插入门窗来建模（图 7-9）。

图 7-8　门转窗

图 7-9　两点插门窗示意框

　　凸窗则用【门窗】→【插入门窗】（CRMC）中的凸窗插入，对话框如图 7-10 所示。

图 7-10　布置凸窗

在对话框中设置凸窗类型、编号、平面尺寸、立面尺寸以及是否有侧板等信息。设置好后，将 TC1 布置到图形中，相同的凸窗可以通过 Auto-CAD 的复制、镜像等命令快速创建，凸窗创建后如图 7-11 所示。

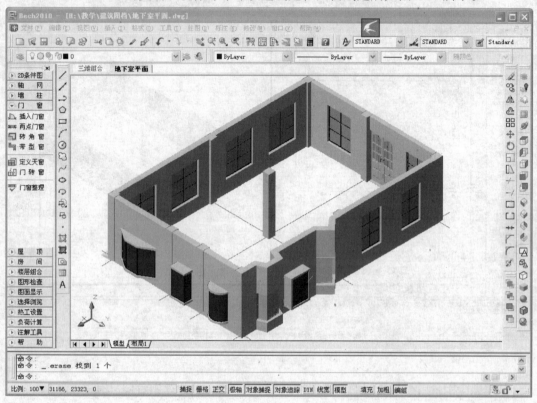

图 7-11　布置凸窗后

至此，首层的外围护结构的建模工作就完成了。如果不作动态能耗分析，则除了采暖区的不采暖楼梯间的隔墙和户门外，其他都不需要建立其他内围护结构。

7.2.2　识别建模

一层平面我们采用另一种建模方式——识别建模。这种建模方式与描图建模相比，墙体建模省略了墙体的宽度设置及定位，门窗建模与"门窗转换"相比，增强了对非天正 3 或理正等建筑软件绘制的门窗的识别，但如果图纸不规范的话，识别后的墙体连接性得不到保障，后期修改工作量较大。

与描图不同，识别转换是一次性整图转换。为了可靠起见，也可以在识别墙体前首先单独转换柱子（内墙及柱子的用途在后面的章节会讲到），有些不规范的图纸会有一些重复的线条，这些重复的线条可能会影响识别效果（如在同一位置识别了两个重复的柱），识别前可以先执行菜单命令【2D 条件图】→【消除重线】(XCCX)，消除重复的线条。

点击菜单命令【2D 条件图】→【转条件图】(ZTJT)，弹出如图 7-12 所示对话框及命令行提示。

图 7-12　条件图转换

　　软件给出了墙线、门窗、轴网和柱子的默认图层，若默认图层与实际不符，则要点击命令行的"墙线层"、"门窗层"、"轴线层"和"柱子层"按钮到图中过滤选取对应的图层。需要注意的是，门窗图层除了门窗线所在的图层外，还应包括门窗编号所在的图层。设置好图层后，在对话框中设置"墙高"、"门高"、"窗高"、"柱高"和"窗台高"等三维信息，"门标志"和"窗标志"用于通过编号判断所识别的对象为门还是窗（可有多重标志，用逗号分开，另外，标志距离门窗不能太远），"最大墙厚"、"距离误差"、"平行误差"用于提高不规范图纸的识别率，一般取默认值即可（对于有不同墙宽的建筑物，识别过程中将"最大墙厚"由小到大变换可提高识别成功率），"删除原图"的作用就是识别转换后删去原 2D 图形。设置好参数和选项后，可以逐段墙体进行识别，也可以批量识别，这里采用批量识别的方式，框选整层图形，识别后如图 7-13 所示。

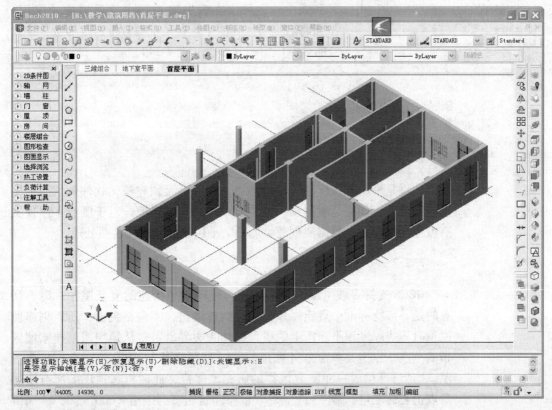

图 7-13　墙窗转换后

识别转换后，如果有墙体的连接有问题不能正常围合房间，则需要对识别生成的模型进行检查。墙体连接性的检查有两种手段可结合应用，第一种是观察，在【图面显示】中将墙体的显示状态切换为醒目的"单双线+加粗"，查看墙角处的墙段基线是否正确地交于一点，如果不正确，可拖动墙体夹点或利用 AutoCAD 的延伸、剪切等命令使相邻墙段正确相交；第二种是用【闭合检查】工具，点取命令后将光标移到每个房间内，看沿墙线动态生成的闭合红线是否正确。

图 7-14 墙窗转换后

7.2.3 改高度及门窗整理

我们可以通过【改高度】及【门窗整理】功能将二维线图案转换过来的三维模型的墙体柱子、门窗等信息进行统一修改。

在本实例中，首层层高为 4200，点击菜单命令【墙体】→【改高度】（GGD），根据命令行提示的操作将首层墙体柱子的高度统一修改为 4200。【门窗整理】从图中提取全部门窗类对象的信息，并列出编号和尺寸参数表格，用鼠标点取某个门窗信息，视口自动对准到该门窗并将其选中，用户可以在图中采用前面介绍的方式修改图形对象，然后按［提取］按钮将图中参数更新到表中，也可以在表中输入新参数后再按［应用］按钮将数据写入到图中。在某个编号行修改参数，该编号的全部门窗一起修改（图 7-14）。

7.3 屋顶建模

7.3.1 平屋顶建模

如果是平屋顶且屋顶为单一构造，则屋顶无须建模，软件默认封平屋顶进行计算，如果是坡屋顶，则需要用专用工具建模；对于既有平屋顶又有坡屋顶的时候，只需要创建坡屋顶，平屋顶部分软件自动处理。

7.3.2 多坡建模

BECS 支持多坡屋顶、人字屋顶和线转屋顶构建的复杂屋顶。需要注意的是，节能标准中规定屋顶范围仅到外墙边，不包括挑檐，所以创建坡屋顶时不能以屋顶平面图上的屋顶线作为边界，需要从顶层重新搜索坡屋顶的范围。点击菜单命令【屋顶】→【搜屋顶线】（SWDX），命令行会提示："请选择构成一完整建筑物的所有墙体："，此时框选顶层的所有墙体后点击右键确定，命令行提示："偏移建筑轮廓的距离 < 600 >："，前面讲过暖通设计中的坡屋顶范围仅到墙基线，所以这里应输入"－250"，确认后软件会自动生成坡屋顶的轮廓线，BECH 约定屋顶必须放置到其所覆盖房间的上层楼层框内，所以先将顶层图形拷贝一份，搜索生成屋顶线后删去其他围护结构只留屋顶轮廓线。点击菜单命令【屋顶】→【多坡屋顶】（DPWD），根据命令行提示选取闭合的屋顶轮廓线，给出屋顶每个坡面的等坡坡度，生成多坡屋顶。选中"多坡屋顶"通过右键对象编辑命令进入坡屋顶编辑对话框，进一步编辑坡屋顶的每个坡面，还可以通过屋顶的夹点修改边界（图 7-15）。

图 7-15　坡屋顶参数调节

　　根据立面图确定坡屋顶的角度或坡度后输入到对话框内，本实例中的坡屋顶角度如图 7-15 所示，点击确定生成的坡屋顶如图 7-16 所示。

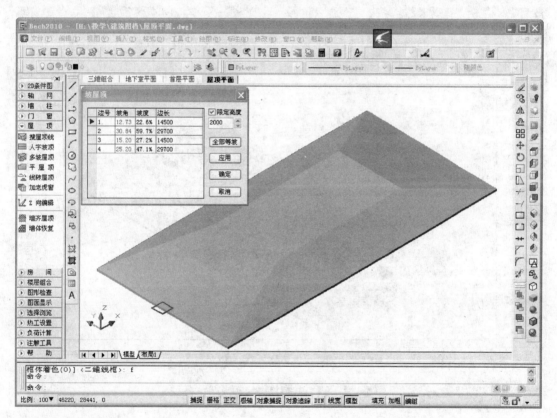

图 7-16　多坡屋顶

7.3.3　老虎窗建模

　　坡屋顶创建好后接着创建老虎窗，点击菜单命令【屋顶】→【加老虎窗】（JLHC），命令行会提示"选择屋顶："，选择后弹出如图 7-17 所示对话框。

图 7-17　老虎窗对话框

在对话框中设置老虎窗形式为"平顶窗"，编号及尺寸信息根据门窗表及老虎窗详图设置，设置好后在图形中点击插入位置，其他相同的老虎窗可以通过复制快速得到。创建好老虎窗后，如图 7-18 所示。

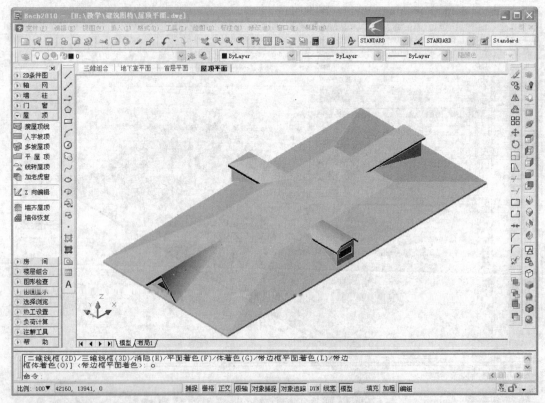

图 7-18　老虎窗

7.4　楼层设置

所有楼层的围护结构建模工作都完成后，需要告诉软件各楼层是如何组合起来的。BECH 楼层处理有两种方式，如果全部的平面图都在一个图形文件，那么使用楼层框，即内部楼层表；如果各个平面图是独立的 DWG 文件，那么使用外部楼层表。本实例中全部的平面图都在同一个图形文件，所以采用第一种方式来处理楼层。点取菜单命令【楼层组合】→【建楼层框】(JLCK)，系统会提示您进行命令交互过程，从而完成楼层范围、层号和层高的设置等操作，这里以首层为例，首先选定楼层框的左上角点与右下角点，使楼层框的范围包括了首层的全部内容，然后选取一点作为与其他楼层上下对齐所需的对齐点，这里选择 1 轴与 A 轴的交点，输入楼层号 1，输入层高 4200，这样就完成了首层楼层框的设定，同理，我们给其他楼层也设定好楼层框，设置好楼层框后，如图 7-19 所示。

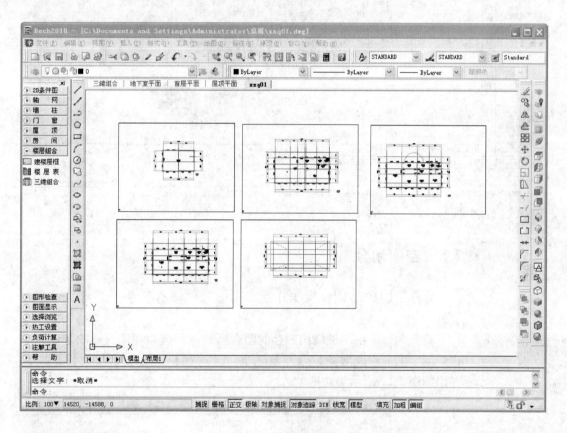

图 7-19 楼层框设置

从图 7-19 可以看出，楼层框从外观上看就是一个方框，被方框圈在里面的围护结构被认为同属一个标准层或布置相同的多个标准层。提示录入"层号"时，是指这个楼层框所代表的自然层层号（图 7-20）。

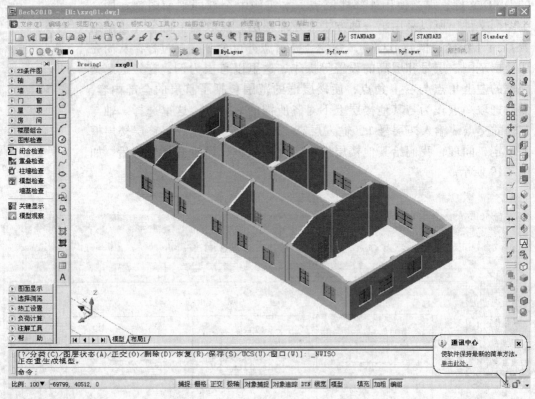

图 7-20　墙齐屋顶

7.5　空间划分

完成了围护结构建模工作后，我们对房间空间进行必要的划分和设置。

首先对每层由围护结构围合的闭合区域执行搜索房间，目的是识别出内外墙、生成房间对象以及建筑轮廓。【房间】→【搜索房间】（SSFJ），弹出如图 7-21 所示对话框。

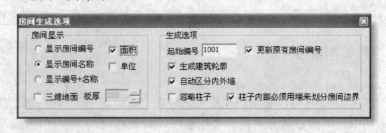

图 7-21　搜索房间

对话框的左侧是房间对象的显示方式和内容，右侧是一些生成选项，通常不必修改，接受默认即可。执行完【搜索房间】后，内外墙自动识别出来，并建立房间对象和建筑轮廓，房间对象用于描述房间的属性，包括编号、功用和楼板构造等。用【局部设置】打开特性表（也可用 Ctrl + 1

打开），选中一个或多个房间，在特性表中可以设定房间的功能，在 BECH 中居住建筑默认房间为起居室，公共建筑默认为普通办公室。如果系统给定的房间类型不够用，还可以用【房间类型】扩充。建筑轮廓是模型必备的对象，并且要放置到楼层框内部（图 7-22）。

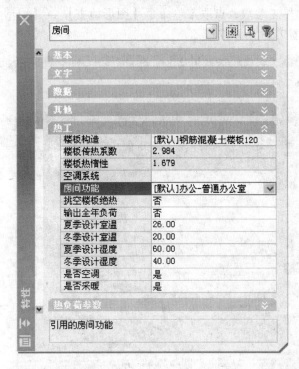

图 7-22　房间功能设置

7.6　模型检查

图形在识别转换和描图等操作过程中，难免会发生一些问题，如墙角连接不正确、围护结构重叠、门窗忘记编号等，这些问题可能阻碍负荷计算的正常进行。为了高效率地排除图形和模型中的错误，BECH 提供了一系列检查工具。

7.6.1　关键显示

为了简化图形的复杂度，方便处理模型。点击菜单【图形检查】→【关键显示】（GJXS），隐藏与负荷分析无关的图形对象，只显示有关的墙体、柱子、门窗、屋顶等图元。

7.6.2　模型检查

在进行负荷计算之前，利用【模型检查】功能检查建筑模型是否符合要求。点击菜单【图形检查】→【模型检查】（MXJC），软件会将模型中出现的异常情况的检查结果以清单的形式汇总，这个清单与图形有关联关系，用鼠标点取提示行，图形视口将自动对准到错误之处，可以即时修改，修改过的提示行在清单中以淡灰色显示。

7.6.3 模型观察

上述模型处理工作完成以后，可以通过模型观察命令查看整体模型是否正确，以及围护结构的热工参数，点取菜单命令【图形检查】→【模型观察】（MXGC），弹出如图 7-23 所示窗口。

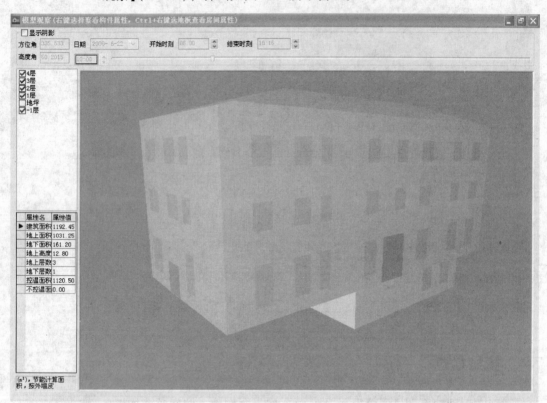

图 7-23 模型观察对话框

第 *8* 章 工程设置

本章详尽阐述斯维尔节能设计 BECH（以下简称 BECH）对于工程的设置问题，这些知识是负荷计算的基础，请仔细阅读。

本章内容
- 负荷设置
- 工程构造
- 房间类型
- 房间设置

8.1 负荷设置

负荷计算前需要对工程地点等基本信息进行设置，【负荷设置】给我们提供了一个这样的工具，这里我们主要对地理位置设置即可，软件会根据我们设置的地理位置自动查找并调用改该地点的气象参数进行负荷计算。当然建筑类型以及是否自动考虑热桥等选项也需要进行选择。如果直接把节能设计 BECS 中的工程文件拷到这个工程图的目录下，那么这里也就不需要进行设置。

对于"上下边界绝热"，主要应用于某些商住两用楼等，如果需要分开计算，那么计算下面的商用楼时，设置为"上边界绝热"；而计算上面的住宅楼时选择"下边界绝热"（图8-1）。

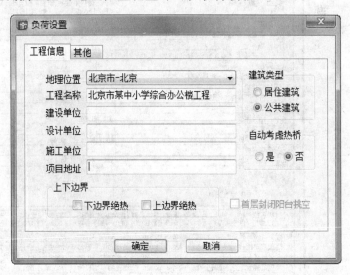

图8-1 负荷设置

负荷设置中【其他】选项卡中主要是对输入的单位、太阳辐射吸收系数、房间面积等进行设置，本工程中我们采用默认的即可（图8-2）。

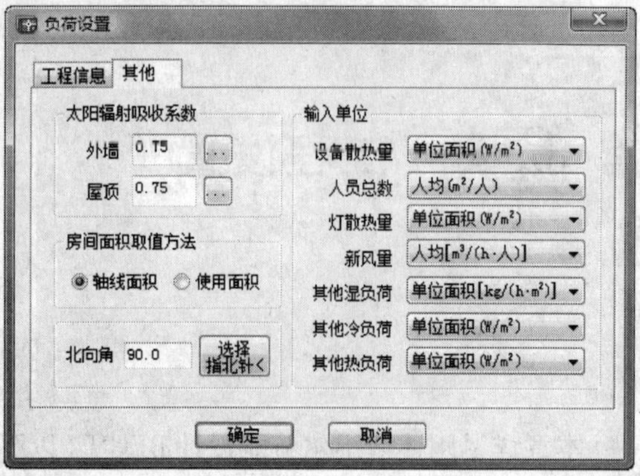

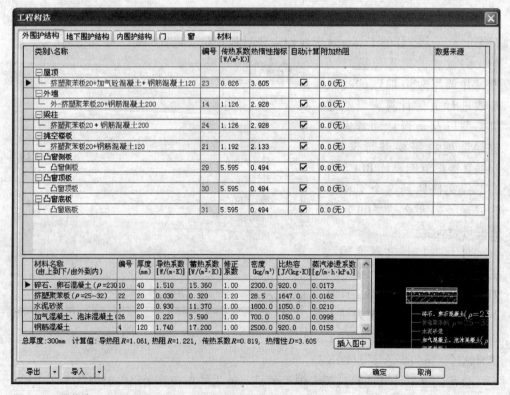

图 8-2 负荷设置其他选项卡

8.2 工程构造

围护结构的传热系数及热惰性指标决定了围护结构的保温隔热性能，是影响建筑能耗的重要指标，负荷计算中需要将工程的构造做法设置完整，以保证负荷计算的准确性。

计算围护结构的传热系数及热惰性指标首先需要设置各围护结构的构造，点取菜单命令：【热工设置】→【工程构造】（GCGZ），弹出如图 8-3 所示对话框。

图 8-3　工程构造

在工程构造中设置各部位围护结构的构造，构造的设置可以通过从构造库中选取的方式，也可以在这里新建，即从材料页面中选取各层材料并设置各层材料的厚度。

首先介绍从构造库中选取的方式，点击构造名称栏右侧的方框按钮，弹出构造库对话框，可以选择系统构造库或地方构造库，如图8-4所示。

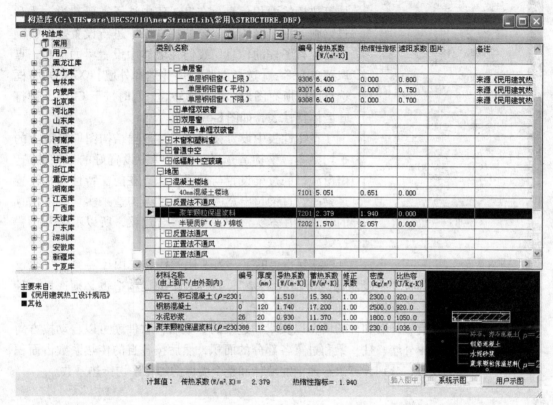

图8-4 构造库

软件将各地的地方节能标准或实施细则中给出的当地常用构造都做成了地方构造库，可以直接从里面选取本工程所用的构造，若地方构造库中没有需要的构造，也可以从系统构造库中选择。构造库本身也是完全开放的，可以对构造库的构造进行新增、修改和删除操作，找到本工程用到的构造后，双击构造就将该构造选择到工程构造中了。

新建构造首先在构造处点击右键中的"新建构造"，给新构造命名，然后在下面的构造构成表中点击右键的"添加"，从材料页面选取材料。材料可以从材料库中选择，材料库也是完全开放的，可以自己新增一些新材料，选择好材料后在工程构造中设置各层材料的厚度，构造就设置好了，软件会自动计算出构造的传热系数及热惰性指标。

窗的构造设置比较特别，它的传热系数不是通过设置组成材料计算得到的，可以通过构造库选取，或者直接在工程构造中录入窗的平均传热系数值及遮阳系数（遮阳系数的用途在下一节中再讲）。

在本工程实例中，根据建筑总说明完成各部位围护结构的构造设置。下面介绍考虑梁柱热桥影响的平均传热系数和热惰性指标如何计算。

图8-5 梁设置

按照节能标准的规定，外墙需要考虑梁柱等热桥影响后的平均传热系数，外墙平均传热系数的计算需要梁柱等热桥的面积信息。在 BECH 中柱子需要建模，梁和过梁则分别在墙体和门窗的特性表中进行设置。本实例中已经有了柱的信息，我们在墙体中设置梁的信息，点取菜单命令：【选择浏览】→【选择外墙】（XZWQ），框选首层的所有图形选中全部外墙，同时按下 Ctrl＋1 键打开墙体特性表，如图 8-5 所示。

在特性表中设置梁高值，可根据结构图取外墙上的平均梁高，梁构造选择工程构造中设置好的梁柱构造。门窗洞口的过梁设置与圈梁类似，在门窗特性表中设置过梁高、过梁超出宽度及选择过梁构造来实现过梁信息的录入。在本实例中，圈梁包含过梁，所以不需要设置过梁。

需要指出的是，为了让梁柱起作用还需要在工程设置中勾选"自动考虑热桥"为"是"，特性表中的梁构造也必须选择一种构造，为空则不起作用。

有了外墙和柱的模型以及梁和过梁的参数后，软件就可以自动按方向提取出外墙、柱、梁和过梁各部分的面积，然后按各自的传热系数占面积的权重，分别计算出东西南北墙体和整个墙体的加权平均传热系数。

8.3 房间类型

负荷计算需要对各个房间的功能类型进行设置。【房间类型】命令提供一个房间类型进行参数设置的功能。软件自动提供了一些典型房间类型的参数，如果在使用中没有列举到该房间的类型，那么在此可以新建房间类型，然后将其参数输入其中。软件中列举的房间类型参数不可以更改，界面以灰色显示。我们可以将这些房间的类型赋予对应的房间，当然给各个房间赋予功能类型也可以通过特性表（Ctrl＋1）进行，选中房间对象后打开特性表，在【热工】下有【房间功能】，这里列出的房间功能类型也就是在【房间类型】命令中列举的。本工程中我们新建"教室"、"卫生间"、"厨房"、"活动室"四种房间的类型。

运行【房间类型】命令，弹出如图 8-6 所示对话框。

其中设置厨房、活动室等四个类型的房间时，由于人员运动量较大，湿负荷可以设置大一些，在"其他湿负荷"选项中输入：最少 0.2 kg/(h·m²)，当然这个可以根据实际的情况而稍作调整。厨房的设置还可以增加"其他热负荷"的数值。

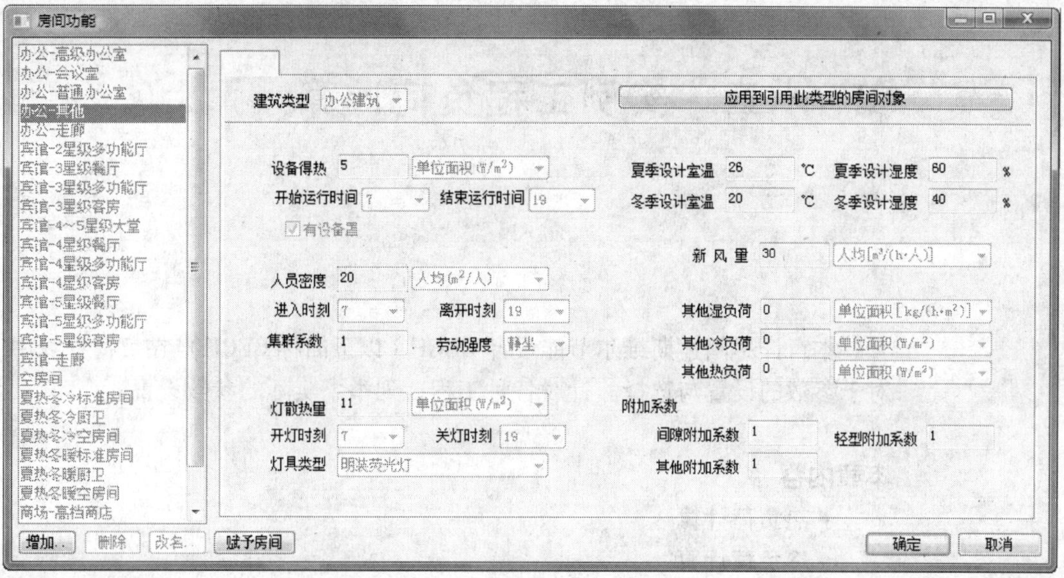

图 8-6　工程设置

将这几种类型的参数设置好以后可以将类型赋予房间。点击【赋予房间】按钮，选择对应的房间。如果没有选择到的房间，系统采用默认为"普通办公室"进行计算。

8.4　房间设置

负荷计算中如果不想去修改房间类型，也可以直接选中房间对象，在特性表中设置房间的参数。这里不仅包括房间中的人员、灯光、设备等散热量，还包括楼板、墙体等一系列参数，在此都可以进行设置（图8-7）。

图 8-7　房间设置特性表

第 *9* 章　实例工程负荷计算

本章详尽阐述斯维尔节能设计 BECH（以下简称 BECH）在负荷计算中对于参数的设置与选择。针对各种工程，列举了实际的参数设置。

本章内容
- 热负荷计算
- 冷负荷计算
- 标注结果

9.1　热负荷计算

热负荷计算的相关设置在对话框上进行（图 9-1）。

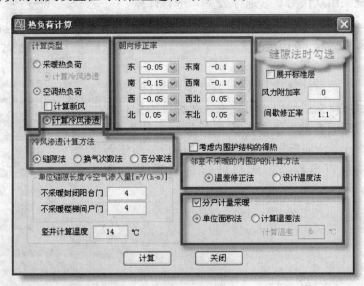

图 9-1　热负荷计算对话框（一）

计算类型：如果作采暖设计，选择采暖热负荷；如果是空调设计，选择空调热负荷。其中空调热负荷有两个可选附加项。

计算新风——勾选此项，表示附加上新风的热负荷，这一项最常用。

计算冷风渗透——勾选此项，表示附加上冷风渗透热负荷。其下有三个计算方法：

（1）缝隙法：主要用于房间气密性不够好，门窗缝隙较大的情况，缝隙长度在门窗特性表里输入。下面有一项竖井计算温度主要是考虑由于房间与楼梯间等竖向大空间的风压、热压作用下冷空气渗透，其值须查相应手册。采用缝隙法因与高度有关须勾选"展开标准层"。

（2）换气次数法：主要用于房间密闭性较好的情况。（换气次数＝每小时通风量与房间容积之比）。

（3）百分率法：主要用于厂房等工业大空间建筑。

风力附加率：在不避风的高地、河边、海岸、旷野上的建筑物以及城镇、厂区内特别高的建筑物，垂直的外维护结构热负荷附加 5%～10%。

间歇修正率：指系统不连续运行下进行的附加修正，其值可以大于1。

朝向修正率：此项系统设定，一般不用更改（图9-2）。

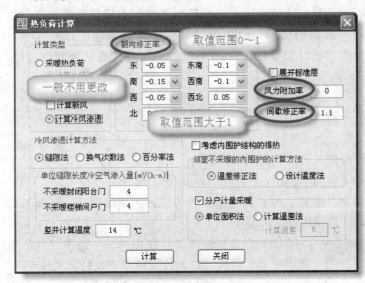

图9-2　热负荷计算对话框（二）

考虑内围护结构的得热：

（1）温差修正法：当考虑内围护结构得热时，邻室房间温度低，但是不知道具体值时，用室外温度代替，然后再乘以温差修正系数。

（2）设计温度法：知道两房间的设计温度，然后进行计算。

分户计量采暖选项：

（1）单位面积法：主要是用户间传热量（查相关手册所得）×传热面积＝传热量。（这里传热面积是指要计算房间的面积，户间传热量在选中房间后特性表里输入）

（2）计算温差法：根据设定计算温差 Δt，然后算出传热量。传热面积是由系统自动提取户墙面积，所以如果要计算这项时需要把户型区分开。

【拓展】

当两个房间设计温度不一样，温度高的房间要向温度低的房间传热，如果考虑这部分传热量，那么勾选上考虑内围护结构的得热，其下有邻室不采暖的内围护的计算方法：温差修正法和设计温度法。温差修正法一般是指：假设内围护结构温度 t_n，内围护结构以外房间温度为 t，室外温度为 t_w，本来计算时应用 $(t_n - t)$，但是现在是用 $(t_n - t_w)$，然后再乘以温差修正系数；设计温度法即：根据 $(t_n - t)$ 进行计算。因此对于温差修正法一般适用于不知道内围护结构外房间温度的情况下，反之用设计温度法。

分户计量是近年来发展的一种采暖计量方法，它是根据进入住户房间的供回水温差以及水的流量进行计算，得出热量，然后根据热量进行收费。这种方法显然更合理，即用多少热付多少费。此项主要针对某些住户需要采暖，而隔壁住户不需要采暖，那么它们之间要传热，勾选此项就是考虑这部分传热量。单位面积法主要是用传热指标（查相关手册所得）×传热面积 = 传热量；计算温差法就是根据设定计算温差，然后算出传热量。

本工程中不涉及分户计量采暖，但是可以考虑邻室得热的问题，例如靠近厨房的房间有厨房的传热。由于我们对厨房和邻室的设计温度不一致，因此我们采用"设计温度法"。"冷风渗透量"按照默认的数值即可。最后我们点击 计算 ，输出计算书。

9.2 冷负荷计算

冷负荷计算的相关设置在对话框上进行。

计算参数——有四个选项：

（1）计算窗户外遮阳：窗户有外遮阳并考虑该因素请勾选，无则不勾选。勾选将影响计算速度。

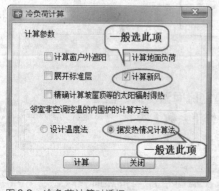

图 9-3 冷负荷计算对话框

（2）计算地面负荷：民用建筑一般不勾选，主要用于手术室等对空调计算精度要求较高的场所。

（3）展开标准层：计算与高度变化无关时无须勾选。不展开时标准层的负荷按"标准层底层负荷×标准层数"的方式输出。如果标准层底层和顶层的边界条件与中间层差别较大应展开计算。

（4）计算新风：勾选此项，计算出的冷负荷包含新风冷负荷（图 9-3）。

邻室非空调控温的内围护结构的计算方法——有两项：

（1）设计温度法：见前段的【拓展】。

（2）据发热情况计算法：一般选此项。

【拓展】

设计温度法与热负荷计算一致，在前段的【拓展】中已有阐述，适用于已知控温和非控温房间的温度情况下；据发热情况计算法适于某些房间内有设备等散热，需要冷量去除这部分热量，发热量在房间对象特性表中设置。

本工程我们选择"展开标准层"、"计算新风"以及"精确计算坡屋顶等的太阳辐射得热"。最后我们可以将结果输出计算书。

9.3 标注结果

我们可以直接将其标注在图纸上，这样便于在后期绘图中直接根据负荷选择设备等。结果如果需要标注，那么在计算输出结果的时候需要保存结果，保存成功后软件会提示成功导出的位置。标注结果对话框如图 9-4 所示。

点击"热负荷结果"、"冷负荷结果"，可以在工程架构显示栏中显示该工程的信息。然后我们可以点击"将所选项房间结果标注到图中"。这样我们选择所要标注的房间即可，如果是整个工程都需要标注，我们可以直接点一级目录。本工程我们将所有房间的负荷值都标注到图中。

最后，计算出实例工程的热负荷为：78739.37W；冷负荷为：59874W。各个房间的负荷已标注在图中。如图 9-5 所示。

图 9-4 标注结果对话框

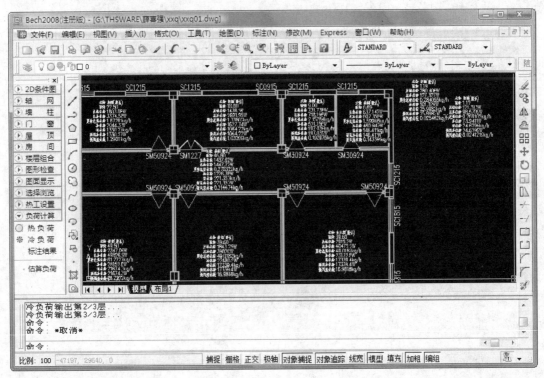

图 9-5 标注结果在图中

至此，暖通负荷计算完毕，结果可用于接下来的暖通设计。暖通设计详细操作请参考第二部分：设备设计 Mech。

第 *10* 章 概　述

本章详尽阐述清华斯维尔建筑设备设计软件 TH-Mech（简称 Mech）的相关理念和软件约定，这些知识对于学习和掌握 Mech 不可缺少，请仔细阅读。

本章内容
- 本书的使用
- 入门知识
- 用户界面
- 图档组织
- 初始设置
- 管线系统介绍

10.1　本书的使用

本书是 Mech 配套的使用手册。

Mech 以设备设计的应用为主体，并且可应用于暖通、给水排水专业相关的建筑设计、咨询、施工、监理等领域。

尽管本书力图尽可能完整地描述软件的强大功能，但软件的发展日新月异，最后发行和升级的版本难免会有些许的内容变更，可能和本书的叙述未必完全一致，若有疑问，请不要忘记参考软件的联机帮助文档，即本书最及时的电子文档。

10.1.1　本书内容

本书按照软件的功能模块进行叙述，这和软件的屏幕菜单的组织基本一致，但本书并不是按照菜单命令逐条解释。如果那样的话，只能叫做命令参考手册了，那不是本书的意图。本书力图系统性地全面讲解 Mech，让用户用好软件，把软件的功能最大限度地发挥出来，这就要求不仅要讲解单个的菜单命令，还需要讲解这些菜单命令之间的联系，因为许多时候需要多个命令配合才能完成一项任务。在软件使用过程中按热键 F1 也能自动跳转到正在使用的命令的使用说明。

本书的内容安排如下：

第 10 章 　入门知识和综合必备知识，为用户必读的内容。

第 11 章 　建筑底图的绘制功能。Mech 内置了 Arch 强大的建筑底图绘制模块，功能强大。所以，此部分只对重要的部分作必要的叙述，更详细的操作过程，请参阅 Arch 相关文档。

第 12～14 章 　Mech 的管线系统。即设备设计的主体功能，包括了水管系统、风管系统、采暖三大部分的内容；其中还包括各个系统的水力计算。

第 15 章 　空气处理过程即焓湿图的应用。

第 16 章 　给水排水消防系统，包括给水排水的绘图、洁具布置、消防系统布置以及喷淋计算。

第 17 章 　管线系统的编辑工具，包括碰撞检测、水力计算器等。

第 18 章 　管线系统的标注；包括风管标注、设备标注等。

第 19 章 　系统图、剖面图的生成及编辑工具。

第 20 章 　尺寸标注，包括建筑图的标注功能。

第 21 章 　注释系统，文字符号说明。

第 22～23 章 　图库管理，辅助工具，内容不多，作用不小，效率高不高和这章的知识有很大关系。

第 24 章 　图档交流和输出的知识，能否把辛苦绘制的图形按制图规范输出到打印设备上，能否和其他人顺畅地进行电子图档的交流，就看这一章了。

第 25 章 　介绍一个中小学教学楼的实例，通过实例了解设备设计的设计流程与方法。

10.1.2　术语解释

这里介绍一下一些容易混淆的术语，以便用户更好地理解本书的内容和本软件的使用。

拖放（Drag-Drop）和拖动（Dragging）：

前者是按住鼠标左键不放，移动到目标位置时再松开左键，松开时操作才生效。这是 Windows 常用的操作，当然也可以是鼠标右键的拖放。

后者是不按鼠标键，在 AutoCAD 绘图区移动鼠标，系统给出图形的动态反馈，在绘图区左键点取位置，结束拖动。夹点编辑和动态创建使用的是拖动操作。

窗口（Window）和视口（Viewport）：

前者是 Windows 操作系统的界面元素，后者是 AutoCAD 文档客户区用于显示 AutoCAD 某个视图的区域，客户区上可以开辟多个视口，不同的视口可以显示不同的视图。视口有模型空间视口和图纸空间视口，前者用于创建和编辑图形，后者用于在图纸上布置图形。

浮动对话框：

程序员的术语叫无模式（Modeless）对话框，由于本书的目标读者并非程序员，我们采用更容易理解的称呼，即称为浮动对话框。这种对话框没有确定（OK）和取消（Cancel），在软件中通常用来创建图形对象，对话框列出对象的当前数据或有关设置，在视图上动态观察或操作，操作结束时，系统自动关闭对话框窗口。

对象（Object）、图元（Entity）和实体（Solid）：

在本书中对象指图形对象，也就是图元，它是与用户进行交互的基本的图形单位。按照对象的几何空间属性，分为二维对象和三维对象；按照对象的来源，分为（AutoCAD）基本对象和自定义对象；按照对象所代表的范畴，分为图纸对象和模型对象；按照对象的含义，分为通用对象和专业对象。清华斯维尔定义了一系列专门针对建筑和土木工程的图形对象，本书统称为清华斯维尔对象，简称 TH 对象。

实体指可以进行布尔运算（交、并、差）运算的一种三维图形对象，实体也称三维实体，由于 AutoCAD 的实体技术来自 ACIS 的授权，因此也称 ACIS 实体。

10.2　入门知识

尽管本书尽量使用浅显的语言来叙述软件功能，软件本身也采用了许多方法以便大大增强易用性。但在这里还是要指出，本书不是一本计算机应用拓荒的书籍，用户需要一定的计算机常识，并且对机器配置也不能太马虎。

10.2.1　必备知识

对于 Windows 和 AutoCAD 的基本操作，本书一般不进行讲解，如果用户还没有使用过 AutoCAD，那么请寻找其他资料解决 AutoCAD 的入门操作。用户必须清楚，Mech 是构筑在 AutoCAD 平台上，而 AutoCAD 又是构筑在 Windows 平台上的，因此用户使用的是 Windows + AutoCAD + Mech 来解决问题。除此之外，用户最好还应当会使用办公软件 Word 和 Excel，尽管这不是必须的，但办公软件的一些知识有益于理解 Mech 的使用，而且有些任务更适合用办公软件完成。

如果你使用 AutoCAD 或 AutoCAD 上的第三方软件做过一些实际应用，那么恭喜你，你可以顺利地继续阅读后面的章节了。

10.2.2　软硬件环境

事实上，Mech 对硬件条件并没有特别的要求，只要能满足 AutoCAD 的使用要求即可。不过由于用户使用 Mech 去完成的目标任务不尽一致，因此还需要推荐一下硬件的配置。对于只绘制工程图，不关心三维表现的用户，Pentium 3 +256M 内存这一档次的机器就足够了；如果要使用三维，Pentium 4 +512M 内存不算奢侈，此外使用支持 OpenGL 加速的显示卡特别值得推荐，例如使用 nVidia 公司 GeForce 系列芯片的显示卡，可以让你在真实感的着色环境下顺畅地进行三维设计。

顺便提示一下，请留意所用鼠标是否附带滚轮，并且有三个或更多的按钮（许多鼠标的第三个按钮就是滚轮，既可以按又可以滚）。如果所用的是老掉牙的双键鼠标，立即去更换吧，落后的配置将严重地阻碍先进软件的发挥。作为 CAD 应用软件，屏幕的大小是非常关键的，用户至少应当在 1024×768 的分辨率下工作，如果达不到这个条件，可以用来绘图的区域将很小，很难想象会工作得非常如意。

Mech 支持 AutoCAD 2000 以上的版本。然而由于 AutoCAD 2000 和 AutoCAD 2000i 固有的一些缺陷，可能 Mech 并不能很好地工作。事实上开发团队从未在这两个平台上进行过任何尝试，也不会去解决由于这两个平台上运行 Mech 带来的问题。换言之，AutoCAD 2002～2010 是 Mech 正式支持的 AutoCAD 平台。

Mech 支持的操作系统与 AutoCAD 保持一致。需要指出，由于从 AutoCAD 2004 开始，Autodesk 官方已经不再正式支持 Windows98 操作系统，因此用户在 Windows98 上运行 R16 平台的 Mech 所带来的问题将无法获得有效的技术支持。

10.2.3　安装和启动

不同的发行版本的 Mech 安装过程的提示可能会有所区别，不过都很直观，如果有注意事项，请查看安装盘上的说明文件。

程序安装后，将在桌面上建立启动快捷图标"设备设计 TH-Mech（不同的发行版本名称可能会有所不同）。运行该快捷方式即可启动 Mech。

如果机器安装了多个符合 Mech 要求的 AutoCAD 平台，那么首次启动时将提示选择 AutoCAD 平台。如果不喜欢每次都询问 AutoCAD 平台，可以选择"下次不再提问"，这样下次启动时，就直接进入 Mech 了。不过也可能造成后悔，例如安装了更合适的 AutoCAD 平台，或由于工作的需要，要变更 AutoCAD 平台，通过【帮助】→【平台选择】命令可恢复到可选择 AutoCAD 平台的状态。

10.2.4　TH-Mech 使用流程

Mech 提供的功能可以支持建筑设计各个阶段的需求，无论是初期的方案设计还是最后阶段的施工图设计，设计图纸的深度取决于设计需求，这由用户自己把握，软件系统并不具备设计阶段这样的概念。图 10-1 给出了使用 Mech 进行建筑设计的一般流程，除了具有因果关系的步骤必须严格遵守外，通常没有严格的先后顺序限制。

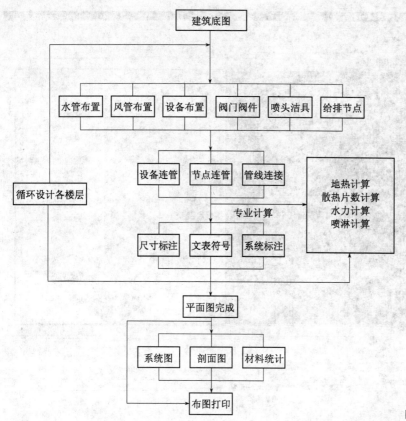

图 10-1 Mech 使用流程

10.3 用户界面

Mech 对 AutoCAD 的界面进行了必要的扩充，对这些界面的使用在此作个综合的介绍（图 10-2）。

10.3.1 屏幕菜单

Mech 的主要功能都列在屏幕菜单上，屏幕菜单采用"折叠式"两级结构，第一级菜单可以单击展开第二级菜单，任何时候最多只能展开一个一级菜单，展开另外一个一级菜单时，原来展开的菜单自动合拢。二级菜单是真正可以执行任务的菜单，大部分菜单项都有图标，以方便用户更快地确定菜单项的位置。当光标移到菜单项上时，AutoCAD 的状态行会出现该菜单项功能的简短提示。

折叠式菜单效率最高，但可能由于屏幕的空间有限，有些二级菜单无法完全展开，可以用鼠标滚轮滚动快速到位，也可以右击父级菜单完全弹出，这并不是最好的方法。对于特定的工作，有些一级菜单难得一用或根本不用，那么可以右键点取屏幕菜单的上部空白位置配置屏幕菜单，设置一级菜单项的可见性。此外，系统还提供了若干个个性化的菜单配置，对 Mech 的菜单系统进行减肥。

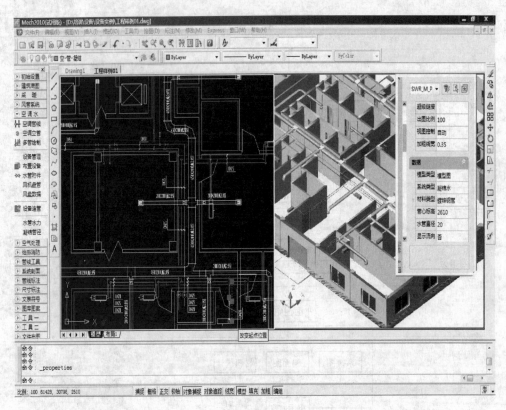

图 10-2　Mech 全屏界面

10.3.2　右键菜单

这里介绍的是绘图区的右键菜单,其他界面上的右键菜单见相应的章节,或过于明显不进行介绍。要指出的是,并非 Mech 的全部功能都列在屏幕菜单上,有些编辑功能只在右键菜单上列出。右键菜单有三类:模型空间空选右键菜单——列出绘图任务最常用的功能;图纸空间空选右键菜单——列出布图任务常用功能;选中特定对象的右键菜单——列出该对象有关的操作。

早期的 AutoCAD 用右键作为回车,左手键盘,右手鼠标,左右开弓,对于提高绘图效率非常有效。在 Mech 的默认环境中,恢复 AutoCAD 的经典右键习惯,当做回车键使用。唯一例外的是,命令行空输入,并且绘图区无选中对象时,列出的是常用命令。这和重复命令的传统习惯有所冲突,建议有此习惯的用户使用空格键来重复上一命令(绝不影响效率),让右键发挥更多的作用。如果你非得较真,就自己去修改菜单的源代码吧,或者干脆设置一下,把右键菜单改为组合右键(Ctrl + 右键)激活。

10.3.3　命令行按钮

在命令行的交互提示中,有分支选择的提示,都变成局部按钮,可以单击该按钮或单击键盘上对应的快捷键，即进入分支选择。注意，没有必要再加一个回车了。用户可以通过设置关闭命令行按钮和单键转换的特性。

10.3.4 文档标签

AutoCAD 平台支持多文档，即你可以同时打开多个 DWG 图档，当有多个文档打开时，文档标签出现在绘图区上方，可以点取文档标签快速地切换当前文档。用户可以配置关闭文档标签，把屏幕空间交还给绘图区。

10.3.5 模型视口

对于绘制工程图，使用单个模型空间视口即可。对于三维应用而言，多个视口分别显示不同的视图就显得特别有意义。Mech 通过简单的鼠标拖放操作，就可以轻松地操纵视口。

1）新建视口

当光标移到当前视口的四个边界时，光标形状发生变化，此时开始拖放，就可以新建视口。注意光标稍微位于图形区一侧，否则可能是改变其他用户界面，如屏幕菜单和图形区的分隔条和文档窗口的边界。

2）改视口大小

当光标移到视口边界或角点时，光标的形状会发生变化，此时，按住鼠标左键进行拖放，可以更改视口的尺寸，通常与边界延长线重合的视口也随同改变，如不须改变延长线重合的视口，可在拖动时按住 Ctrl 或 Shift 键。

3）删除视口

更改视口的大小，使它某个方向的边发生重合（或接近重合），视口自动被删除。

4）放弃操作

在拖动过程中如果想放弃操作，可按 Esc 键取消操作。如果操作已经生效，则可以用 AutoCAD 的放弃（UNDO）命令处理。

10.4 图档组织

无论是应用 Mech 来绘制工程图也好，还是用它来三维建模也罢，都涉及 DWG 文档是由什么构成的问题以及如何用一个 DWG 文档或多个 DWG 文档表达设计的问题。

10.4.1 图形元素

前面曾经提到过图形对象的概念，这里还是进一步说明一下。

早期的 AutoCAD 的图元类型不可扩充，图档完全由 AutoCAD 规定的若干类对象（线、弧、文字和尺寸标注等）组成。也许 AutoCAD 的初衷只是作为电子图板使用，由用户根据出图比例的要求，自己把模型换算成图纸的度量单位，然后把它画在电子图板上。然而大家发现，用实物的实际尺寸绘制这些图纸更加方便，因为这样可以测量和计算。这一思路被 Auto-CAD 平台上的众多应用软件所采纳，这样一来让"注释说明"受点苦吧，用出图比例换算一下文字的大小。也就是说，这些图元有些是用来表示模型，即代表实物的形状，有些是用来对实物对象进行注释说明的。即前面提到的模型对象和图纸对象，这是我们通过归纳进行分类的，但 AutoCAD 本身并没有这个特性。AutoCAD 给出这些对象，只是可以满足图纸的表达，这些对象背后所蕴涵的内涵，只能由人来理解。

后来 AutoCAD 可以通过第三方程序扩充图元的类型，Mech 就是利用这个特性，定义了数十种专门针对设备设计的图形对象。其中一部分对象代表设备构件，如风管、水管和阀门。这些对象在程序实现的时候，就灌输了许多专门的知识，因此可以表现出智能特征，例如管线与连接件的智能联动。另有部分代表图纸注释内容，如文字、符号和尺寸标注，这些注释符号采用图纸的度量单位，和制图标准相适应。还有部分作为几何形状，如矩形，具体用来干什么，由使用者决定。

Mech 定义的这些对象可以满足平面图的大部分需要，AutoCAD 原有的基本对象可以作为补充。对于剖面和详图，还是以 AutoCAD 对象为主，Mech 定义的图纸对象可用来注释说明。

10.4.2 多层模型

平面设计是 Mech 的重点，平面图表达的是标准层模型，而不只是单纯的二维设计。一般而言，平面设计是在标准层的三维空间内进行的，即布置本层地面到上层地面之间的设备构件。通常一个完整的建筑是由多个楼层（称自然层）构成的，其中构件布局相同的楼层，无须重复表达，归纳为标准层。

Mech 支持将全部平面图，甚至全部工程图放在一个图形文件中，用楼层框框住标准层图形，并给出它所代表的自然层信息即可。不过这样会造成图形文件太大，速度将会降低。如果平面图信息量比较大，把各个标准层作为一个单独的文件，用一个楼层表文件描述这些标准层平面图和自然层之间的对应关系可能更恰当。

关于楼层组合方面的进一步描述，可以参考第 22 章的【文件布图】。

10.4.3 图形编辑

这里介绍的是清华斯维尔对象即 TH 对象的编辑。AutoCAD 基本对象的编辑，不是本书的任务，不过要强调一点，AutoCAD 的基本编辑命令，如复制（Copy）、移动（Move）和删除（Erase）等都可以用来编辑 TH 对象，除非后续章节另有说明。专用的编辑工具不在本节讲述，请参考后续的各个章节。这里对通用的编辑方法作一介绍，用户应当熟练掌握这些方法。

1）在位编辑

Mech 所定义的涉及文字的对象，都支持在位编辑，不管是单行文字还是多行文字，也不管是尺寸标注还是符号标注。在位编辑的步骤是首先选中一个对象，然后单击这个对象的文字，系统自动显示光标的插入符号，直接输入文字即可。多选文字采用鼠标 + <Shift> 键，在位编辑的时候可以用鼠标缩放视图，这样可以一边看图一边输入。

要指出的是，一些输入法和 AutoCAD 配合得不好，如紫光输入法只能在对话框的编辑类控件上正常使用，不支持在位编辑。微软输入法2003值得推荐，支持紫光输入法的许多特性，并且词库量更大，而且词频也调整得更为合理，唯一遗憾的是自己组词无法记忆到磁盘，下次开机就会丢失。

2）对象编辑

大部分 TH 对象都支持［对象编辑］，对于不支持的对象类型，自动调用［特性编辑］。［对象编辑］是单个对象的编辑，通常和创建的界面一样，符合怎么创建就怎么修改的原则。双击单个对象，即可启动［对象编辑］。

3）特性编辑

［特性编辑］采用特性表（OPM）的方式，可以编辑单个或多个对象，所有对象都支持，不管是 AutoCAD 的基本对象，还是 TH 对象。AutoCAD标准工具栏上就有启动［特性编辑］的图板，Ctrl + 1 也可以调出。

4）特性匹配

［特性匹配］就是格式刷，位于 AutoCAD 标准工具栏上。可以在对象之间复制特性。

5）夹点编辑

TH 对象都提供有夹点，这些夹点大部分都有提示（为提高速度，标注区间很小的尺寸标注对象关闭了夹点提示）。夹点编辑可以简化编辑的步骤，并可以直观地预先看到结果。

10.4.4　视图表现

TH 对象根据视图观察角度，确定视图的生成类型。许多对象都有两个视图，即用于工程图的二维视图和用于三维模型的三维视图。俯视图（即二维观察）下显示其二维视图，其他观察角度（即三维观察）显示其三维视图。注释符号类的图纸对象没有三维视图，在三维观察下看不到它们。

10.4.5　格式控制

AutoCAD 用图层来划分不同表达类型的图形对象，以便控制颜色和可见性等特征。在国内的建筑图纸中，图层的命名规则比较混乱。Mech 遵循相关规则，制定了标准中文和标准英文两个图层标准，两者之间可以转化，同时还支持应用广泛的天正图层标准。

线型是图面表达的重要手段，AutoCAD 是以英制国家的制图标准为基础发展起来的，涉及的应用领域广泛，它提供的线型不好控制线型比例。Mech 支持国标线型的使用，在使用国标线型时，线型比例和出图比例相同即可。需要说明的是线型比例是一个全局的控制，如果混合使用国标线型和 AutoCAD 线型，将变得众口难调，尽管各个对象还可以有局部的线型比例（最终的线型比例 = 全局的线型比例 × 对象局部的线型比例），但这毕竟太麻烦了。对于那些中途导入，需要继续编辑的图纸，尤其要注意。

图案填充也是图面表达的重要手段，AutoCAD 提供的图案库，很难控制填充比例。Mech 补充了许多适合国内建筑制图标准的填充图案，并且提供了自己的图案填充命令，替代填充比例无章可循的 AutoCAD 填充图案。使用 Mech 提供的填充图案，填充比例与出图比例相同即可。

10.4.6　图纸交流

建筑设计是一个集体项目，不仅设计团队内部成员之间需要交流图纸，设计单位和甲方之间也需要交流图纸。不同的成员使用的软件工具不尽相同，同一个使用者过去和现在使用的软件也不尽相同。作为一个建筑设计软件，Mech 就要考虑不同来源的图档的导入问题，也要考虑图档接收方的情况，导出合适格式的图档文件。

前面已经提到自定义对象的很多好处，物极必反，带来好处的同时，也会带来不同程度的不便。最大的问题是，标准的 AutoCAD 无法解释这些自定义对象，为了保持紧凑的 DWG 文件的容量，Mech 关闭了代理对象，使得标准的 AutoCAD 无法显示这些图形。

解决的方法有两个：其一是图纸接收方安装清华斯维尔插件，Mech 在安装的时候就在硬盘下放了一份插件，用户把这个插件提供给图档文件接收方，另外接收方也可以到 http：//www.thsware.com 免费下载插件；其二是图纸提供方导出通用格式的图形文件。

有关图纸导入和导出的进一步内容，请参看"文件布图"。

10.5　初始设置

10.5.1　基本设置

开始使用 Mech 的时候，可以对操作方式和图形的全局设置进行设定。Mech 的全局设置融入 AutoCAD 的［选项］(Options) 设置中，［管线系统］、［风系统］、［建筑设置］、［加粗填充］四个标签是 Mech 的全局设置。

在所有的这些选项设置中，带图标 █ 的设置项目是当前图有关的设置，［加粗填充］的全部设置都是针对当前图的。［风系统］的全部设置对以后的图形有效。由于当前图的有关的设置，对以后新建的图无效，是不是有一种方法可以指定新图初始化时的设置呢？方法有两个：其一是对空图设置后，另存为模板文件（＊. dwt），新建图形的时候可以指定模板文件，但千万不要覆盖系统给出的模板文件；其二是修改配置文件 config. ini 及 pipesys. ini，这个文件位于 Mech 安装位置的 SYS 文件夹下。事实上，当前图的有关设置的初始化是按照这样的顺序进行的：程序默认→配置文件→模板图→当前图。

对于那些显而易见的设置不再赘述，下面只介绍需要注意的一些设置。

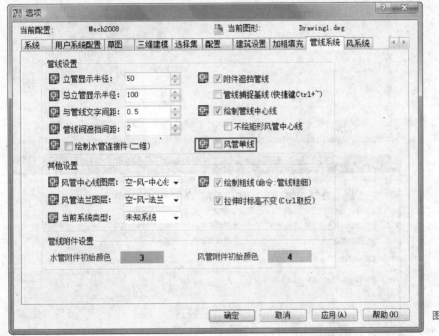

图 10-3　管线系统设置

1）其他设置

［绘制粗线］：控制管线系统对象在二维视图下的粗细，如水管、风管、散热器。

2）管线设置

［绘制中心线］：决定是否绘制风管中心线。

［风管单线］：勾选上以后绘制的风管将以单线输出，如果须变回双线风管，去掉勾选即可（图 10-3）。

此标签用来设定风系统连接件生成的类型及连接件的参数（图 10-4）。其中［法兰设置］可以让你自己定义法兰的形式及出头长度等参数。［生成类型］在附件的特性编辑中也有选择，两处一致。

3）本图设置

［出图比例］：指当前比例，用于新建对象（图 10-5）。一个图纸中可以包含多种比例，新建的 TH 对象使用当前比例。如果要改变已有对象的出图比例，参见第 22 章的"文件布图"。

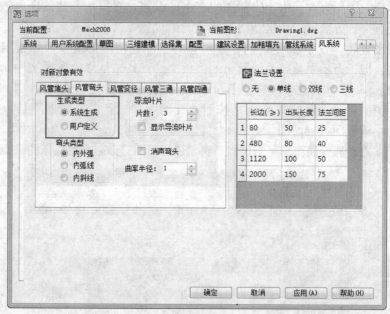

图 10-4 风系统连接
件设置

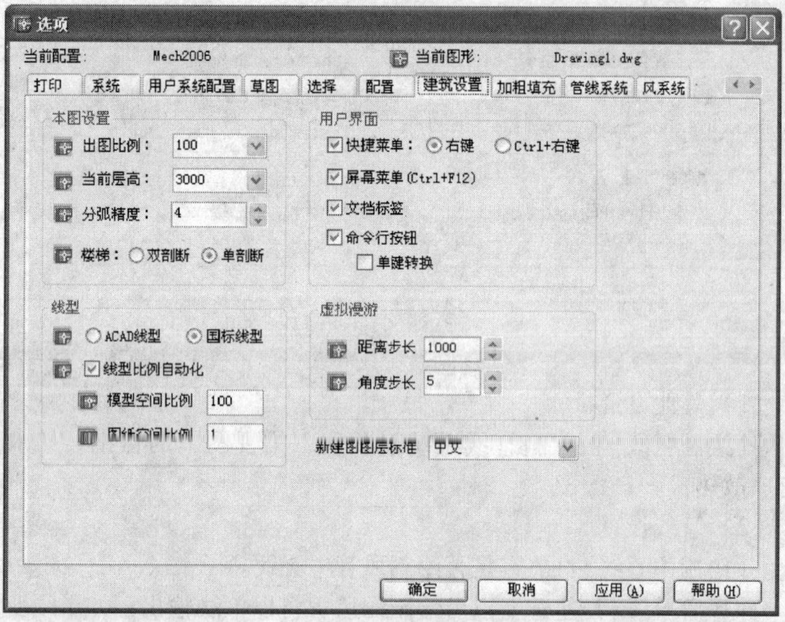

图 10-5 建筑设置

[当前层高]：一个图形中可以包含多个标准层，因此这个设置并非一成不变。根据当前绘制的图形所在的楼层恰当与否设置。

[分弧精度]：指弧弦距，用于三维模型。圆弧构建最终需要转化为折线表示，弧弦距控制转化精度。

4）线型

对于新建图纸，采用国标线型比较好，易于控制线型比例。线型比例自动化，实际上是 AutoCAD 系统变量 PSLTSCALE，即启用图纸空间线型比例。启用这个设置时，Mech 根据图纸空间和模型空间的切换，自动设置相应的线型比例（LTSCALE）。采用国标线型时，模型空间的线型比例应当为当前出图比例，图纸空间线型比例应当为 1。采用 AutoCAD 线型时，线型比例大概应当乘以 5 ~ 10 倍。如果关闭线型比例自动化，即只用模型空间线型比例，系统将不会去修改线型比例（LTSCALE）。

　　5）图层标准

　　这里的设置只对新建的图有效，对于已有的不是 Mech 创建的 DWG，图层的命名规则并不知晓。可以用介绍的［图层管理］进行图层转化。或使用［图形导入］并转化图层。

　　专门解决工程图中与墙柱材料有关的工程图面效果设置，根据不同的墙柱材料，设置相应的线宽和填充图案，比例大于 1：100 的时候，为详图模式（如 1：50）。加粗填充模式还可以用墙柱的右键菜单快速地开启或关闭（图 10-6）。

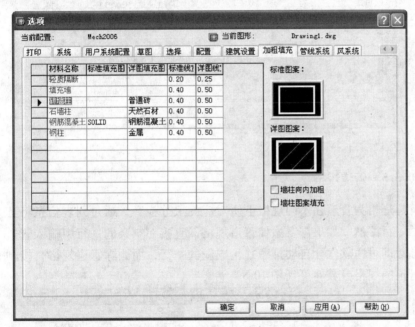

图 10-6　加粗填充设置

10.5.2　图层管理

　　此命令主要是对暖通专业所涉及的图层进行管理，可以对名称、线型、颜色进行设置，并且可以设定后将其保存，定制成用户的个性空间，在今后的绘图中不需要再重新设定。

10.5.3　图层转换

　　此命令是将当前的图层转换为英文、中文、天正的标准图层。

10.5.4　系统类型

　　此处系统类型主要是对暖通绘图中所需要的图层进行必要的分类设置，

包括缩写、线宽、图层、管材等。通过此命令可以创建自定义系统类型的水管。如果要修改初始系统类型请修改安装目录下"\sys\pipesys.ini"文件。其中，［显示系统］不勾选只显示的是当前图中所应用到的图层，对没有用到的不作显示（图10-7）。

图10-7 系统类型对话框

10.5.5 管道规格

管道规格为管道在不同规格下所对应的尺寸换算，通过列表信息将其对照，一目了然。如果需要添加管道规格，直接在空余的一行中输入管道规格参数即可，软件会自动排序并生成新的一行，而删除管道规格直接删除该管道的规格参数即可（图10-8）。

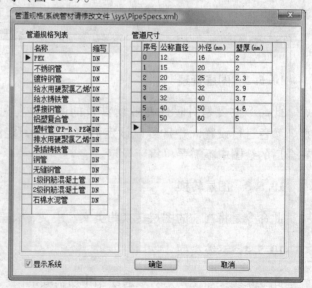

图10-8 管道规格对话框

10.6 管线系统介绍

10.6.1 构件分类

管线系统定义了近 20 种 TH 对象，从构件特征上可分为三类：管线、节点、附件：

（1）管线：系统介质的流通通道。例如：水管、风管。

（2）节点：通过接口连接管线与管线的构件，起连接作用，包括自动连接件（如弯头）、设备（如风机盘管）和给水节点等。在［给排消防］模块中提供的节点布置命令中涉及的节点只是这里叙述节点的一部分，在这里，节点所指的范围更广。

附件：管线的附属元件。例如：水阀、风阀、管线文字等。

这些 TH 对象原则上不可以单独存在，但可以通过拖动的方法使其与管线分离，达到某些特殊功用的目的。例如：工程图例。

从实际应用分，可以分为两类：

（1）水管系统：包含了给水排水、空调、采暖及其他设备专业中涉及的水路部分。

（2）风管系统：主要针对空调专业，提供了多种类型的风路系统专业对象。

10.6.2 构件之间的关系

管线系统是一个智能的系统，因此可以智能地处理构件之间的关系。省去了许多不必要的操作，使工作效率大大提高。

1）管线与附件——智能联动

附件是依附于管线的，可以根据管线的参数变化自动地调整。例如：移动、删除、拷贝水管时，上面的阀门也自动跟着移动、删除、拷贝。

2）管线与管线——自动处理遮挡关系

这一点主要针对水管系统的模型图。我们在模型图中生成的管线对象都是具有三维信息的，在二维视图上，系统可以自动根据标高的不同，处理管线间的打断关系。如图 10-9 所示。

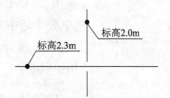

图 10-9 管线自动遮挡实例

3）管线与节点——自动打断、连接

在管线的创建过程中，可以根据绘制状态的变化自动生成连接件。

在管线的编辑过程中，可以根据管线参数及管线间的连接关系，自动改变连接件的参数。例如：如果直线方向上与节点相连的两根管线参数相同，系统会把两根管线合并为一根管线。图 10-10 为风管系统只能处理连接关系的实例。

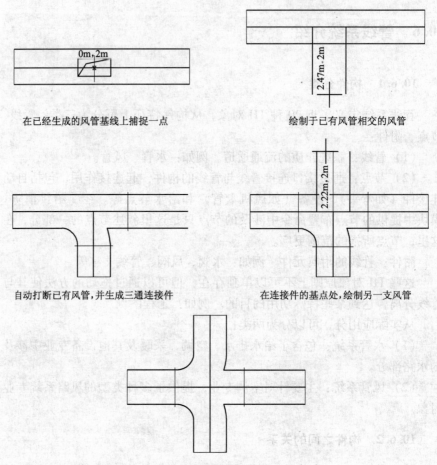

在已经生成的风管基线上捕捉一点   绘制于已有风管相交的风管

自动打断已有风管,并生成三通连接件   在连接件的基点处,绘制另一支风管

图 10-10   风管连接件智能处理实例   自动将三通变为四通

10.6.3 构件的捕捉特性

为了使于定位,管线系统自定义构件返回特定的捕捉点,具体如下.

(1) 管线(包括水管、风管):起点和终点返回节点(Node),当[选项](Options)对话框中[管线系统]标签中的"捕捉管线基线"复选框处于选中状态时,返回管线基线的最近点(Nearest)。

(2) 设备:设备上的接口返回节点(Node),设备定位点返回插入点(Insertion)。

10.6.4 管线系统全局设置

管线系统全局设置融入 AutoCAD 的[选项](Options)设置中,分为[管线系统]、[风系统]两个标签。其中,[风系统]主要是对风管连接件的参数设置。具体设置内容请参阅 10.5.1 基本设置。

10.7　本章小结

本章介绍了关于 MECH 的综合知识，通过本章的学习，应当了解：

（1）MECH 用户界面的使用；

（2）用 MECH 进行建筑设备设计的一般流程；

（3）图形对象的分类和 TH 对象的基本特征；

（4）如何组织设计图档；

（5）控制图档的格式设置等；

（6）系统基本设置；

（7）管线系统介绍。

下面就可以开始大胆地使用 MECH 的各项功能，来完成设计任务了，尽情地享受 MECH 带来的便利和快感吧。

第 11 章 建筑底图

Mech 内嵌了建筑设计软件 Arch 的基本建模功能，通过它可以快速完成建筑外框图的绘制。

本章内容
- 轴网创建编辑
- 墙体创建编辑
- 柱子创建编辑
- 门窗创建编辑
- 建筑设施

如果已经有了用 Arch 绘制的建筑外框图，可以直接用 Mech 打开，然后通过关闭相关图层的方法，隐藏一些与设备专业无关的信息。如果拥有的是用其他专业软件或者用 AutoCAD 绘制的建筑外框图，也可以直接使用，但在日后定位设备构件时，可能无法识别这些不具有 TH 对象特征的建筑构件。例如：在利用散热器的［沿窗布置］功能时，无法识别直接用 AutoCAD 绘制或具有图块特征的门窗。

建筑底图模块提供了轴网、柱子、墙体、门窗、楼梯、阳台等构件的创建和编辑功能。为了减小菜单的长度，相应的构件的编辑功能在右键菜单中提供，用户只须选中构件，然后单击右键就可以激活。在这里，只对必要的命令作一简单介绍，如果想进一步地了解 Arch 强大的建模功能，请参阅 Arch 相关文档，或者咨询清华斯维尔公司。

对于用其他软件绘制的建筑底图，我们提供了【转条件图】功能，可以很方便地将其他建筑对象转为 TH 建筑对象。

11.1 轴网的创建和编辑

轴网是由多组轴线组成的平面网格，是建筑物布局和建筑构件定位的依据。

完整的轴网由轴线、轴号和尺寸标注三个相对独立的系统构成。本章介绍轴线系统和轴号系统，尺寸标注有单独的章节介绍。

1）轴线系统

轴线对象就是位于轴线图层上的 LINE、ARC、CIRCLE 这些基本的图形对象，例如采用"中文"图层标准时，轴线的图层"公轴网"。有关图层命名的规则请参见第 22 章的"文件布图"。

2）轴号系统

Mech 采用专门定义的 TH 轴号对象对轴网进行标注，这样就可以实现轴号的自动编排推算。

3）尺寸标注系统

轴网的尺寸标注，即第一道尺寸线和第二道尺寸线，采用 TH 的尺寸标注对象，由轴网标注命令自动生成，有关尺寸标注请参见第 19 章的"注释系统"。

设计轴网通常分三个步骤：

（1）创建轴网，即绘制构成轴网的轴线；

（2）对轴网进行标注，即生成轴号和尺寸标注；

（3）根据设计的变更，编辑修改轴网。

11.1.1　轴网的创建

有多种创建轴网的方法：

（1）使用［直线轴网］和［弧线轴网］生成标准的轴网；

（2）根据已有的平面空间布局，使用［墙生轴网］；

（3）在轴线图层上绘制 LINE、ARC、CIRCLE。

1）直线轴网

屏幕菜单命令：【建筑底图】→【直线轴网】（ZXZW）

本命令创建直线正交轴网或非正交轴网的单向轴线。采用本命令的同时完成开间和进深尺寸的数据设置，系统生成正交的直线轴网。

点取命令后弹出如图 11-1 所示对话框。

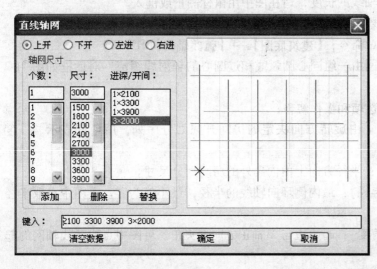

图 11-1　直线轴网对话框

输入轴网数据的方法有两种：

（1）直接在［键入］栏内键入，每个数据之间用空格或英文逗号隔开，输入完毕后回车生效；

（2）在［个数］和［尺寸］中键入，或鼠标点击从下方数据栏获得待选数据，点击［添加］生效。

对话框选项和操作解释：

［上开］：在轴网上方进行轴网标注的房间开间尺寸。

［下开］：在轴网下方进行轴网标注的房间开间尺寸。

［左进］：在轴网左侧进行轴网标注的房间进深尺寸。

［右进］：在轴网右侧进行轴网标注的房间进深尺寸。

［个数］：［尺寸］栏中数据的重复次数，在下方数值栏点击［添加］或双击获得，也可以键入。

［尺寸］：某个开间或进深的尺寸数据，在下方数值栏点击［添加］或双击获取，也可以键入。

［进深/开间］：一组已经生效的进深和开间的尺寸数据。

［删除］：选中［进深/开间］中的某尺寸进行删除。

［替换］：选中［进深/开间］中的某尺寸用［个数］和［尺寸］中的新尺寸数据替换。

［键入］：键入一组尺寸数据，用空格或英文逗点隔开，回车输入到［进深/开间］中。

特别提示：

（1）如果下开间与上开间的数据相同，则不必点取下开间的按钮，进深亦同。

（2）输入的尺寸定位以轴网的左下角轴线交点为基准。

（3）单向轴线：如果仅仅输入开间或进深单向轴线数据，命令行会提示给出单向轴线的长度，请在图中用鼠标测量或键入。

2）弧线轴网

屏幕菜单命令：【建筑底图】→【弧线轴网】（HXZW）

弧形轴网由一组同心圆弧线和过圆心的辐射线组成，对话框如图 11-2 所示。

对话框选项和操作解释：

［开间］：由旋转方向决定的房间开间划分序列，用角度表示，以度（°）为单位。

［进深］：半径方向上由内到外的房间划分尺寸。

［起始半径］：最内侧环向轴线的半径，最小值为零。可图中点取半径长度。

［起始角度］：起始边与 X 轴正方向的夹角。可图中点取弧线轴网的起始方向。

［绘起边］、［绘终边］：确定两端辐射线是否绘制，当弧线轴网与直线

轴网相连时，此边线不要画，以免产生重合轴线。

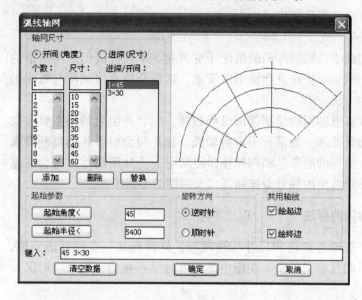

图 11-2　弧线轴网对话框

特别提示：
开间的总和为 360°时，生成弧线轴网的特例圆轴网。

3）墙生轴网

屏幕菜单命令：〈选中墙体〉→【墙生轴网】（QSZW）

此功能主要为建筑方案设计服务，设计师在设计初期阶段主要考虑功能需求的布局问题，用墙体分割完成平面布局方案后，再生成轴网。

命令交互：

请选择墙体 < 退出 >：

点取要生成轴网的所有墙体或回车退出。

在墙体基线位置上自动生成没有标注轴号和尺寸的轴网，如图 11-3
所示。

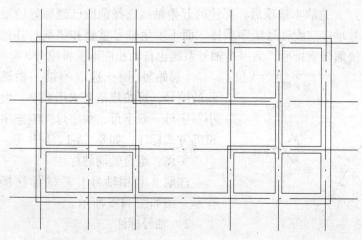

图 11-3　墙体生成的轴网

特别提示：

轴线按墙体的基线位置生成。

4）组合轴网

建筑设计实践中，轴网布局的情况千变万化，本软件提倡采用灵活的方法处理，从而达到对特殊复杂轴网的需求，这里介绍直线轴网与弧线轴网的组合连接的方法。

直线轴网和弧形轴网的绘制前面已经叙述，二者的组合轴网主要注意结合处的公用轴线处理，如果有了重叠轴线，标注时会给系统的判断带来困难甚至罢工，直接的后果是轴网标注即使采用了［共用轴号］也会有重叠轴号现象，导致后面的轴号编排错误以及后期的编辑困难。

11.1.2 轴网的标注

轴网的标注有轴号标注和尺寸标注两项，软件自动一次性智能完成，但二者属两个不同自定义对象，在图中是分开独立存在的，而编辑时又是互相关联的。

1）整体标注

屏幕菜单命令：〈选中轴网〉→【轴网标注】（ZWBZ）

本命令对起止轴线之间的一组平行轴线进行标注。能够自动完成矩形、弧形、圆形轴网以及单向轴网和复合轴网的轴号和尺寸标注。

操作步骤：

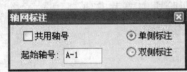

图 11-4　轴网标注对话框

（1）如果需要的话，更改对话框（图 11-4）列出的参数和选项；

（2）选择第一根轴线；

（3）选择最后一根轴线。

对话框选项和操作解释

［单侧标注］：只在轴网点取的那一侧标注轴号和尺寸，另一侧不标。

［双侧标注］：轴网的两侧都标注。

［共用轴号］：选取本选项后，标注的起始轴线选择前段已经标好的最末轴线，则轴号承接前段轴号接序顺排，而不发生轴号重叠和错乱。并且前一个轴号系统编号重排后，后一个轴号系统也自动相应地重排编号。

［起始轴号］：选取的第一根轴线的编号，可按规范要求用数字、大小写字母、双字母、双字母间隔连字符等方式标注，如 8、A-1、1/B 等。

实例：组合轴网的标注

选取［共用轴号］后的标注操作示意图如图 11-5 所示。

2）轴号标注

屏幕菜单命令：〈选中轴线〉→

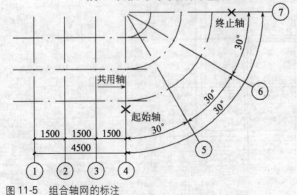

图 11-5　组合轴网的标注

【轴号标注】（ZHBZ）

本命令只对单个轴线标注轴号，标注出的轴号独立存在，不与已经存在的轴号系统和尺寸系统发生关联。因此不适用于一般的平面图轴网，常用于立面与剖面、房间详图等个别单独的轴线标注。

操作步骤：

（1）点取待标注的某根轴线；

（2）输入轴号或回车为空号。

11.1.3 轴网的编辑

1）添加轴线

屏幕菜单命令：〈选中轴线〉→**【添加轴线】**（TJZX）

本命令以某一根已经存在的轴线为参考，添加一根新轴线，同时根据用户的选择赋予其新轴号并融入到存在的参考轴号系统中。

命令交互：

选择参考轴线＜退出＞：

选择已经存在的某根轴线作参考或回车退出。

新增轴线是否作为附加轴线？（Y/N）＜N＞：

回应 Y，添加的轴线作为紧前轴线的附加轴线，标出附加轴号。

回应 N，添加的轴线作为一根主轴线插入到指定的位置，标出主轴号，其后的轴号自动更新。

偏移方向＜退出＞：

相对参考轴线的插入方向，鼠标点取前面或后面。

距参考轴线的距离＜退出＞：

输入插入轴线距离参考轴线的距离。

特别提示：

（1）参考轴线可任选，只要新插入的轴线位置明确就可以，但选择相邻轴线作参考更容易控制。

（2）添加的轴线是否自动标注轴号，依据参考轴线是否已经有轴号。

（3）拖动新轴线决定添加的方向。

2）删除轴线

系统没有提供一次性到位的删除轴线的命令，用户按下述步骤完成轴线删除：

（1）删除轴线对象；

（2）删除轴号对象；

（3）删除第二道尺寸线的标注点，用夹点合并。

3）轴改线型

右键菜单命令：〈选中轴线〉→**【轴改线型】**（ZGXX）

在点划线和连续线两种线型之间切换。建筑制图要求轴线必须使用点划线，然而很多构件在定位的时候都需要捕捉轴线，点划线不好进行对象捕捉。因此通常在绘图过程使用连续线，在输出的时候切换为点划线。

11.1.4　轴号的编辑

轴号对象是一个专门为建筑轴网定义的标注符号，一个轴号对象通常就是轴网的开间或进深方向上的一排轴号（可以包括双侧），因此可以实现智能排号。当然也可以是每一个轴号就是一个图形对象，例如详图和立剖面的轴号。

轴号常用的编辑是夹点编辑和在位编辑，专用的编辑命令都在右键菜单。

特别提示：

如果要更改轴号的字体，请用特性表指定轴号对象新的文字样式，或修改现有文字样式（_AXIS）所采用的字体。

1）修改编号

使用在位编辑来修改编号，选中轴号对象，然后单击圆圈，即进入在位编辑状态。如果要关联修改后续的多个编号，按回车键即可；否则只修改当前编号。即在位编辑集成了单轴改号和多轴排号的功能。

2）夹点编辑

Mech 给轴号系统提供了一些专用夹点，用户可以用鼠标拖拽这些夹点编辑轴号，每个夹点的用途均有提示，如图 11-6 所示。

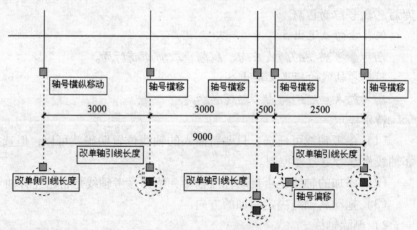

图 11-6　轴号系统的
夹点编辑

特别是轴号拥挤的时候，只能使用夹点来消除拥挤的图面，例如使用轴号外偏，如果仍然拥挤，可以单轴引出。

3）添补轴号

右键菜单命令：〈选中轴号〉 → 【添补轴号】（TBZH）

本命令对已有轴号对象，添加一个新轴号。

操作步骤：

（1）选择参考轴号；

（2）输入新轴号位置；

（3）指出新轴号是否双侧显示；

（4）指出新轴号是否为附加轴号。

4）删除轴号

右键菜单命令：〈选中轴号〉→【**删除轴号**】（SCZH）

本命令删除轴号系统中某个轴号，其后面相关联的所有轴号自动更新。

5）变标注侧

右键菜单命令：〈选中轴号〉→【**变标注侧**】（BBZC）

【**单号变侧**】（DHBC）

［变标注侧］：控制整排轴号的显示，三种显示状态循环切换：双侧/上（左）侧/下（右）侧。

［单号变侧］：控制单个轴号的显示，三种显示状态循环切换：双侧/上（左）侧/下（右）侧。

6）倒排轴号

右键菜单命令：〈选中轴号〉→【**轴号倒排**】（DPZH）

本命令将一排轴号反向编号。对建筑单元进行镜像（MIRROR）后，轴号也跟着镜像了，然而轴号编号的规则是不可镜像的，因此需要对轴号进行逆排，恢复正常的编号规则（图11-7）。

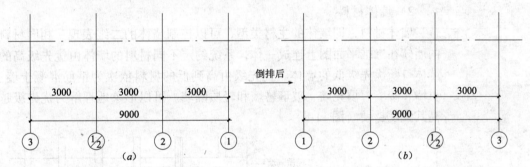

图11-7　轴号倒排实例
（a）镜像后的轴号；（b）倒排后的轴号

11.2　墙体的创建和编辑

11.2.1　墙体对象

墙体是建筑中最核心的构件，Arch用专门定义的TH墙对象来表示墙体，因此可以实现墙角的自动修剪等许多智能特性。墙体之间不仅互相连接，而且还同柱和门窗互相关联，并且是建筑各个功能区域的划分依据，因此理解墙对象的特征非常重要。墙对象不仅包含定位点、高度、厚度这样的几何图形信息，还包括墙类型、材料、内外朝向这样的物理信息。

一个墙对象，就是一个标准的墙段单元，它是柱或墙角之间，没有分叉并具有相同特性的直段墙或弧段墙。可以把墙角视为节点，墙对象视为杆件，那么建筑平面就是由互相连接的杆件构成的，杆件围合成的区域就是房间。如果节点处有柱子，杆件可以通过柱子互相连接，否则必须准确连接。理解好这一点，才可以用墙对象构建出符合建筑制图规范的工程图。

1）墙基线

墙基线是墙体的代表"线"，也是墙体的定位线。墙基线通常位于墙体内部，但如果需要，也可以在墙体外部（此时左宽和右宽有一为负值），墙体的两条边线就是依据基线按左右宽度确定的。墙基线是一个概念，图纸上并无表现的线条。通常，墙基线应与轴线重合（不用轴线定位的墙体除外），因此墙基线同时也是墙内门窗测量基准，如墙体长度指该墙体基线的长度，弧窗宽度指弧窗在墙基线位置上的宽度。

墙体的相关判断都是依据于基线，比如墙体的连接相交、延伸和剪裁等，因此互相连接的墙体应当使得它们的基线准确地交接。Mech 规定墙基线不准重合，如果在绘制过程产生重合墙体，系统将弹出警告，并阻止这种情况的发生。在用 AutoCAD 命令编辑墙体时产生的重合墙体现象，系统将给出警告，并要求用户排除重合墙体。

通常不需要显示基线，选中墙对象后，表示墙位置的三个夹点，就是基线的位置。如果需要的话（例如判断墙是否准确连接），可以切换墙的二维表现方式：单线/双线/单双线。

2）墙体材料

墙体材料，即墙体的主材类型，可以控制墙体的二维表现。相同材料的墙体在二维平面图上连成一体，系统约定不同材料的墙体由优先级高的墙体打断优先级低的墙体。优先级由高到低的材料依次为钢筋混凝土墙、石墙、砖墙、填充墙、玻璃幕墙和轻质隔墙。可以形象地理解为优先级越高其强度越硬（图 11-8）。

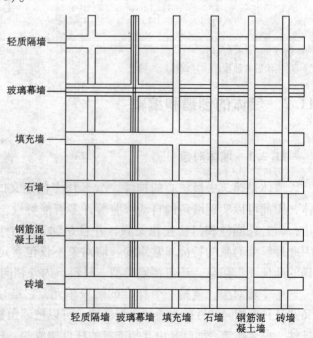

图 11-8 不同材质墙体由优先级确
定的打断关系

其中的玻璃幕墙在三维表现上与其他材料的墙体不一样，见下面的一节。

3）墙体类型

作为建筑物中起承载、围护和分隔作用的墙体按用途分为以下几类：

（1）内墙：建筑物内部的分隔墙；

（2）外墙：与室外接触，并作为建筑物的外轮廓；

（3）户墙：户与户之间的分隔墙，或户与公共区域的分隔墙；

（4）虚墙：用于空间的逻辑分割（如居室中的餐厅和客厅分界），以便于计算面积等功用；

（5）卫生隔断：卫生间洁具隔断用的墙体或隔板；

（6）女儿墙：建筑物屋顶周边的围墙。

其中，内墙、外墙和户墙是真实意义上的墙，在图形表示上它们并没有什么区别，但它们具备其他的辅助作用，例如保温层一般只是加到外墙，这样就可以排除其他墙类型。此外，墙类型还可以为下行专业提供更准确的计算条件，例如空调负荷计算不必考虑内墙。

与内外墙相关的，还有墙的表面特性，例如对于外墙，就应当给出哪个表面朝外，这样加门窗套的时候，就可以自动把门窗套放到室外一侧。墙体选中时，有两个箭头分别指示两侧表面的朝向特性，箭头指向墙内部，表示该表面朝室内；箭头指向墙外部，表示该表面朝室外。

11.2.2　墙体的创建

墙体可以直接创建，或由单线转换而来。墙体的底标高为当前标高（ELEVATION），默认的墙高取自当前层高。墙体的所有参数都可以在创建后编辑修改。直接创建墙体有三种方式：连续布置、矩形布置和等分创建。单线转换有两种方式：轴网生墙和单线变墙。

图 11-9 为直接创建墙体的设置对话框，其中的图标工具栏为创建的方式，总宽/左宽/右宽用来指定墙的宽度和基线位置，三者互动，应当先输入总宽，然后输入左宽或右宽。对于外墙、内墙和户墙，图面表现都一样，如果当时还不太确定，按内

图 11-9　直接创建墙体

墙输入即可，可以在平面墙体布置完成后采用其他辅助工具（如识别内外和套内面积）再次区分。

1）连续创建墙体

屏幕菜单命令：【建筑底图】→【创建墙体】（CJQT）

点取本命令后屏幕出现创建墙体的非模式对话框，不必关闭对话框，即可连续绘制直墙、弧墙，墙线相交处自动处理。墙宽、墙高可随时改变，单元段创建有误可以回退。

此方式可连续绘制设定的墙体，当绘制墙体的端点与已绘制的其他墙段相遇时，自动结束连续绘制，并开始下一连续绘制过程。

需要指出的是，为了更加准确地定位墙体，系统提供了自动捕捉的功能，即捕捉已有墙基线、轴线和柱子中心。如果有特殊需要，用户可以打开 AutoCAD 的捕捉 F3，这样就自动关闭创建墙体的自动捕捉。换句话说，AutoCAD 的捕捉和系统捕捉是互斥的，并且采用同一个控制键。

2）矩形布置墙体

屏幕菜单命令：【建筑底图】→【创建墙体】（CJQT）

通过给出的矩形两个角点，一下子布置四段墙，并且自动避免重叠。如果与其他墙有相交，则自动在交点处断开。

3）等分加墙

屏幕菜单命令：【建筑底图】→【创建墙体】（CJQT）

用于对已经有的空间，按等分的原则划分出更多的空间。将一段墙在纵向等分，垂直方向加入新墙体，同时新墙体延伸到给定边界。本命令有三种相关墙体参与操作过程，有参照墙体、边界墙体和生成的新墙体。

操作步骤：

（1）选择待等分的墙段，并且作为待加入墙的边界；

（2）输入等分的数目；

（3）选择另一段墙，作为等分加入墙的另一边界。

图 11-10 展示了一个等分墙体的实例。

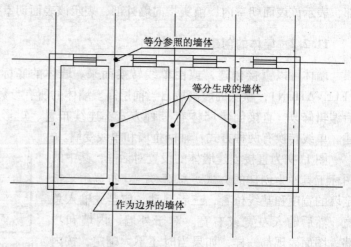

图 11-10 等分墙体实例

4）单线变墙

屏幕菜单命令：【建筑底图】→【单线变墙】（DXBQ）

本命令有两个功能：一是将 LINE、ARC 绘制的单线转为 TH 墙体对象，并删除选中单线，生成墙体的基线与对应的单线相重合。二是在设计好的轴网上成批生成墙体，然后进行编辑。

方案设计阶段，用户可以用单线勾勒建筑草图，待方案确定后再将单线变为墙体。草图用 LINE、ARC 绘制，绘制时尽量减少重线，变墙之前采用【工具二】中的"消除重线"清理一次多余线段，尽可能减少变墙体后的编辑修改操作。

轴线生墙与单线变墙操作过程相似，差别在于轴线生墙不删除原来的轴线，而且被单独甩出的轴线不生成墙体。本功能在圆弧轴网中特别有用，因为直接绘制弧墙比较麻烦，批量生成弧墙后再删除无用墙体更方便（图 11-11）。

图 11-11　单线变墙对话框

　　5）偏移生成

　　右键菜单命令：〈选中墙体〉→【墙体工具】→【净距偏移】（JJPY）

　　AutoCAD 的 Offset 命令可以按基线间距偏移生成新的墙体，而［净距偏移］则是按墙边线的间距偏移生成新的墙体，即考虑的是净空间距离。

11.2.3　墙体的编辑

　　对于单个墙段的参数的修改，使用［对象编辑］或［特性编辑］即可；对于位置的修改，使用 AutoCAD 通用的夹点和其他编辑命令，包括曲线编辑命令，如 Extend、Trim、Break 和 Offset 等。这些通用的编辑工具不再介绍，只介绍墙体的专用编辑工具。

　　1）墙角编辑

　　屏幕菜单命令：〈选中墙体〉→【倒墙角】（DQJ）

　　　　　　　　　　　　　　　　【修墙角】（XQJ）

　　［倒墙角］：功能与 AutoCAD 的倒角（Fillet）命令相似，专门用于处理两段不平行的墙体的端头交角问题。有两种情况：

　　当倒角半径不为 0，两段墙体的类型、总宽和左右宽必须相同，否则无法进行；

　　当倒角半径为 0 时，能够用于不平行的两段墙体的连接，此时两墙段的厚度和材料可以不同。

　　［修墙角］：命令提供对属性完全相同的墙体相交处的清理功能，当用户使用 AutoCAD 的某些编辑命令对墙体进行操作后，墙体相交处有时会出现未按要求打断的情况，采用本命令框选墙角可以轻松处理。

　　2）墙边对齐

　　屏幕菜单命令：〈选中墙体〉→【墙边对齐】（QBDQ）

　　本命令用来对齐墙边，并维持基线不变，边线偏移到给定的位置。换句话说，就是维持基线位置和总宽不变，通过修改左右宽度达到边线与给定位置对齐的目的。通常用于处理墙体与某些特定位置的对齐，特别是和柱子的边线对齐。

　　建筑设计实践中，墙体与柱子的关系并非都是中线对中线，常有墙边与柱边对齐的情况。解决此类问题无非两个途径，或者直接对齐绘制，或者先不考虑对齐，而是快速地沿轴线绘制墙体，待绘制完毕后，采用本命令处理。后者更为方便，可以把同一延长线方向上的多个墙段一次取齐，推荐优先使用。

操作步骤：

（1）点取对齐的目标位置，例如柱边上的一点；

（2）点取要取齐的墙边线。

图 11-12 所示为墙体与柱子对齐前后的关系图。

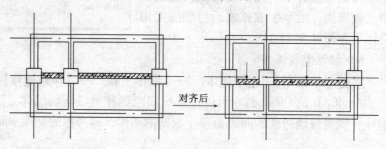

图 11-12　墙与柱边对齐

3）墙保温层

屏幕菜单命令：〈选中墙体〉→【墙保温层】（QBWC）

本命令在图中已有的墙段上加入内外保温层或取消保温层，保温层作为墙体的一个属性，并非添加一个独立的线条（图 11-13）。

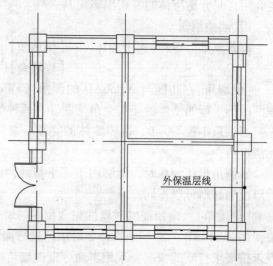

图 11-13　加保温层的墙体实例

命令交互：

点取墙保温一侧或［内保温（I）/外保温（E）/取消保温（R）/保温层厚：80（T）］<退出>：

缺省方式为逐段点取墙边线，在点取侧加入保温层的表达线。

回应 I 或 E，命令行提示：

选择外墙：

框选整栋建筑物，系统自动排除内墙，对选中的外墙的内侧或外侧加保温层线。

回应 T 可以改变保温层厚度。

回应 R 转换到消去保温层模式。

4）更改墙厚

右键菜单命令：〈选中墙体〉→【墙体工具】→【改墙厚】（GQH）

右键菜单命令：〈选中墙体〉→【墙体工具】→【改外墙厚】（GWQH）

单段修改墙厚使用［对象编辑］即可，这里介绍的是批量修改墙厚的功能。

［改墙厚］：命令按照墙基线居中的规则，批量修改多段墙体的厚度，不适合修改偏心墙，因此要谨慎使用。

［改外墙厚］：只针对外墙，可分别指定内侧厚度和外侧厚度。

特别提示：

可以用格式刷修改墙厚，规则是：当源对象墙是偏心墙时，目标对象墙须与之平行或同心；当源对象墙是基线居中墙时，对目标对象墙没有要求，但修改后目标对象墙都变成与源对象墙一样居中。此外，内外墙体的属性也一同刷新。

5）墙体造型

屏幕菜单命令：〈选中墙体〉→【墙体造型】（QTZX）

我们创建的墙体外形上都很规矩，如果墙体需要造型花样，墙体造型将用指定的 PLINE 线作边界生成与墙关联的造型，常见的墙体造型是墙垛。

操作步骤：

（1）如果需要，事先用 PLINE 绘制好造型的外轮廓线；

（2）执行命令后，从墙边或墙体内开始绘制造型的轮廓线或选择 PLINE；

（3）结束点位于墙边或墙体内。

执行完毕后，系统自动打断相关墙体。墙体造型是附加在墙体上的附属对象，目的是修饰墙体的形状，有一系列夹点用来动态更改形状（图11-14）。

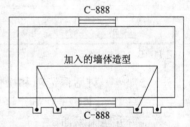

图 11-14　墙体造型实例的平面图

11.2.4　三维工具

这里介绍和墙体的三维视图有关的编辑功能和辅助工具。

1）幕墙分格

右键菜单命令：〈选中玻璃幕墙〉→【对象编辑】（DXBJ）

利用［创建墙体］命令直接生成的玻璃幕墙仅仅能满足平面工程图的表达需求，如果用于三维表现，则应当进行细致分格，进一步设计幕墙的横框、竖梃和玻璃。玻璃幕墙进行细致分格之前，应当用夹点设定外表面，如果没有设定外表面，则按起止点方向，假定右侧为外侧。在玻璃和分格框的设计中，对齐方式和偏移方向均依此为根据。

玻璃幕墙设计对话框，有三个选项卡，分别是幕墙分格、竖梃设置和横框设置。

（1）幕墙分格（图 11-15）

对话框选项和操作解释：

［玻璃图层］：确定玻璃放置的图层，如果准备渲染请单独置于一层中，以便赋予材质。

［偏移距离］：玻璃相对基线的偏移距离。正值为向外偏移，负值表示向内偏移。

［横向分格］：横格布局设计。缺省的高度为创建墙体时的原高度，可以输入新高度。如果均分，系统自动在电子表中算出分格距离。如果不均分，先确定格数，再从序号 1 开始顺序填写各个分格距离。

［竖向分格］：竖格布局设计。操作程序同［横向分格］一样。

完成分格后选取竖梃设置进入下一步。

（2）竖梃设置（图 11-16）

图 11-15 幕墙分格

图 11-16 竖梃设置

对话框选项和操作解释：

［图层］：确定竖梃放置的图层，如果进行渲染请单独置于一层中，以方便附材质。

［截面 u］、［截面 v］：竖梃的截面尺寸，见右侧示意窗口。

［隐框幕墙］：选择［隐框幕墙］竖梃向内退到玻璃后面。如果不选择［隐框幕墙］项，分别对［对齐位置］和［偏移距离］进行设置。

［对齐位置］：有内中外三种对齐方式，分别表示竖梃的内侧、中线或外侧对齐到基线。

［偏移距离］：竖梃相对基线的偏移距离，正值向外偏移，负值向内偏移。

［起始竖梃］/［终止竖梃］：此两项决定幕墙的两端是否需要竖梃。

（3）横框设置（图 11-17）

此对话框与前面的竖梃设置对话框一样，只是面向横框设置而已，参照竖梃设置一节。

特别提示：

玻璃幕墙与普通墙一样，可以插入门窗。

图 11-17　横框设置

2）更改墙高

右键菜单命令：〈选中墙体〉→【改高度】（GGD）

右键菜单命令：〈选中墙体〉→【改外墙高】（GWQG）

对于单个墙对象的高度修改，使用［对象编辑］或［特性编辑］即可，这里介绍的两个命令主要是为了批量修改墙高用的。［改高度］命令可对选中的柱、墙体及其造型的高度和底标高成批进行修改，是调整这些构件竖向位置的主要手段。修改柱、墙体的底标高时门窗底的标高可以和柱、墙联动修改。［改外墙高］命令与［改高度］命令类似，但仅对外墙有效，运行该命令前，应已做过内外墙的识别操作，以便系统能够自动过滤出外墙。通常采用［改外墙高］命令抬高或下延外墙，比如在无地下室的首层平面，把外墙从室内标高延伸到室外地坪标高处。

命令交互：

请选择墙体、柱子或墙体造型：

新的高度＜3000＞：

新高度。

新的标高＜0＞：

新标高。

是否维持窗墙底部间距不变？（Y/N）＜N＞：

回应Y或N，认定门窗底标高是否同时修改。

回应完毕选中的柱、墙体及造型的高度和底标高按给定值修改。

如果墙底标高不变，窗墙底部间距不论输入Y或N都没有关系，但如果墙底标高改变了，就会影响窗台的高度，比如底标高原来是0，新的底标高是－300，以Y响应时各窗的窗台相对墙底标高而言高度维持不变，但从立面图看就是窗台随墙下降了300，如以N响应，则窗台高度相对于底标高间距就作了改变，而从立面图看窗台却没有下降（图11-18）。

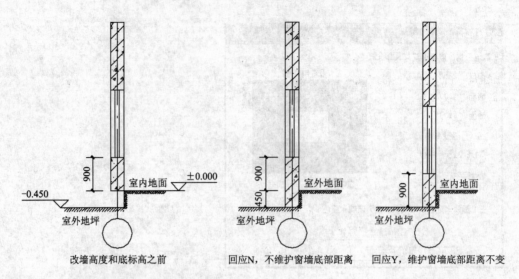

| 改墙高度和底标高之前 | 回应N，不维护窗墙底部距离 | 回应Y，维护窗墙底部距离不变 |

图 11-18　改墙高度和底标高的两种情况

3）墙面坐标系

屏幕菜单命令：〈选中墙体〉→【墙体工具】→【墙面 UCS】(QMUCS)

有些时候为了在直墙墙面上定位和绘制图元，需要把 UCS 设置到墙面上，例如构造异型洞口或构造异型墙立面。本命令通过选择一直墙的边线，快速地设置 UCS。

4）不规则墙立面

屏幕菜单命令：〈选中墙体〉→【墙体工具】→【墙体立面】(QTLM)

本命令通过对矩形立面墙的适当剪裁构造不规则立面形状的特殊墙体，比如构成不同形状的山墙，获得与坡屋顶准确相连的效果。本命令也可以把不规则的立面变为规则的矩形立面。

墙体变异型立面的要点：

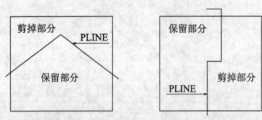

图 11-19　剪裁方式与 PLINE 画法的关系

（1）异型立面的剪裁边界依据墙面上绘制的 PLINE 表述，如果想构造后保留矩形墙体的下部，PLINE 从墙两端一边入一边出即可；如果想构造后保留左部或右部，则在墙顶端的 PLINE 端线指向保留部分的方向（图 11-19）。

（2）墙体变为异型立面后，部分编辑功能将失效，如夹点拖动等。异型立面墙体生成后如果接续墙端延续画新墙，异型墙体能够保持原状，如果新墙与异型墙有交角，则异型墙体恢复原形。

（3）运行本命令前，应先用【墙面 UCS】临时定义一个基于所选墙面的 UCS，以便在墙体立面上绘制异型立面墙边界线，为便于操作可将屏幕置为多视口配置，立面视口中用 PLINE 命令绘制异型立面墙剪裁边界线。注意多段线的首段和末段不能是弧段。

命令交互：

选择墙立面形状（不闭合多段线）或［矩形立面（R）］＜退出＞：

在立面视口中点取轮廓线或键入 R 恢复矩形立面。

选择墙体：

在平面或轴测图视口中选取要改为异型立面的墙体，可多选。

回应完毕，选中的墙体根据边界线变为异型立面。如墙体已经是异型立面，则更改为新的立面形状。命令结束，多段线仍保留，以备再用。

坡屋顶需要的山墙就要采用这种方式生成。

11.2.5 其他工具

1）识别内外墙

屏幕菜单命令：〈选中墙体〉→【墙体工具】→【识别内外】（SBNW）

右键菜单命令：〈选中墙体〉→【墙体工具】→【加亮外墙】

［识别内外］命令对建筑物整层墙体自动识别内墙与外墙。［加亮外墙］则可以将已经识别定义的外墙重新加亮，以便观察。

命令交互：

请选择一栋建筑物的所有墙体（或门窗）：

框选整栋建筑物平面图。

回应完毕，系统自动判断内、外墙，并用红色虚线亮显外墙外边线，用重画（Redraw）命令可消除亮显虚线，如果一个 DWG 中有多个楼层平面图，要逐个处理。

如果想查看当前图中哪些墙是外墙，哪一侧是外侧，用［加亮外墙］就可以使外墙重新用红色虚线亮显。

特别提示：

如果建筑楼层有多个建筑轮廓，例如有伸缩缝和沉降缝，则要分多次识别内外墙，因为每一次只能识别出一个外墙轮廓。

2）偏移生线

右键菜单命令：〈选中墙体〉→【偏移生线】（PYSX）

本命令类似 AutoCAD 的偏移命令 Offset，以墙线作参考生成与墙边或柱边具有一定偏移距离的辅助曲线，以方便在与墙体等距位置上完成其他任务。

如图 11-20 所示，在一带有弧墙的建筑物前准备绘制一条小路，其曲线形状与建筑物外墙同形等距，便可利用［偏移生线］构造小路的辅助红色曲线。

图 11-20　墙体偏移生线的应用实例

3）墙端封口

右键菜单命令：〈选中墙体〉→【墙端封口】（QDFK）

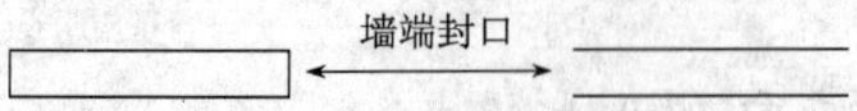

图 11-21 墙体端口的两种形式

改变单元墙体两端的二维显示形式，使用本命令可以使其封闭和开口两种形式互相转换（图 11-21）。本命令不影响墙体的三维表现。

11.3 柱子的创建和编辑

11.3.1 柱对象

柱子在建筑物中主要起承载作用。Arch 用专门定义的柱对象来表示柱子，用底标高、柱高和柱截面参数描述其在三维空间的位置和形状。除截面形状外，与柱子的二维表示密切相关的是柱子的材料，材料和出图比例决定了柱子的填充方式。出图比例和填充图案，请参考 10.5.1 "基本设置"一节。

通常柱子与墙体密切相关，墙体与柱相交时，墙被柱自动打断；如果柱与墙体同材料，墙体被打断的同时与柱连成一体。

柱子的常规截面形式有矩形、圆形、多边形等。

11.3.2 创建柱子

1）标准柱

屏幕菜单命令：【建筑底图】→【标准柱】（BZZ）

标准柱的截面形式为矩形、圆形或正多边形。通常柱子的创建以轴网为参照，创建标准柱的步骤如下：

（1）设置柱的参数，包括截面类型、截面尺寸和材料等；

（2）选择柱子的定位方式；

（3）根据不同的定位方式回应相应的命令行输入；

（4）重复（1）~（3），或回车结束（图 11-22）。

图 11-22 标准柱对话框

对话框选项和操作解释：

在上述对话框中，首先确定插入的柱子［形状］，有常见的矩形和圆形，还有正三角行、正五边形、正六边形、正八边形和正十二边形等。

然后确定柱子的尺寸：

矩形柱子：［横向］代表 X 轴方向的尺寸，［纵向］代表代表 Y 轴方向的尺寸。

圆形柱子：给出［直径］大小。

正多边形：给出外圆［直径］和［边长］。

其次确定［基准方向］的参考原则：

自动：按照轴网的 X 轴（即接近 WCS—X 方向的轴线）为横向基准方向。

UCS—X：用户自定义的坐标 UCS 的 X 轴为横向基准方向。

给出柱子的偏移量：

［横偏］和［纵偏］分别代表在 X 轴方向和 X 轴垂直方向的偏移量。

［转角］在矩形轴网中以 X 轴为基准线。在弧形、圆形轴网中以环向弧线为基准线，以逆时针为正，顺时针为负。

柱子的［材料］有混凝土、砖、钢筋混凝土和金属。

左侧图标表达的插入方式：

交点插柱：捕捉轴线交点插柱，如未捕捉到轴线交点，则在点取位置插柱。

轴线插柱：在选定的轴线与其他轴线的交点处插柱。

区域插柱：在指定的矩形区域内，所有的轴线交点处插柱。

替换柱子：在选定柱子的位置插入新柱子，并删除原来的柱子。

2）角柱

屏幕菜单命令：【建筑底图】→【角柱】（JZ）

本命令在墙角（最多四道墙汇交）处创建角柱。

点取墙角后，弹出如图 11-23 所示对话框。

对话框选项和操作解释：

［材料］：确定角柱所使用的材质，有混凝土、砖、钢筋混凝土和金属。

［长度 A］、［长度 B］、［长度 C］、［长度 D］：分支在图中墙体上代表的位置与图中颜色一一对应，注意此值为墙体基线长度，直接键入或在图中点取控制点确定这些长度值。

3）构造柱

屏幕菜单命令：【建筑底图】→【构造柱】（GZZ）

本命令在墙角交点处或墙体内插入构造柱，依照所选择的墙角形状为基准，输入构造柱的具体尺寸，指出对齐方向，然后在墙角处或墙体内插入构造柱，由于构造柱完全被墙包围，因此它没必要具备三维视图。

点取墙角后，弹出如图 11-24 所示对话框。

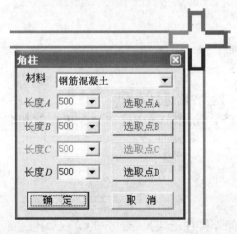

图 11-23　角柱创建对话框

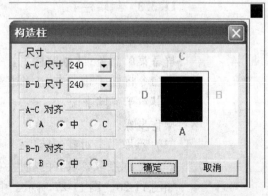

图 11-24　构造柱创建对话框

对话框选项和操作解释：

［A-C尺寸］沿着 A-C 方向的构造柱尺寸，最大不能超过墙厚。

［B-D尺寸］沿着 B-D 方向的构造柱尺寸，最大不能超过墙厚。

［A-C对齐］柱子 AC 方向的两个边分别对齐到 A（左）、中（中心）、C（右）。

［B-D对齐］柱子 BD 方向的两个边分别对齐到 B（下）、中（中心）、D（上）。

参数设定时，对话框右面的图形实时反映构造柱与墙体的真实关系，设定好参数后，单击确定按钮把构造柱插入图形墙体中。构造柱的填充模式服从普通柱子的设置。

图 11-25 为两个构造柱生成实例，左侧是墙中构造柱，右侧是墙角构造柱。

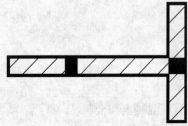

图 11-25 构造柱实例

特别提示：

（1）构造柱的定义专门用于施工图设计，无三维显示。

（2）构造柱属于非标准柱，不能使用对象编辑功能。

4）异型柱

屏幕菜单命令：【建筑底图】→【异型柱】（YXZ）

本命令可将闭合的 PLINE 转为柱对象。

命令交互：

请选择闭合的多段线 <退出>：

选择表示柱截面的 PLINE 线。

柱子材料 ［砖（0）/石材（1）/钢筋混凝土（2）/金属（3）］<2>：

键入 0~3。

柱子的底标高为当前标高（ELEVATION），柱子的默认高度取自当前层高。

11.3.3 编辑柱子

1）柱齐墙边

屏幕菜单命令：【轴网柱子】→【柱齐墙边】（ZQQB）

本命令将柱子边与指定墙边对齐，比用 ACAD 移动命令更方便和准确，尤其对于弧墙来说。

操作步骤：

（1）点取用来对齐的墙边；

（2）分别点取要取齐的柱边。

如图 11-26、图 11-27 所示，中间那排柱子与弧墙对齐的前后对比，可以更好地理解本命令的作用。

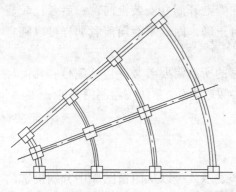

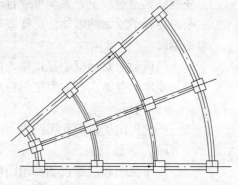

图 11-26　柱子与墙边对齐之前　　　　　图 11-27　　柱子与墙边对齐之后

2）替换柱子

在创建柱子对话框中设定新柱子，按下左侧的［替换］按钮，在图中批量选择原有柱子实现替换，只有常规的标准柱子才有替换功能。

命令交互：

选择被替换的柱子：

框选要替换的标注柱子，可反复操作，回车结束。

3）批量改高度

右键菜单命令：〈选中柱子〉→【改高度】（GGD）

可以选中多个柱子，一起修改高度。对于单个改高度，使用［对象编辑］即可。也可以使用特性编辑来修改多个柱子的高度。

11.4　门窗的插入和编辑

11.4.1　门窗对象

门窗是建筑的核心构件之一。Arch 采用 TH 对象来表示建筑门窗，因而实现了和墙体之间的智能联动，门窗插入后在墙体上自动按门窗轮廓形状开洞，删除门窗后墙洞自动闭合，这个过程中墙体的外观几何尺寸不变，但墙体对象的相关数据诸如粉刷面积、开洞面积等随门窗的建立和删除而更新。

Mech 的门窗是广义上的门窗，指附属于墙体并需要在墙上开启洞口的对象，因此如非特别说明，本书提到的门窗包括墙洞在内。需要特别提一下，老虎窗和本章所提的门窗的实现机制不一样，它和屋顶的关系密切。

门窗对象附属在墙对象之上，即离开墙体的门窗就将失去意义。按照和墙的附属关系，Mech 定义了两类门窗对象：一类是只附属于一段墙体，即不能跨越墙角，对象 DXF 类型 SWR_OPENING；另一类附属于多段墙体，即跨越一个或多个转角，对象 DXF 类型 SWR_CORNER_WINDOW。前者和墙之间的关系非常严谨，因此系统根据门窗和墙体的位置，能够可靠地在设计编辑过程中自动维护和墙体的包含关系，例如可以把门窗移动或复制到其他墙段上，系统可以自动在墙上开洞并安装上门窗；后者比较复杂，离开了原始的墙体，可能就不再正确，因此不能向前者那样可以随意地编辑。

门窗创建对话框中提供输入门窗的所有需要参数，包括编号、几何尺寸和定位参考距离，如果把门窗高参数改为 0，系统不绘制门窗的三维。

1）门窗类型

系统提供了以下几类门窗。

（1）普通门

二维视图和三维视图都用图块来表示，可以从门窗图库中分别挑选门窗的二维形式和三维形式，其合理性由用户自己来掌握，例如系统并不知道也不会制止用户为一个门窗对象挑选一个二维双扇平开门和一个单扇的三维平开门。普通门的参数如图 11-28 所示，其中门槛高指门的下缘到所在的墙底标高的距离，通常就是离本层地面的距离。对于无地下室的首层外墙上的门，由于外墙的底标高低于室内地平线，这时门槛高应输入距离室外地坪的高度（图 11-28）。

图 11-28　普通门的参数

（2）普通窗

其特性和普通门类似，其参数如图 11-29 所示，比普通门多一个［高窗］属性。

图 11-29　普通窗的参数

（3）弧窗

安装在弧墙上，并且和弧墙具有相同的曲率半径。二维用三线或四线表示，缺省的三维为一弧形玻璃加四周边框。用户可以用［窗棂映射］来添加更多的窗棂。弧窗的参数如图 11-30 所示。

（4）凸窗

即外飘窗。二维视图依据用户的选定由系统自动确定，默认的三维视图有上下板、简单窗棂和玻璃。用户可以用［窗棂映射］来添加更多的窗根。需要指出的是，对于落地凸窗，即楼板挑出的凸窗，实际上是用带窗来实现的，即创建凸窗前自动添加若干段墙体，然后在这些墙体上布置带窗，这样才能正确地计算房间面积。凸窗的参数如图 11-31 所示，对于矩形凸窗，还可以设置两侧挡板。图 11-32 给出了四种形式的凸窗的平面图。

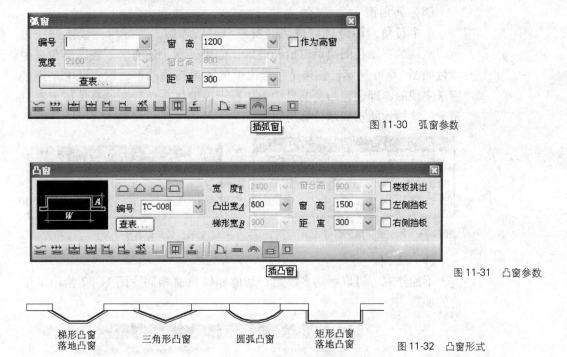

图 11-30　弧窗参数

图 11-31　凸窗参数

梯形凸窗 落地凸窗　　三角形凸窗　　圆弧凸窗　　矩形凸窗 落地凸窗　　　　图 11-32　凸窗形式

（5）矩形洞

墙上的矩形空洞，可以穿透也可以不穿透墙体，有多种二维形式可选。矩形洞的参数如图 11-33 所示，对于不穿透墙体的洞口，要制定洞嵌入墙体的深度。图 11-34 给出了平面图各种洞口的表示方法。

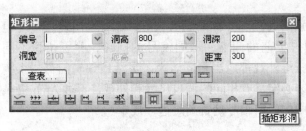

图 11-33　矩形洞参数

穿透/剖到/落地　　穿透/剖到/实线　　穿透/剖到/虚线

穿透/未剖到　　未穿透/剖到　　未穿透/未剖到　　　　图 11-34　矩形墙洞的二维形式

（6）异型洞

自由地在墙面上绘制轮廓线，然后转成洞口，其平面图与矩形洞一样，有多种表示方法。图 11-35 给出了异型洞的参数。

（7）组合门窗

是两个或更多的普通门和（或）窗的组合，并作为一个门窗对象。居住建筑常见的有子母门和门联窗，办公建筑的入口组合大门都可以用组合门窗来表示。

（8）转角窗

一个转角，即跨越两段墙的窗户，可以外飘。二维用三线或四线表示，默认的三维视图简单窗棂和玻璃，如果外飘，还有上下板。转角窗的参数如图 11-36 所示。如果是楼板出挑的落地转角凸窗，则实际上是用带窗来实现的，即创建凸窗前自动添加若干段墙体，然后在这些墙体上布置带窗，这样才能正确地计算房间面积。

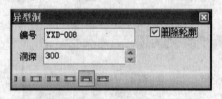

图 11-35 异型洞参数

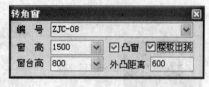

图 11-36 转角窗参数

（9）带窗

不能外飘，可以跨越多段墙，其他和转角窗相同。图 11-37 给出了带窗的参数。

图 11-37 带形窗参数

特别提示：

高窗和洞口的二维视图，使用到了虚线。如果全局设置的虚线类型和线型比例（LTSCALE）不协调，则图中可能看不出来。

2）门窗编号

门窗对象有一个特别的属性需要着重说明一下，那就是门窗编号。门窗编号用来标志同类制作工艺的门窗，即同编号的门窗，除了位置不同外，它们的洞口尺寸和三维外观都应当相同。为了灵活地编辑门窗，系统并不确保相同编号的门窗必定具有相同的洞口尺寸和外观，不过 Arch 提供了一些工具，来检查图中的门窗编号是否满足这一规定。

3）高窗和上层窗

高窗和上层窗是门窗的一个属性，两者都是指在位于楼层视线（水平剖切）以上的窗户。两者还有所区别，前者用虚线表示二维视图，说明同一楼层正下方没有其他门窗；后者在二维视图上只显示一个编号，说明同一楼层正下方还有其他门窗（通常应当等宽），如厂房等高大空间的上面一排窗户（图 11-38）。

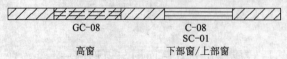

GC-08　　　　　C-08
　　　　　　　　SC-01

高窗　　　　下部窗/上部窗

图 11-38 高窗和上层窗平面表示

11.4.2 门窗的创建

前面一节已经介绍了各种类型的门窗特性，这一节要对这些门窗的创建方法，即定位方法做出进一步的叙述。

1）插入门窗

屏幕菜单命令：【建筑底图】→【门窗】（MC）

建筑门窗类型和形式非常丰富，然而大部分门窗都是标准的洞口尺寸，并且位于一段墙内。创建这类门窗，就是要在一段墙上确定门窗的位置。系统提供了多种定位方式，以便用户在一段墙内快速地确定门窗的位置。

普通门、普通门、弧窗、凸窗和矩形洞，它们的定位方式基本相同，因此用一个命令就可以完成这些门窗类型的创建。以普通门为例，对话框下有一工具栏，分隔条左边是定位方式的选择，右边是门窗类型的选择，对话框上是待创建门窗的参数。

需要注意的是，在弧墙插入的是普通门窗，当门窗的宽度很大，而弧墙的曲率半径很小时，可能导致门窗的中点超出墙体的区域范围，这时不能正确插入。

（1）自由插入

可在墙段的任意位置插入，利用这种方式插入时，非常快速，但不好准确定位，通常用在方案设计阶段。鼠标以墙中线为分界内外移动控制内外开启方向，单击一次 Shift 键控制左右开启方向，一次点击，门窗的位置和开启方向就完全确定。

命令交互：

点取门窗插入位置（Shift-左右开）：

点取要插入门窗的墙体。

（2）顺序插入

以距离点取位置较近的墙边端点或基线端为起点，按给定距离插入选定的门窗。此后顺着前进方向连续插入，插入过程中可以改变门窗类型和参数。在弧墙顺序插入时，门窗按照墙基线弧长进行定位。

命令交互

点取墙体＜退出＞：

点取要插入门窗的墙线。

输入从基点到门窗侧边的距离＜退出＞：

键入第一个门窗边到起始点的距离。

输入从基点到门窗侧边的距离或［左右翻（S）/内外翻转（D）］＜退出＞：

键入到前一个门窗边的距离。

（3）轴线等分插入

将一个或多个门窗等分插入到两根轴线之间的墙段上，如果墙段内缺少轴线，则该侧按墙段基线等分插入。门窗的开启方向控制参见自由插入中的介绍。

命令交互：

点取门窗大致的位置和开向（Shift - 左右开）<退出>：

在插入门窗的墙段上任取一点，该点相邻的轴线亮显。

输入门窗个数（1~3）或 [参考轴线（S）] <1>：

键入插入门窗的个数，括弧中给出可以插入的个数范围，回车插入。回应 S，可选取其他轴线作为等分的依据。

（4）墙段等分插入

与轴线等分插入相似，本命令在一个墙段上按较短的边线等分插入若干个门窗，开启方向的确定同自由插入。

命令交互：

点取门窗大致的位置和开向（Shift - 左右开）<退出>：

在插入门窗的墙段上单击一点。

门窗个数（1~3）<1>：

键入插入门窗的个数，括号中给出可用个数的范围。

（5）垛宽定距插入

系统自动选取距离点取位置最近的墙边线顶点作为参考位置，快速插入门窗，垛宽距离在对话框中预设。本命令特别适合插室内门，开启方向的确定同自由插入。

命令交互：

点取门窗大致的位置和开向（Shift - 左右开）<退出>：

点取参考垛宽一侧的墙段插入门窗。

（6）轴线定距插入

与垛宽定距插入相似，系统自动搜索距离点取位置最近的轴线与墙体的交点，将该点作为参考位置快速插入门窗。

（7）角度定位插入

本命令专用于弧墙插入门窗，按给定角度在弧墙上插入直线型门窗。

命令交互：

点取弧墙<退出>：

点取弧线墙段。

门窗中心的角度<退出>：

键入须插入门窗的角度值。

（8）满墙插入

门窗在门窗宽度方向上完全充满一段墙，使用这种方式时，门窗宽度参数由系统自动确定。

命令交互

点取门窗大致的位置和开向（Shift - 左右开）<退出>：

点取墙段，回车结束。

采用上述八种方式插入的门窗实例如图 11-39 所示。

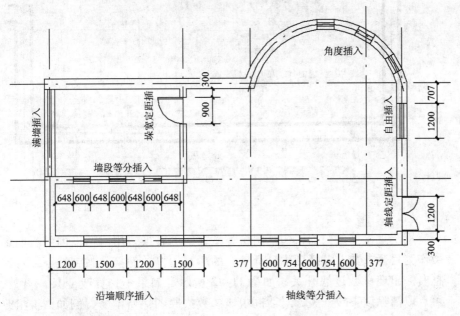

图 11-39　门窗插入方式的实例

（9）上层插入

上层窗指的是在已有的门窗上方再加一个宽度相同、高度不同的窗，这种情况常常出现在厂房或大堂的墙体设计中（图 11-40）。

图 11-40　插入上层门窗的选项

在对话框下方选择［上层插入］方式，输入上层窗的编号、窗高和窗台到下层门窗顶的距离。使用本方式时，注意尺寸参数，上层窗的顶标高不能超过墙顶高。

（10）智能插入

本插入模式具有智能判定功能，规则如下：

① 系统将一段墙体分三段，两端段为定距插，中间段为居中插。

② 当鼠标处于两端段中，系统自动判定门开向有横墙一侧，内外开启方向用鼠标在墙上内外移动变换。

③ 两端的定距插有两种，墙垛定距和轴（基）线定距，可用＜Q＞键切换，且二者用不同颜色的短分割线提示，以便不看命令行就知道当前处于什么定距状态（图 11-41）。

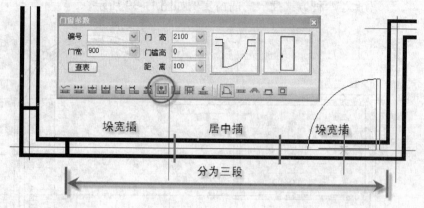

图 11-41　智能插入方式

（11）门窗替换

用于批量修改门窗，包括门窗类型之间的转换。用对话框内的当前参数作为目标参数，替换图中已经插入的门窗。将［替换］按钮按下，对话框右侧出现参数过滤开关，如图 11-42 所示。如果不打算改变某一参数，可点取清除该参数开关，对话框中该参数按原图保持不变。例如，将门改为窗，宽度不变，应将宽度开关置空。

图 11-42　门窗替换
对话框

2）门窗组合

屏幕菜单命令：【建筑底图】→【门窗组合】（MCZH）

本命令实际上就是在墙体上不留缝隙地连续插入门和窗，插的过程中可以不断变换门窗样式和尺寸以及开启方向，因此可以完成多种任务，比如常见的门联窗和子母门。与分别插入各个门窗不同的是，一次连续插入的门窗为一个整体对象，在门窗表中作为一个"组合门窗"构件进行统计。门窗组合过程与顺序插入普通门窗过程非常类似（图 11-43、图 11-44）。

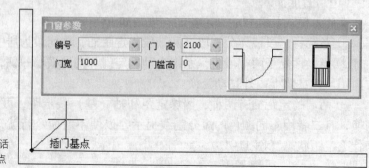

图 11-43　门窗组合对话
框和插入基点

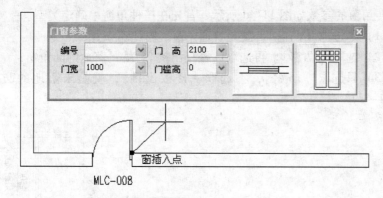

MLC-008

图 11-44　门窗组合的第二个插入基点

命令交互：

点取墙体 < 退出 > ：

点取准备插门窗的墙体。

输入从基点到门窗侧边的距离或 ［更换门窗（C）］< 退出 > ：

图中点取或键盘输入，门插入。

下一个 ［更换门窗（C）/左右翻转（S）/内外翻转（D）］< 退出 > ：

接着点取下一个门窗的位置，回应 C 更换成窗，回应 S 和 D 可以更改前一门窗的开启方向。

3）带形窗

屏幕菜单命令：【建筑底图】→【带形窗】（DXC）

本命令用于插入窗高不变，水平方向随墙体而变化的带形窗。点取命令，命令行提示输入带形窗的起点和终点。带形窗的起点和终点可以在一个墙段上，也可以经过多个转角点（图 11-45）。

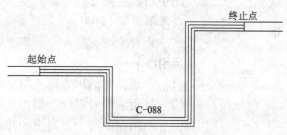

图 11-45　带形窗的插入实例

命令交互：

起始点或 ［参考点（R）］< 退出 > ：

墙体上点取起始点。

终止点或 ［参考点（R）］< 退出 > ：

墙体上点取终止点。

选择带形窗经过的墙：

框选带形窗经过的所有墙，也可多次选取，回车结束。

4）转角窗

屏幕菜单命令：【建筑底图】→【转角窗】（ZJC）

在墙角的两侧插入等高角窗，有三种形式：随墙的非凸角窗（也可用带窗完成）、落地的凸角窗和未落地的凸角窗。转角窗的起始点和终止点在一个墙角的两个相邻墙段上，转角窗只能经过一个转角点。

转角窗的参数如图 11-46 所示，首先在三种角窗中确定类型。

（1）不选取［凸窗］，就是普通角窗，窗随墙布置；

（2）选取［凸窗］，再选取［楼板出挑］，就是落地的凸角窗；

（3）只选取［凸窗］，不选取［楼板出挑］，就是未落地的凸角窗（图 11-47）。

图 11-46　转角窗对话框

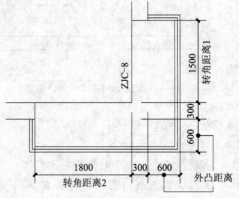

图 11-47　未落地凸角窗的实例平面图

命令交互：

请选取墙角＜退出＞：

点取墙角。

转角距离 1＜1500＞：

图中点取距离或输人。

转角距离 2＜2400＞：

图中点取距离或输人，回车生成。

特别提示：

（1）凸角窗的凸出方向只能是阳角方向。

（2）转角窗编号系统不检查其是否有＜冲突＞。

（3）凸角窗的两个方向上的外凸距离只能相同。

（4）凸角窗的其他参数，比如窗框等由系统默认，如果需要请采用窗棂映射的方式给窗户添加窗棂。

11.4.3　门窗的编辑

对于常规的参数修改，使用［对象编辑］和［特性编辑］即可，或者使用 11.4.2 介绍的门窗替换。这一节要介绍的是门窗专用的编辑和装饰工具。

1）夹点编辑

门窗对象提供了六个编辑夹点，如图 11-48 所示。需要指出的是，部分夹点用 Ctrl 来切换功能。对于普通门和普通窗，二维开启方向和三维开启方向是独立控制的，因为二维门窗图块和三维门窗图块是分别独立制作的，系统无法自动保证它们的开启方向是一致的。

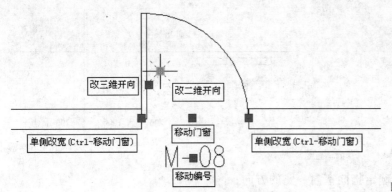

图 11-48　门窗的夹点

2）编号复位

右键菜单命令：〈选中门窗〉→【编号复位】（BHFW）

出图比例修改后，门窗编号的位置可能变得不合适，［编号复位］可以把门窗编号调整到默认的位置。换句话说，门窗编号的默认位置是和门窗对象的出图比例有关的，如果用户事先可以确定出图比例的话，建议设置好当前出图比例，然后再开始绘图。

3）门口线

右键菜单命令：〈选中门窗〉→【加门口线】（JMKX）

当门的两侧地面标高不同，或者门下安装门槛，在平面图中需要加入门口线来描述。门口线作为门窗的一个属性，如果要取消，只能用［特性编辑］来取消门口线的特性。

4）门窗套

右键菜单命令：〈选中门窗〉→【加门窗套】（JMCT）

　　　　　　　　　　　　　　　【消门窗套】（XMCT）

　　　　　　　　　　　　　　　【加装饰套】（JZST）

首先解释一下门窗套和门窗装饰套的概念。可以通俗地理解，门窗套是建筑施工时就必须构造好的建筑部件，装饰套是业主为自家房产装修时添置的装饰物。门窗套在建筑工程图中需要表示，而装饰套则不需要在建筑工程图中表示，它是室内设计的范畴。在 Arch 中，门窗套是作为门窗的一个属性参数来实现的，而装饰套则是另外构造一个与门窗联动的图形对象，包括门窗洞口的装饰套、窗台与外挑檐板。若要消除门窗套，使用［消门窗套］或［特性编辑］来消除门窗的门窗套特性即可；若要消除装饰套，则直接擦除（Erase）装饰套对象即可。

加门窗套的步骤：

（1）请选择门窗；

（2）输入门窗套参数，即伸出墙的长度和门窗套宽度；

（3）如果门窗所在的墙还没有确定外侧，则需要在图中确定朝外的一侧（图 11-49）。

加装饰套的步骤：

（1）请选择门或窗；

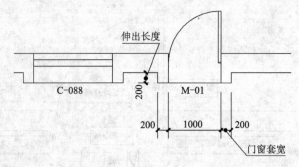

图 11-49　门套的平面图

（2）确定指向室内一侧的方向；

（3）在创建对话框中确定门窗套需要放置在房间内侧还是外侧；

（4）通过三种方式之一确定门窗套截面的形式和尺寸参数；

（5）如果需要，进入"窗台/檐板"选项卡进行相应设计。

11.4.4　门窗表

有了各层的平面图，就有了完整的门窗信息，因此可以对这些图纸进行统计分析，生成建筑设计工程图纸配套的门窗表。由于设计过程比较复杂，方案阶段往往不编号，施工图阶段的设计变更也常常发生，这些都可能造成门窗编号的错误现象。系统提供［门窗检查］和局部的［门窗表］两个工具来检查门窗编号的正确性，确定正确无误后，便可用［门窗总表］来生成整个建筑的门窗表。

各层平面图是通过楼层表来联系的，因此事先应当设置好楼层表，特别是要正确地设置使用内部楼层表（即全部平面图都在当前图）或是外部楼层表（各标准层平面图为单独的 DWG 文件），有关楼层表的详细说明参见第 22 章的"文件布图"。

1）门窗检查

屏幕菜单命令：〈选中门窗〉→【门窗检查】（MCJC）

［门窗检查］用来检查一个建筑中是否有编号不合理的门窗，如图 11-50 所示的对话框即是。

编号	总数	本图数	类型	宽度	高度
C1	8	4	窗	1500	1600
C2	5	2	窗	1800	1600
C3	3	1	窗	900	1600
C4	2	0	窗	800	2000
M1	3	1	门	1800	2100
M2	17	5	门	900	2100
M3	3	1	门	2400	2100
M4	1	0	门	1800	2100
M5	1	0	门	1200	2100
M6	2	0	门	900	2100
M7	1	0	门	1800	2500

图 11-50　门窗检查对话框

对话框选项说明:

[编号]: 显示图中已有门窗的编号,没有编号的门窗此项空白。

[总数]: 本工程同类型门窗的总数量。

[总数]: 本图同类型门窗数量。

[类型]: 已有门窗类型名称。

[宽度]: 门窗宽度尺寸。

[高度]: 门窗高度尺寸。

[本图门窗]: 在表格中只列出当前图的门窗。

[观察]: 只对本图的门窗有效。用来浏览当前编号对应的图中门窗。

浏览门窗:

首先在表格中选择一个编号作为当前行,如果该编号在本图中有对应的门窗,则可以点取[观察<]以便浏览该编号的门窗。系统加亮图中具有该编号的其中一个门窗,并提示:

观察第1/4个编号为C1的门窗或[上一个(S)/下一个(X)]<退出>:

这时,可以在特性表中看到加亮的门窗的属性,并根据需要可以立即修改,以便更正门窗参数。用户可以向前或向后——浏览同编号的其他门窗。更正门窗参数后,回到门窗检查对话框,继续浏览其他有冲突的门窗。

特别提示:

(1)本命令对转角窗与带形窗无效,请用户自行核对检查。

(2)同属于一个工程,但不在本图的门窗不能观察。

2)局部门窗表

屏幕菜单命令:〈选中门窗〉→【门窗表】(MCB)

对选中的门窗进行统计并生成门窗表,通常在[门窗检查]确信无误后生成。用户可以选中部分或一层的门窗,系统统计并生成表格。

3)门窗总表

屏幕菜单命令:【门窗】→【门窗总表】(MCZB)

统计同一工程中使用的所有门窗并生成门窗表。本命令与[门窗表]的区别在于面向的统计对象不同,所以表格形式也略有差别,[门窗总表]的数量按楼层分别统计。

11.5 建筑设施

11.5.1 楼梯

1)直线梯段

屏幕菜单命令:【建筑底图】→【直线梯段】(ZXTD)

本命令参数化创建单段直线型梯段,可以单独使用或用于组合复杂楼梯与坡道。

在创建直线梯段对话框中输入楼梯各部位的参数，窗口中动态显示当前参数下的楼梯平面样式，箭头指向为梯段上行方向（图11-51）。

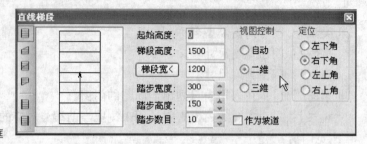

图 11-51　直线梯段对话框

对话框选项和操作解释：

［起始高度］：楼梯第一个踏步起始处相对于本楼层地面的高度，梯段高从此处算起。

［梯段高度］：直段楼梯的总高。等于踏步高度的总和，如果改变梯段高度，系统自动按当前踏步高调整踏步数，最后取整新的踏步数重新计算踏步高。

［梯段宽］：梯段宽度。可直接输入或图中点取两点获得梯段宽。

［踏步宽度］：楼梯段的每一个踏步板的宽度。

［踏步高度］：输入一个大约的踏步高初始值，由楼梯总高度推算出最接近初值的设计值。由于踏步数目必须是整数，梯段高度依据楼层高给出一个定数，因此踏步高度并非总是整数。用户给定一个大概目标值，系统经过计算确定踏步高的精确值。

［踏步数目］：该项可直接输入或由梯段高和踏步高概略值推算取整获得，同时修正踏步高，也可改变踏步数，与梯段高一起推算踏步高。

［视图控制］：根据需要控制梯段的显示属性，有二维视图、三维视图和依视口自动决定三个选项。

［定位］：在平面图中绘制梯段的开始插入定点，有四种选项。

如前所述，Mech 的楼梯可以通过［作为坡道］转换成坡道设计，对话框中的参数相应也会有一些小的变化，介绍如下：

［作为坡道］：勾选此复选框，楼梯段按坡道生成，对话框变为图11-52样式。

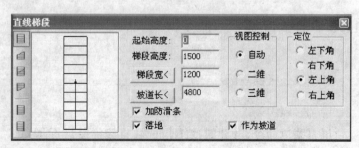

图 11-52　直线梯段作为坡道设计的对话框

对话框选项和操作解释:

[起始高度]、[梯段高度]、[梯段宽] 以及 [视图控制]、[定位] 等参见前面梯段设计部分的解释。

[坡道长]: 为坡道的水平投影长度。

[加防滑条]: 坡道表面加防滑条。其密度依据在梯段中的踏步参数来设置,设置完毕后转入此界面继续坡道设计。

[落地]: 选择此项,坡道底部直接落地。

命令交互:

输入梯段位置 < 退出 >:

按定位的方式在图中点取梯段放置的起点位置。

输入梯段方向 < 退出 >:

输入另外一点确定梯段的方向,或拖拽橡皮筋在图中确定。

对话框左侧的图标选项决定了梯段的二维表现形式,注意该选项不影响三维模型的表现形式,各自的名称和表达意义依次如图11-53所示。

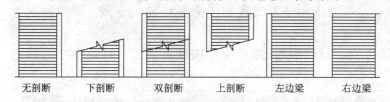

| 无剖断 | 下剖断 | 双剖断 | 上剖断 | 左边梁 | 右边梁 |

图 11-53　直线梯段平面视图样式

2) 弧线梯段

屏幕菜单命令:【建筑底图】→【弧线梯段】(HXTD)

本命令创建单段弧线形梯段,适合单独的弧线形梯段或用于组合复杂楼梯,还可以用于坡道的设计,尤其是办公楼和酒店的入口处机动车坡道。

弧线梯段的操作与直线梯段相似,可以参照前一章节的叙述内容,创建对话框,如图11-54所示,输入楼段各部位的相关参数,左侧窗口实时显示梯段平面样式,箭头指向为梯段上行方向。

图 11-54　弧线梯段对话框

对话框选项和操作解释:

[内半径]: 弧线梯段的内缘到圆心的距离。

[外半径]: 弧线梯段的外缘到圆心的距离。

[圆心角度]: 弧线梯段的起始边和终止边的夹角,单位为角度。

[起始高度]: 楼梯第一个踏步起始处相对于本楼层地面的高度,梯段

高以此算起。

[梯段高度]：弧线楼梯的总高。等于踏步高度的总和，如果改变梯段高度，系统自动按当前踏步高调整踏步数，最后取整新的踏步数重新计算踏步高。

[楼梯宽度]：弧线梯段的宽度。可直接输入或图中点取两点获得梯段宽。

[踏步高度]：输入一个大约的踏步高初始值，由楼梯总高度推算出最接近初值的设计值。由于踏步数目是整数，梯段高度依据楼层高给出一个定数，因此踏步高度并非总是整数。用户给定一个大概目标值，系统经过计算确定踏步高的精确值。

[踏步数目]：该项可直接输入或由梯段高和踏步高概略值推算取整获得，同时修正踏步高，也可改变踏步数，与梯段高一起推算踏步高。

[视图控制]：根据需要控制梯段的显示属性，有二维视图、三维视图和依视口自动决定三个选项。

[定位]：在平面图中绘制弧线梯段的开始插入定点，有四种方式选项。

[作为坡道]：勾选此项，弧形梯段按坡道生成，对话框变为如图11-55所示。

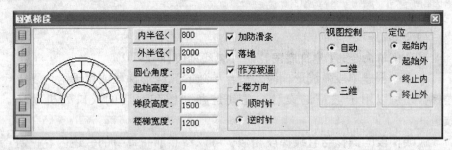

图11-55 弧线梯段的坡道设计对话框

命令交互：

输入梯段位置＜退出＞：

点取楼梯第一个插入定点。

输入另外一点定位＜退出＞：

点取楼梯第二个插入定点。

3）异型梯段

屏幕菜单命令：【建筑底图】→【异型梯段】（YXTD）

本命令以用户给定的直线或弧线作为梯段的两个边线，在对话框中输入踏步参数生成不规则形式的梯段。异型梯段除了两个边线为直线或弧线，并且两个边线可能不对齐外，其余项目与直线梯段无二样，学习过程中请参照直线梯段的讲解。

命令交互：

请点取梯段左侧边线（LINE/ARC）：

点取作为梯段左边线的一根 LINE 或 ARC 线。

请点取梯段右侧边线（LINE/ARC）：

点取作为梯段右边线的另一根 LINE 或 ARC 线。

回应完命令行的提示后，弹出图 11-56 的参数对话框，其选项和参数与直线梯段的创建基本相同，请参照阅读和操作。

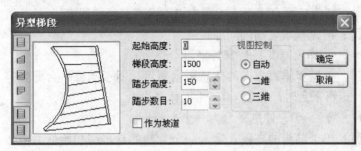

图 11-56　任意梯段的坡道
设计对话框

选择［作为坡道］选项后，异型梯段按坡道生成，对话框相应变为图 11-57 所示的，各选项的意义和操作同直线梯段的坡道设计，参考该章节。

图 11-57　异型梯段对话框

4）双跑平行梯

屏幕菜单命令：【建筑底图】→【双跑楼梯】（SPLT）

双跑楼梯是一种最常见的楼梯形式，是由两个直线梯段、一个休息平台、一个或两个扶手和一组或两组栏杆构成的自定义对象，具有二维视图和三维视图。双跑楼梯一次分解（EXPLODE）后，将变成组成它的基本构件，即直线梯段、平板和扶手栏杆等。

双跑楼梯通过使用对话框中的相关控件和参数，能够变化出多种形式，如两侧是否有扶手栏杆、梯段是否需要边梁、休息平台的形状等。点取本命令后，弹出双跑平行梯的对话框（图 11-58），其中大部分内容与直线梯段相同。

图 11-58　双跑平行梯的
对话框

对话框选项和操作解释：

[楼梯高度]：双跑楼梯的总高，默认为当前楼层高度。

[梯间宽]：双跑楼梯的总宽。可以图中量取楼梯间净宽作为双跑楼梯总宽。

[梯段宽度]：每跑梯段的宽度。可由总宽计算，留楼梯井宽100，余下二等分作梯段宽初值。可直接输入或图中点取两点获得梯段宽。

[梯井宽度]：两跑梯段之间的间隙距离。

[梯间宽]＝2×[梯段宽度]＋[梯井宽度]

[直平台宽]：与踏步垂直方向的休息平台宽度，对于圆弧平台而言等于平直段宽度。矩形平台时，宽度＝0，为无休息平台。

圆弧平台时，宽度＝0，休息平台为一个半圆形。

[踏步高度]：单个踏步的高度。输入一个大约的踏步高初始值，由楼梯总高度推算出最接近初值的设计值。由于踏步数目是整数，梯段高度依据楼层高给出一个定数，因此踏步高度并非总是整数。用户给定一个大概目标值，系统经过计算确定踏步高的精确值。

[踏步宽度]：楼梯段的每一个踏步板的宽度。

[踏步总数]：默认踏步总数20。该项可直接输入或由梯段高和踏步高推算一个概略值系统取整获得，同时修正踏步高。也可改变踏步数，与梯段高一起推算踏步高。

[一跑步数]：以踏步总数均分一跑与二跑步数，总数为奇数时先增二跑步数。

[二跑步数]：二跑步数默认与一跑步数相同，两者都允许用户修改。

[扶手高宽]：扶手默认值截面为矩形，高900，断面尺寸60×100的扶手。

[扶手距边]：扶手边缘到梯段边缘的距离。

[左边梁]、[右边梁]：同时选这两个选框，在梯段两侧添加默认宽度的边梁。

[作为坡道]：勾选此项，双跑楼梯按坡道生成，与直线楼段道理一致，请参照学习（图11-59）。

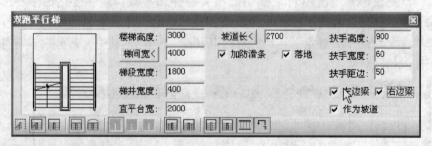

图11-59　双跑平行梯的坡道创建对话框

创建对话框下方的图标选项能够控制楼梯的如下项目：

（1）二维视图的样式；

（2）休息平台的形式；

（3）一跑二跑不均等时梯段的对齐方式；

（4）是否自动生成扶手和栏杆；

（5）是否自动绘制箭头。

其中，（1）、（2）、（4）、（5）项在前面已经讲述而且内容简单易懂，在此重点介绍"一跑二跑不均等时梯段的对齐方式"（图11-60）。

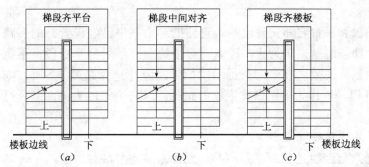

图 11-60　不均等梯段的对齐方式
（a）两梯段对齐到平台；（b）两梯段中间对齐；（c）两梯段对齐到楼板

当双跑楼梯的两个梯段水平长度不相同时，较短的梯段存在一个对齐问题：

图 11-66（a）是"梯段齐平台"的方式，即短梯段和长梯段都在休息平台处对齐；

图 11-66（b）是"梯段中间对齐"的方式，即短梯段和长梯段中对齐；

图 11-66（c）是"梯段齐楼板"的方式，即短梯段和长梯段对齐到楼板边界线处。

可以使用 OPM 特性编辑来进一步设置双坡楼梯的细节参数，包括内部图层、边梁参数和视图控制等。

5）多跑楼梯

屏幕菜单命令：【建筑底图】→【多跑楼梯】（DPLT）

本命令创建由梯段开始且以梯段结束，梯段和休息平台连续交替布置的无分叉的多跑楼梯。对话框如图11-61所示。在此重点介绍多跑楼梯的画法，首先在对话框下方的图标中确定采用左定位或右定位做基线的绘制方式。

图 11-61　多跑梯段的参数
对话框

命令交互：

输入起点或 ［选择路径（S）］＜退出＞：

点取多跑楼梯的起点，即第一跑梯段的起点。

输入梯段的终点<退出>：

点取第一跑梯段的终点，也是第一个休息平台的起点，继续拖动多跑梯段预览。

输入休息平台的终点或[撤销上一梯段（U）]<退出>：

点取第一个休息平台的终点，也是第二跑梯段的起点，继续拖动多跑梯段预览。

如此在梯段和平台之间交替绘制，直到把对话框中已经设置好的多跑楼梯最后一个梯段绘制完毕为止。注意，必须绘制完最后一个梯段，不能中断，否则绘制将失败。在命令行提示中如果回应[选择路径（S）]，则按图中选取的 PLINE 作为多跑楼梯生成的路径。以右边定位为例，命令行继续提示：

选择楼梯右边路径<退出>：

在图中选择已经事先绘制好的 PLINE 线作为多跑楼梯的路径。

选择楼梯右边路径<退出>：

可多次选择 PLINE，生成多个多跑楼梯。

多跑楼梯的基线以选定的 PLINE 线作右边界，以梯段开始且梯段结束，按 PLINE 的分段交替生成梯段和休息平台。

11.5.2　其他设施

1）电梯

屏幕菜单命令：【建筑底图】→【电梯】（DT）

本命令在电梯间的墙体上入电梯门，在井道内绘制电梯简图。电梯由轿厢、平衡块和电梯门组成，其中轿厢和平衡块用矩形对象（参见第 21 章）来表示，电梯门用门窗对象来表示。

电梯绘制的条件是电梯间已经构成，且为一个闭合区域。电梯间一般为矩形，在弧形和圆形建筑中电梯间可能为扇形，梯井道宽为开门侧墙长，梯井道深为扇形高。在对话框（图 11-62）中，设定电梯类别、载重量、门形式、轿厢宽、轿厢深和门宽等参数。其中电梯类别分别有客梯、住宅梯、医院梯、货梯四种类别，每种电梯形式均有已设定好的不同的设计参数，确定后，完成电梯的绘制。

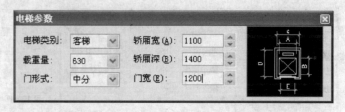

图 11-62　电梯参数对话框

命令交互：

请给出电梯间的一个角点或[参考点（R）]<退出>：

点取电梯间内墙角作为第一角点。

再给出上一角点的对角点：

点取第一角点的对角作为第二角点。

请点取开电梯门的墙线＜退出＞：

点取一段墙线。

请点取平衡块的所在的一侧＜退出＞：

点取平衡块所在的一侧的墙线。

请点取其他开电梯门的墙线＜无＞：

点取开电梯门的另一段墙体。

回车结束后，即在指定位置绘制电梯图形。

高级用户可考虑用 Arch 提供的矩形对象绘制轿厢和平衡锤，绘制后置于电梯图层上，再插入"推拉门"类中的专用电梯门。用此方法设计电梯更加灵活，比如单一井道内设多台电梯，或者电梯井形状不规则等情况（图 11-63）。

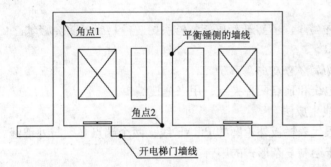

图 11-63　电梯实例

2）阳台

屏幕菜单命令：【建筑底图】→【阳台】（YT）

本命令专门用于绘制各种形式的阳台，自定义对象阳台同时提供二维和三维视图。命令提供三种绘制方式，梁式与板式两种阳台类型。

点取命令后弹出对话框，确定一种阳台类型，再选择一种绘制方式，进行阳台的设计（图 11-64）。

图 11-64　阳台创建对话框

在对话框的右下方图标中确定创建方式。

（1）外墙偏移生成法

用阳台的起点和终点控制阳台长度，按墙体向外偏移距离作为阳台宽来绘制阳台。此方法适合绘制阳台栏板形状与墙体形状相似的阳台（图 11-65）。

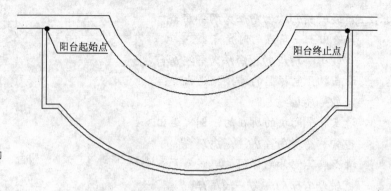

图 11-65　外墙偏移生成的
　　　　　阳台平面图

命令交互：

起始点或 [参考点 (R)] <退出>：

在外墙上准备生成阳台的那侧点取阳台起点。

终止点或 [参考点 (R)] <退出>：

在外墙上准备生成阳台的那侧点取阳台终点。

选择经过的墙：

选取阳台经过的墙体，不要选择可能影响系统进行判断的多余墙体。

偏移距离 <1000>：

阳台栏板外侧距墙体外皮的偏移距离。

生成的阳台有边线和顶点两种夹点，用来拖拽编辑。

（2）栏板轮廓线生成法

事先准备好一根代表栏板外轮廓的 PLINE 线，两个端点必须与外墙线相交。本方法适用于绘制复杂形式的阳台。

命令交互：

选择平台轮廓 <退出>：

选取已经准备好的一根代表栏板外轮廓的 PLINE 线。

选择经过的墙：

选择与阳台相关的墙体，不要选择可能影响系统进行判断的多余墙体。

回车生成阳台，采用阳台特性夹点可以拖拽编辑。

（3）直接绘制法

依据外墙直接绘制阳台，适用范围比较广，可创建直线阳台、转角阳台、阴角阳台、凹阳台和弧线阳台，以及直弧阳台。

命令交互：

起点或 [参考点 (R)] <退出>：

在外墙上准备生成阳台的那侧点取阳台起点。

直段下一点 [弧段 (A)/回退 (U)] <结束>：

点取阳台的第一个转折点。

直段下一点 [弧段 (A)/回退 (U)] <结束>：

继续点取阳台的转折点，或回应 A 转换成弧段。

直段下一点 [弧段 (A)/回退 (U)] <结束>：

继续点取阳台的转折点，直到终点，必须交在墙体外皮上，回车结束。

第 *12* 章 采　暖

在 Mech 的采暖设计模块中，对于传统的采暖方式，在平面图绘制时不再区分是垂直式还是水平式。因为系统提供了灵活的管线、设备布置工具，来满足复杂的工程设计需求。而且还加入了符合最新规范的地热盘管设计功能，提供丰富的辅助图库及各种灵活的辅助工具，使设计流程更加适合用户习惯。

本章内容
- 采暖构件布置
- 采暖构件连接
- 辅助工具

12.1　采暖构件布置

12.1.1　采暖管线

屏幕菜单命令:【采暖】→【采暖管线】(CNGX)

此命令用于绘制采暖供、回水管线，在不关闭对话框的情况下，可对采暖供、回水管线进行绘制，此命令只能一次绘制一种管线（图12-1）。

对话框选项和操作解释:

［管道材料］、［公称直径］、［管线标高］：设计管线的基本信息，如果不需要这些信息，可以不用输入。

图 12-1　采暖管线对话框

［起点立管］、［终点立管］、［不建立管］：指在输入标高信息的前提下，管线绘制过程出现标高变化后提供的选择。

［生成四通］、［管线置上］、［管线置下］：管线出现等标高交叉时所提供的选择。

［锁定标高］：当选中时，生成的水管标高为［管线标高］输入框中设定的值；如果没有选定，生成的水管标高将采用捕捉到的特征点的标高数值。

［双线水管］：指此种类型的水管用双线表示。

［模］、［系］、［原］：分别代表生成的水管用于模型图、系统图和原理图。表 12-1 指明了不同应用类型的区别。系统图和原理图在软件内部的处理上是相同的，需要注意的一点就是，当用模型图直接生成系统图的时候，生成的图形的应用类型是系统图，而不是原理图应用类型。

水管应用类型区别   表 12-1

	模 型 图	系统图/原理图
碰撞时自动打断	有	无
三维表现	实际模型	线条
遮挡处理	按照实际标高智能处理	按照管线的遮挡优先级处理

12.1.2 采暖双管

屏幕菜单命令:【采暖】→【采暖双管】（CNSG）

此命令即为一次性绘制供回水两种类型管线。［偏移］为管线偏移十字光标原点值，数值可为正、零、负。

12.1.3 布散热器

屏幕菜单命令:【采暖】→【布散热器】（BSRQ）

点取本命令后屏幕出现布置散热器的非模式对话框，在不关闭对话框的情况下，即可连续地布置多种类型的散热器。对话框中的工具栏为布置散热器的方式（图 12-2）。

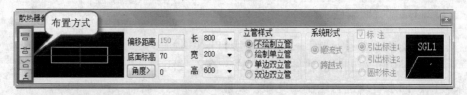

图 12-2 布置散热器对话框

对话框选项和操作解释：

［沿窗布置/沿线布置/任意布置/替换散热器］：用来指定散热器的布置形式与替换，替换后的散热器尺寸就是对话框中的散热器尺寸。

［长］、［宽］、［高］、［底高］、［偏移距离］、［角度］：用来指定散热器的外形尺寸及空间定位。

［立管样式］、［系统形式］、［标注］：用来对采暖立管的设定。

系统提供了四种布置或替换散热器的方式：

（1）沿窗布置：在窗户的中心位置布置散热器，命令行会提示选择窗体，并指定散热器的方向。其中注意：对于一层中多个窗户点取方向时，它的方向确定是根据点取方向的点相对于各个窗户的哪一侧来确定的。

（2）沿墙布置：沿墙体方向插入指定类型的散热器。

（3）任意插入：在指定点插入散热器，系统会提示选择插入点及散热器的旋转角度。

（4）替换散热器：用指定类型的散热器替换图形中已经存在的散热器。

实例（图12-3、图12-4）：

布置方式：沿窗布置

偏移距离：150

地面标高：70

角度：0

长/宽/高：800/200/600

立管样式：单边双立管

标注：引出标注1

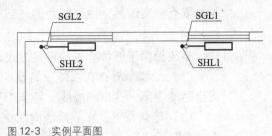

图12-3　实例平面图

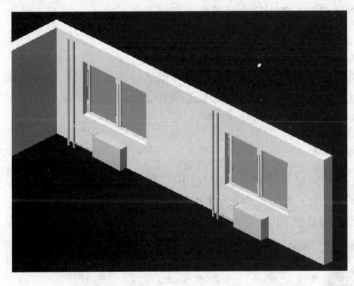

图12-4　实例三维表现图

12.1.4　采暖立管

屏幕菜单命令:【采暖】→【采暖立管】（CNLG）

此命令用来布置采暖立管，点取命令后屏幕出现如图12-5所示的非模式对话框。

图12-5　采暖立管布
置对话框

对话框选项和操作解释：

［供水］、［回水］、［采暖］、［供回双管］：用来指定采暖立管的类型。其中布置供回双管时注意命令行中提示。注意：绘制单管式系统式，没有明确供回水类型时选用［采暖］，这样在后期的立管与散热器直接的连接

更方便。

［距墙1］、［距墙2］：当沿墙体布置时才可用，［距墙1］是指管线与拾取的第一段墙体的距离，［距墙2］是在使用沿墙角布置时，立管中心点与拾取点相交的另一段墙的距离；当不勾选此项时，默认与［距墙1］距离相同。

系统提供了五种立管的定位方式：

（1）沿墙布置：在墙体一侧插入采暖立管，系统提示选择墙体一侧并指定距墙距离。这里的墙线支持非 TH 对象墙体，可以是 LINE、ARC 等。

（2）墙角布置：在双线墙内侧交角处一点布置采暖立管。系统会提示在墙角附近点取一点并指定与组成墙角的两段墙的偏移距离。

（3）任意位置：以在操作屏幕中点取的位置为准布置采暖立管。

（4）两散热器相交布置立管：利用两个散热器接口的交点布置采暖立管。系统会提示选择两个散热器，如果这两个散热器在一条直线上，系统还会提示布置在两个散热器之间的具体位置。

（5）多散热器成组布立管：依据散热器与散热器的相对位置，对选择的多个散热器布置采暖立管。系统会提示选择多个散热器，并指定采暖立管与其中一个散热器的相对位置。

12.1.5 地热盘管

屏幕菜单命令:【采暖】→【地热盘管】（DRPG）

此命令用于指定的矩形区域内布置指定形式的地热盘管，命令执行后弹出如图 12-6 所示对话框。

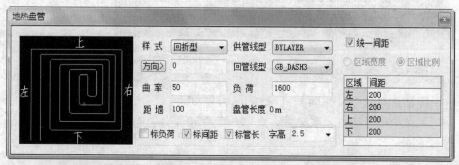

图 12-6 地热盘管布置对话框

对话框选项和操作解释：

［样式］、［方向］、［曲率］、［距墙］：盘管的基本设置样式，距墙指的是盘管与绘制中的定位点距离，因此在绘制房间中以内墙线为基准就行。

［供管线型］、［回管线型］：供回水管线的线型设置。

［负荷］、［盘管长度］：负荷值可以在此输入后进行标注，当然在地热计算后负荷值直接显示在此位置；盘管长度是在绘制过程中实时显示的，当超过 120m 时显示为红色。

［标负荷］、［标间距］、［标管长］、［字高］：勾选项可在绘制完成后标注于盘管之上，字高为标注字的高度。

［统一间距］：勾选以后各个方向的间距一致。

> **特别提示：**
>
> 对于平行类的样式，只有在不统一间距的前提下才能进行区域宽度和区域比例的设置。

对于非规则房间的布置建议采用【异型盘管】命令布置盘管。而各个房间到分集水器之间的管路建议采用【手绘盘管】进行绘制。

12.1.6 手绘盘管

屏幕菜单命令:【采暖】→【手绘盘管】(SHPG)

此命令用于手动绘制地热盘管（图12-7）。

对话框选项和操作解释:

［盘管间距］：供回水盘管的间距。

［定位偏移］：参考点到盘管的间距，在绘制盘管过程中注意命令行中的提示，可以对定位点进行切换。具体定位方式见图12-8。

［倒角半径］：指盘管的拐弯处倒角半径。

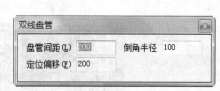

图 12-7 手绘双线盘管对话框

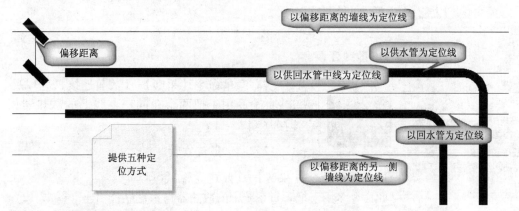

图 12-8 手绘盘管定位方式示意图

12.1.7 异型盘管

屏幕菜单命令:【采暖】→【异型盘管】(YXPG)

此命令用于绘制异型房间的盘管布置。用户可以沿任意曲线进行绘制，也可以在"搜索房间"后点击房间对象，由系统自动进行布置。

命令交互:

请指定多边形区域第一点或［选择（S）］<退出>：

可以任意绘制一个多边形区域，如果是通过异型房间布置盘管，则回应S。

请指定入口方向：

指定盘管的人口方向即可，自动生成异型盘管。

12.1.8　系统散热器

屏幕菜单命令：【采暖】→【系统散热器】（XTSRQ）
此命令用于绘制系统图中的散热器（图12-9）。

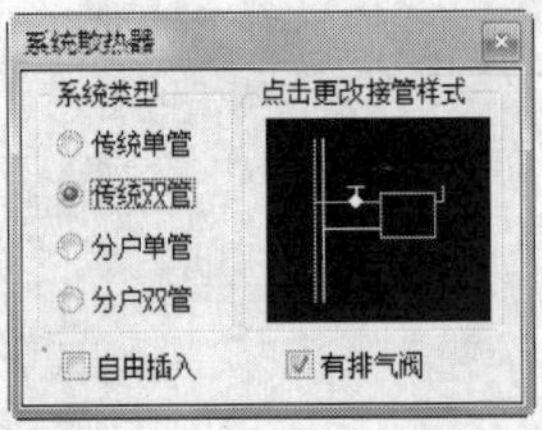

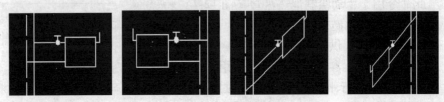

对话框选项和操作解释：

［系统类型］：提供四种常见系统图的散热器连接类型。传统单管只能是供回水立管上才能绘制。即点取的管线必须是竖直的。

［自由插入］：勾选此项可以直接绘制四种系统散热器，不受系统类型限制。具体插入位置如图12-10所示。

［有排气阀］：勾选此项将在散热器上绘制出排气阀。

图 12-9　系统散热器对话框

图 12-10　布置位置分别为右、左、上、下

12.2　采暖构件连接

12.2.1　散散连接

图 12-11　散散连接对话框

屏幕菜单命令：【采暖】→【散散连接】（SSLJ）
此命令用于把两个在同一直线上的散热器相连接（图12-11）。

12.2.2　散连立管

屏幕菜单命令：【采暖】→【散连立管】（SLLG）
此命令多用于把垂直系统中的散热器与垂直立管相连（图12-12）。

［系统形式］、［接口形式］：分别有各自的选项，视图与系统形式同步更新。系统形式中的顺流式一般多用于传统单管系统，绘制中直接绘制一根立管和散热器后直接运行此命令即可将其连接；跨越式一般用于只有一侧有散热器的单管连接；双管式一般用于将供回水立管与一组或多组散热器连接。

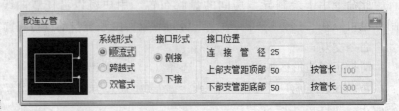

图 12-12　散连立管对话框

12.2.3 立连干管

屏幕菜单命令:【采暖】→【立连干管】(LLGG)

此命令用来将采暖立管与水平管线相连,多用于在垂直系统中将采暖立管与供回水干管相连,命令执行后系统会提示选择立管和水平管线,可以一次选择多个立管。

12.2.4 散连管线

屏幕菜单命令:【采暖】→【散连管线】(SLGX)

此命令用于将选定散热器的进口和出口与指定的水平管线相连。系统会提示选择散热器,并指定分别与进出口连接的管线(图12-13)。

图 12-13 散连管线对话框

12.3 辅助工具

12.3.1 选跨越管

屏幕菜单命令:【采暖】→【选跨越管】(XKYG)

此命令可以将平面图形中的跨越管选中,以便于进行删除操作。操作过程中,系统会提示选择散热器,并将选中的跨越管数量进行反馈。

12.3.2 注散热器

屏幕菜单命令:【采暖】→【注散热器】(ZSRQ)
右键菜单命令:〈选中散热器〉→【注散热器】

此命令用来标注散热器。命令执行后,命令行提示选择所要标注的散热器并指定标注点,系统默认为散热器基点,指定后弹出如图12-14所示的对话框。在对话框中设定好文字样式、自高、标注字高、标注内容后,点击确定按钮即可完成操作。散热器的标注可以用[管线工具]部分提供的[隐藏标注]命令设定为不显示。

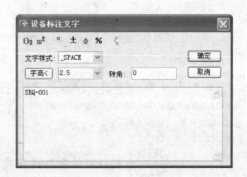

图 12-14 散热器标注对话框

12.3.3　片数计算

屏幕菜单命令：【采暖】→【片数计算】（PSJS）

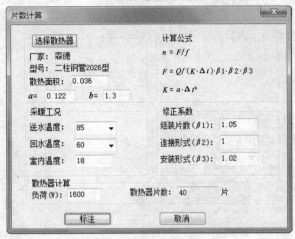

图 12-15　散热器片数计算对话框

此命令用于根据负荷选择计算散热器片数（图 12-15）。

操作步骤：

（1）首先要将［采暖工况］下的送回水温度和室内温度设定好；

（2）将一个房间或者多个房间的负荷输入到［负荷］栏里；

（3）［选择散热器］的型号、材质等；

（4）点击［标注］即可将片数标注在散热器上。

12.3.4　地热计算

屏幕菜单命令：【采暖】→【地热计算】（DRJS）

此命令用于绘制地热盘管前对地热盘管间距、散热量的计算（图 12-16）。

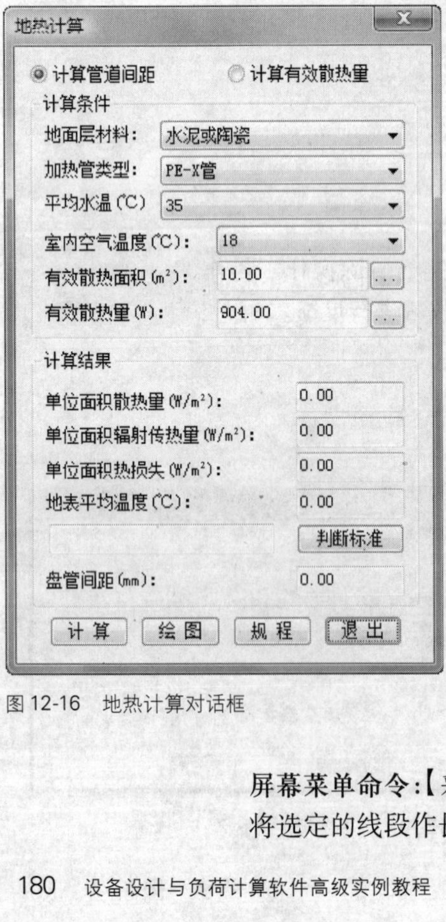

操作步骤：

（1）首先输入［计算条件］中的各种参数。

（2）点击［计算］，计算结果将显示地表温度是否正常，如果不正常，字体为红色，需要修改计算条件进行重新计算。

（3）如果需要手工查找相应的规程，可点击［规程］。

（4）计算完成后点击［绘图］，可以所得出的计算结果为绘图条件绘制地热盘管。绘图的操作界面即【地热盘管】对话框。

12.3.5　直线圆角

屏幕菜单命令：【采暖】→【直线圆角】（ZXYJ）

将选定的多根相连的直线作圆角处理，此命令多用于对手工绘制的地热盘管的圆角半径统一设置。命令执行后会提示选择多根相连的直线，并指定圆角半径。

图 12-16　地热计算对话框

12.3.6　管长统计

屏幕菜单命令：【采暖】→【管长统计】（GCTJ）

将选定的线段作长度统计。操作适用于直线、弧线、多段线、样条曲线、管线、风管，执行的过程中会提示选择所要统计管长的对象。此命令多用于对地热盘管进行长度统计。

12.3.7 盘管标注

屏幕菜单命令:【采暖】→【盘管标注】(PGBZ)

此命令主要用于对异型盘管及手绘盘管进行标注，选择地热盘管实体后，软件会自动找出与它自动相连接的盘管，并进行统计。

操作步骤:

(1) 如果标注中需要标注负荷，在对话框中输入负荷值。[屏蔽背景]一般用于将字体浮于地热盘管之上，使之显示更美观。

(2) 注意命令行提示：请选择需要标注的地热盘管中的任一实体(PLINE/LINE/ARC)，点击任意一实体对象即可，间距与管长信息系统自动提取。

(3) 点取标注位置。

12.3.8 系统原理

屏幕菜单命令:【采暖】→【采暖原理】(CNYL)

此命令用于绘制系统原理图（图 12-17）。

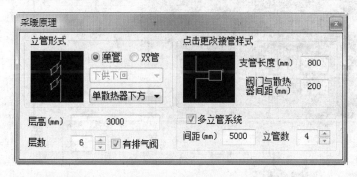

图 12-17 采暖原理对话框

对话框选项和操作解释:

[立管形式]：分为单管和双管系统，其中双管还可分为上供下回和下供下回式，散热器在立管的位置上又可以分为六个不同方向。

[点击更改接管样式]：提供六种散热器与支管、阀门的连接位置管线。

[多立管系统]：可以对多立管的个数以及间距进行调整。

[层高]、[层数]：对竖向的位置关系作设置。

12.4 采暖水力

屏幕菜单命令:【采暖】→【采暖水力】(CNSL)

此命令为采暖中的水力计算，分为分户双管干网系统、单管供暖系统、室外管网和双管户内采暖系统四种类型，其中前两个类型又可分为同程和异程。对于分户双管干网系统中有[户压降]一项，这相当于在计算前为每户设定的一个预留压头。因此在对分户双管系统进行计算前建议先将户内形式进行计算，当然这个值也可以根据经验进行预估，相当于一个预留压头。新建一个水力计算系统后，出现如图 12-18、图 12-19 所示对话框。

图 12-18　采暖水力计算系统参数设置对话框

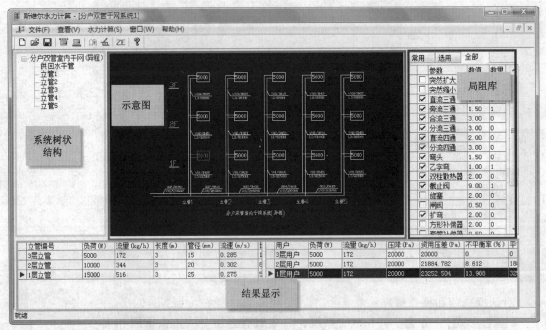

图 12-19　采暖水力计算对话框

在对话框中，中间区域显示系统示意图，在这个区域可以将图形放大缩小，与 CAD 中操作一致，其中一个方框表示某一楼层的一户或几户，方框内的数字代表负荷值，管线上数字为管道规格；当点击左侧系统的树状结构时，系统示意中将以红色高亮显示所选构件，同时在对话框的下边区域有详细子目及参数信息。对可修改参数框中的数值修改后，点击任意空白区域其余参数将相应更改。在右侧的三个 TAB 标签［常用/选用/全部］，为局部阻力系数表，在［全部］中勾选的项将在［常用］下显示，［选用］指已经选上了的局部阻力系数，赋予了数量的项才表示已被选用，而［其他/散热器］两项除外，只输入数值即可。

最后点［初算］对输入结果进行初算，如果对计算结果不满意，可以更改某些参数然后［复算］。结果可以通过输出功能以网页等形式输出保存。

第 *13* 章 风管系统

Mech 风管系统采用先进的三维建模技术，自动生成连接件，并可以根据编辑状态智能地改变连接件的形式。在创建过程中，可以同步观察风管系统的三维状态，并可以根据标高的不同自动生成竖向连接风管。

本章内容
- 风管系统布置
- 风管连接
- 风管系统编辑

13.1 风管系统布置

13.1.1 风管布置

屏幕菜单命令:【风管系统】→【布置风管】(BZFG)

图 13-1 是布置风管的非模式对话框。此对话框与采暖管线对话框类似，不必关闭对话框，即可连续绘制多种类型的水管。单元段风管创建有误可以回退。

图 13-1 布置风管对话框

对话框选项和操作解释:

[对齐方式]：指定风管间连接时横向和纵向的对齐方式，点击图片按钮可以有多种对齐方式供选择。

[宽度]、[高度]：指定风管的截面尺寸，绘制矩形风管时为宽度和高度，绘制圆形风管时变为直径。

[管顶标高]：指定风管的标高数值。依据选择风管间对齐方式的不同，相应的提示也会变为[管心标高]、[管底标高]，需要注意的是在绘制过程中，提示的数字为风管基线的标高，如果点击后面的复选框，系统

则严格按照设定的标高生成风管，如果没有选定，生成的风管标高将采用捕捉到的特征点的标高数值。

［风量］、［风速］：输入风量后，系统自动根据管道的截面尺寸计算风速。

［管道类型］、［风管材料］：分别用来设定风管的类型和管道材质。

［管径计算］：根据风量与设计风速推荐风管截面尺寸（图13-2）。

图13-2 风管截面尺寸计算对话框

左侧的工具栏分别代表绘制水平风管、绘制立风管和连接件的参数配置。

命令交互：

布置点［参考点（R）/两线定位（G）］

指定绘制风管起点，定位方式默认为鼠标在屏幕中点取的点。

回应R指定参考点，系统提示您选择参考点及与参考点的偏移距离。可以通过打开正交来设定与参考点垂直或水平方向的偏移距离。

回应G系统会提示选择两条直线并指定与选择直线的偏移距离。

下一点［平行（G）/回退（U）］＜另一段＞：

回应G可以指定某条直线使绘制的风管与之平行。

回应U可以撤销当前单元段风管的绘制。

如果在指定单元段水管下一点时改变了标高，命令行提示：

立管创建

指定在起点或终点生成立管。在绘制过程中，可以自动生成弯头、三通、四通等连接件。

在绘制风管的过程中，通过更改标高信息，系统会自动生成立管，根据命令提示操作即可。

对风管的连接件的生成方式及参数的设置可以在分别的对话框中进行，也可以在 AutoCAD 的［选项］（Options）设置中进行。

系统自动生成的连接件可以是系统生成和用户定义两种。如果选择了"系统生成"，系统自动添加的连接件都是系统生成的，可以通过右键菜单的［对象查询］命令查看其属性，如果没有与连接件相连的风管，系统将删除。如果用户修改了连接件，它就变成了用户定义的了，也就不会自动消失了。

风管的连接件会根据所连接的风管，自动更新接口尺寸及长度。

13.1.2 布置风口

屏幕菜单命令：【风管系统】→【布置风口】（BZFK）

右键菜单命令：〈选中风管〉→【布置风口】（BZFK）

点取本命令后屏幕出现布置风口的非模态对话框，不必关闭对话框，就可以连续地布置多种形式的风口。注意风口的长宽为示意图中红色框尺寸，即风口的喉部尺寸（图13-3）。

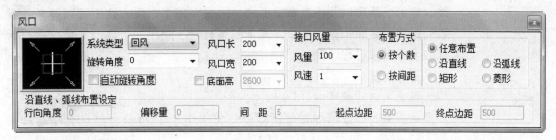

图13-3　连接件配置对话框

对话框选项和操作解释：

[旋转角度]：风口长度方向和水平线的夹角。

[自动旋转角度]：若选中此项，当选择布置点鼠标滑过风管时，风口的宽度方向自动变为与风管方向一致，如图13-4所示。此时旋转角度选项无效。

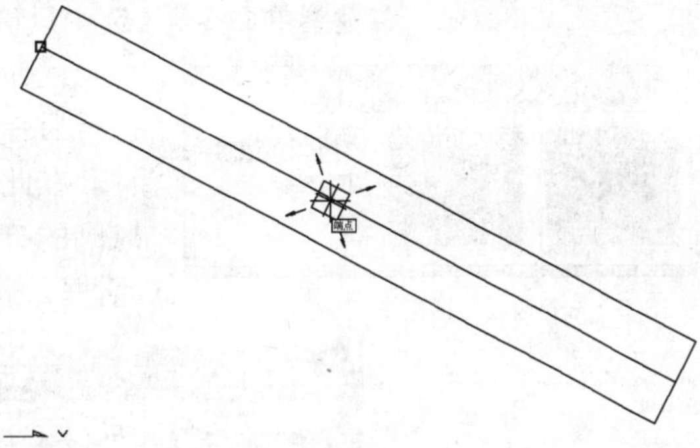

[风口长]、[风口宽]：风口的喉部尺寸，即风口连接风管的尺寸。

[底面高]：即风口的底标高。

[风量]、[风速]：输入风量后，系统自动根据风口的接口尺寸计算风速。

图13-4　风口自动旋转角度实例

[风口样式]：最左边的图片按钮，点击它，弹出风口样式选择对话框，此对话框采用图库管理统一的界面（图13-5）。具体操作细节可以参阅"图块和图案"。

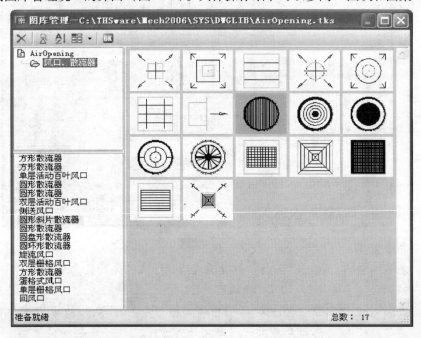

图13-5　风口样式选择对话框

［布置方式］：对于需要布置多个风口时，可以进行区域布置：如按直线、矩形、菱形以及任意布置形式。同时在每个布置方式中可以按个数或者间距进行参照布置，各个方式下的偏移量、间距、个数等参数可在对话框的下部区域进行设置。

命令交互：

布置风口［换风口（C）］：

点取需要布置风口的位置即可完成操作。也可以通过 C 选项返回到图13-5 的操作界面来选择风口的形式。

13.1.3　风管附件

屏幕菜单命令：【风管系统】→【风管附件】（FGFJ）
右键菜单命令：〈选中风管〉→【风管附件】（FGFJ）

图 13-6　布置风阀对话框

此命令用于在风管上插入风阀等风管附件，命令执行后弹出如图 13-6 所示对话框。

在此对话框中，［锁定打断宽度］选项用于设定风阀的打断宽度，点击图片按钮弹出如图 13-7 所示对话框，通过此对话框可以选择风阀的样式。

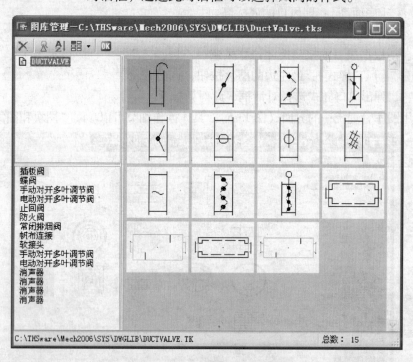

图 13-7　风阀选择对话框

命令交互：

点取风管后，就可以在点取位置插入选定形式的风阀，命令行提示：

插风阀［左右翻转（F）/换风阀（C）］：

在插入过程中可以通过 F 选项对风阀进行左右反转，也可以通过 C 选项返回到图13-7 的操作界面来选择风阀的形式。

13.2 风管连接

此部分提供了风管与风管、风管与风口的连接功能。风管与设备的连接功能请使用［空调水］的［设备连管］功能。

13.2.1 管连风口

屏幕菜单命令：【风管系统】→【管连风口】（GLFK）

右键菜单命令：〈选中风管〉→【管连风口】（GLFK）

点击命令风口与风管的连接，首先要设定支风管与主风管高度不同时的对齐方式。同时命令行依次提示选择所要连接的风管和风口，并根据风口的位置，自动在主管上生成三通、四通等连接件，如图 13-8、图 13-9 所示。

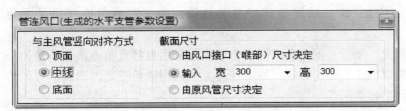

图 13-8 管连风口对话框

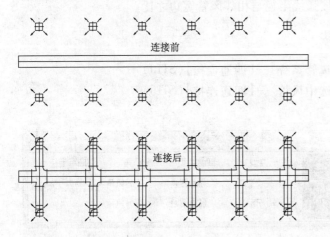

图 13-9 管连风口实例

13.2.2 弯头连接

屏幕菜单命令：【风管系统】→【弯头连接】（WTLJ）

右键菜单命令：〈选中风管〉→【弯头连接】（WTLJ）

点击命令后屏幕出现如图 13-10 所示对话框，设定好弯头参数后，选择需要用弯头相连的两根风管即可。可以连续操作，直到回车结束。

图 13-10 弯头连接对话框

13.2.3　三通连接

屏幕菜单命令:【风管系统】→【三通连接】(STLJ)
右键菜单命令:〈选中风管〉→【三通连接】(STLJ)

点击命令后屏幕出现如图 13-11 所示对话框,选择三通连接的形式及三通的参数。按照图片所标示的1、2、3 顺序点取各段管道,其中 1、2 段管道为同一风管时,程序将按照点取的顺序自动确定气流方向。

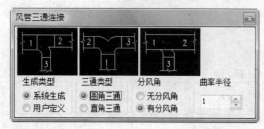

图 13-11　三通连接对话框

对话框选项和操作解释:

生成类型:系统生成具有智能特性,如删除其中一根风管,自动变成弯头或者去掉三通,而用户定义则不具有智能性,如删除其中一根风管,则三通仍然保留。

三通类型:指三通连接件涉及的过渡段是采用直角连接还是圆角连接。

分风角:指沿气流方向的第二个过渡是采用直接直角连接,还是加一个分风角以利于气流的分流,如果三通类型采用圆角三通的形式,分风角将是弧线的过渡形式。

曲率半径:指连接弧线半径与相邻风管宽边之比。

13.2.4　四通连接

屏幕菜单命令:【风管系统】→【四通连接】(STLJ)
右键菜单命令:〈选中风管〉→【四通连接】(STLJ)
如图 13-12 所示。

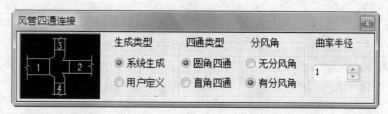

图 13-12　四通连接对话框

操作方法请参考三通连接。

13.2.5　变径连接

屏幕菜单命令:【风管系统】→【变径连接】(BJLJ)
右键菜单命令:〈选中风管〉→【变径连接】(BJLJ)
此命令将处于同一方向的两根风管用变径连接起来。

命令执行后命令行提示选择同一直线方向上需要变径连接的两段风管。系统会自动提取所选择风管的截面类型及参数,自动弹出矩形变径、圆形变径、天圆地方连接对话框,如图 13-13 ~ 图 13-15 所示,系统自动设定好参数后,即可将选择的两根风管连接起来。

图 13-13　圆形变径连接对话框

图 13-14　矩形变径连接对话框

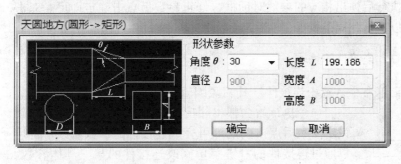

图 13-15　天圆地方连接对话框

13.2.6　来回连接

屏幕菜单命令:【风管系统】→【来回连接】(LHLJ)
右键菜单命令:〈选中风管〉→【来回连接】(LHLJ)

此命令用于风管间的乙字连接,命令执行后命令行提示选择需要同一直线方向上相互平行的两段风管。系统会自动提取所选择风管的截面类型及参数,自动弹出来回弯(圆形/矩形)对话框,如图 13-16、图 13-17 所示,将来回弯参数设定完毕后,即可完成连接。

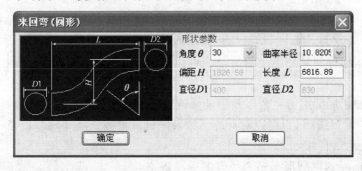

图 13-16　来回弯(圆形)连接
对话框

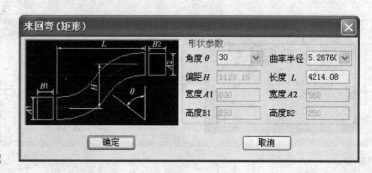

图 13-17　来回弯（矩形）连接对话框

13.3　风管系统编辑

13.3.1　风管、风口、风阀的编辑

右键菜单命令:〈选中对象〉→【对象编辑】（DXBJ）

命令执行后弹出相应的参数对话框，修正参数后点击确定即可。双击对象也可以执行相同的操作。

13.3.2　连接件的编辑

右键菜单命令:〈选中连接件〉→【对象编辑】（DXBJ）

命令执行后会弹出相应连接件的参数对话框，重新设定参数后点击确定即可完成连接件的参数修改，也可以通过连接件的右键菜单修改连接件的某一具体参数。如图 13-18 所示。

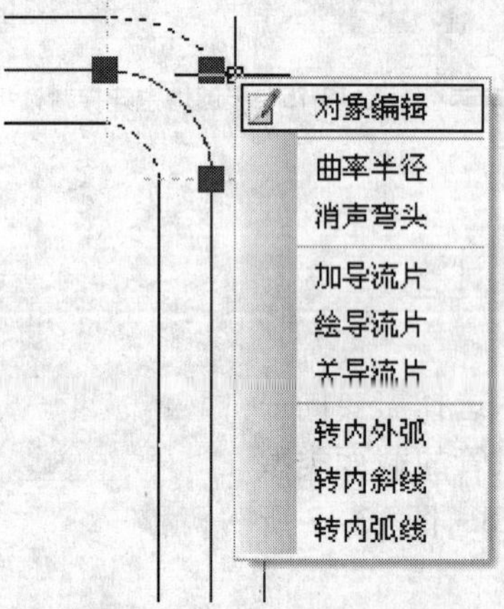

图 13-18　弯头参数修改

13.4　风管水力计算

13.4.1　基本功能

屏幕菜单命令:【风管系统】→【风管水力】（S22_FGSL）

【文件】：提供文件的打开、保存、退出等基本功能；

【水力计算】：初算与复算功能。

初算：在未作任何局部更改的情况下可以进行初始计算，给出推荐的管径。

复算：添加了局部阻力系数以及手动修改管径后进行再次计算。

【工具】：[设置选项]：可以对计算所涉及的计算参数、尺寸限制以及单位进行设置。

[管道规格]：提供圆形与矩形风管的标准规格。

[局阻库]：风管阀件的局部阻力数据库，可以在其中添加、修改局部

阻力。

［图中提取］：提取绘制好的风管信息，并能自动对风管进行编号。

［修改原图］：将计算好的结果赋到图中进行修改。

［输出到 Excel］：计算结果以 Excel 表格形式输出。

［删除图中编号］：将原图中所显示的编号删除（图 13-19）。

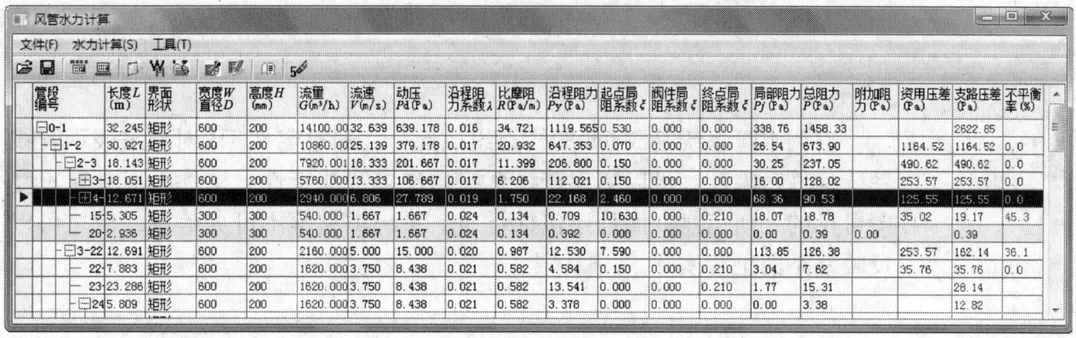

管段编号	长度L (m)	界面形状	宽度W 直径D	高度H (mm)	流量 G(m³/h)	流速 V(m/s)	动压 Pd(Pa)	沿程阻力系数λ	比摩阻 R(Pa/m)	沿程阻力 Py(Pa)	起点局阻系数ζ	阀件局阻系数ζ	终点局阻系数ζ	局部阻力 Pj(Pa)	总阻力 P(Pa)	附加阻力(Pa)	资用压差(Pa)	支路压差(Pa)	不平衡率(%)
0-1	32.245	矩形	600	200	14100.00	32.639	639.178	0.016	34.721	1119.565	0.530	0.000	0.000	338.76	1458.33			2622.85	
1-2	30.927	矩形	600	200	10860.00	25.139	379.178	0.017	20.932	647.353	0.070	0.000	0.000	26.54	673.90		1164.52	1164.52	0.0
2-3	18.143	矩形	600	200	7920.001	18.333	201.667	0.017	11.399	206.800	0.150	0.000	0.000	30.25	237.05		490.62	490.62	0.0
3-	18.051	矩形	600	200	5760.000	13.333	106.667	0.017	6.206	112.021	0.150	0.000	0.000	16.00	128.02		253.57	253.57	0.0
4-	12.671	矩形	600	200	2940.000	6.806	27.789	0.019	1.750	22.168	2.460	0.000	0.000	68.36	90.53		125.55	125.55	0.0
15	5.305	矩形	300	300	540.000	1.667	1.667	0.024	0.134	0.709	10.630	0.000	0.210	18.07	18.78		35.02	19.17	45.3
20	2.936	矩形	300	300	540.000	1.667	1.667	0.024	0.134	0.392	0.000	0.000	0.000	0.00	0.39	0.00		0.39	
3-22	12.691	矩形	600	200	2160.000	5.000	15.000	0.020	0.987	12.530	7.590	0.000	0.000	113.85	126.38		253.57	162.14	36.1
22	7.883	矩形	600	200	1620.000	3.750	8.438	0.021	0.582	4.584	0.150	0.000	0.210	3.04	7.62		35.76	35.76	0.0
23	23.286	矩形	600	200	1620.000	3.750	8.438	0.021	0.582	13.541	0.000	0.000	0.210	1.77	15.31			28.14	
24	5.809	矩形	600	200	1620.000	3.750	8.438	0.021	0.582	3.378	0.000	0.000	0.000	0.00	3.38			12.82	

图 13-19　风管水力计算界面

13.4.2　计算说明

风管水力计算是建立在将风管的走向、位置等基本内容绘制完成后的基础之上的，目前这个风管必须是 TH 对象，在计算之前需［从图中提取管网］，提取之后可以通过［初算］得出大致结果，然后再对局部进行修改。其中界面中的蓝色字体是可以修改的数据。对于局部阻力系数的添加分为起点局部阻力、阀件局部阻力、终点局部阻力。［不平衡率］栏中“0”表示以此段管路为基准，其他管路与之比较生成不平衡率。不平衡率未达到相应要求时，会以红色字体显示。

在选择多重管段时可按住 Ctrl 键不放来实现选择多行管段信息。同时双击某一管段，则视图将自动缩放到该管段。

［注意］：提取图形时要注意管线的流向，尤其是管网起始端的流向。在提取中鼠标点击提取时要注意点取管段的前半部分。

第 14 章 空 调 水

空调水管系统是 Mech 的核心组成部分，通过定义 TH 对象来表示管线系统构件。因此，可以实现管线系统的许多智能特性。构件不但具有长度等可见的几何信息，而且还包括材质、系统类型等不可见信息，使之可以反映复杂的工程实际。

本章内容
- 水管创建
- 设备与阀门布置
- 管线连接

14.1　空调水管

14.1.1　创建单根水管

屏幕菜单命令:【空调水】→【空调管线】（KTGX）
点取本命令后屏幕出现如图 14-1 所示的对话框，不必关闭对话框，即可连续绘制多种类型的水管，单元段创建有误可以回退。操作与【采暖管线】一致。

图 14-1　绘制水管对话框

14.1.2　创建多根水管

屏幕菜单命令:【空调水】→【多管绘制】（DGHZ）

本命令可以同时绘制多根不同类型的水管，大大提高工作效率，而且再绘制过程中可以灵活地改变作为定位基线的水管（图 14-2）。

对话框选项和操作解释：
　［管道类型］：在下拉列表中选定一种专业类型后，下面的区域显示这种专业类型所包含的系统类型，选定某种系统类型的水管后，点击［加入］按钮，可以将其加入到右侧的表格区域。
　［加入］：将选定类型的水管加入到右侧的表格中。加入的位置为表格中选定行的上方。

图 14-2　多管绘制对话框

［删除］：将右侧表格中选定的水管类型行删除。

［删除全部］：清空右侧的所有水管类型行。

［相对标高］：设定各根水管相对于拾取点的标高。

［偏移距离］：水管间的相对偏移距离。偏移距离为 0 的水管作为绘制多根水管的基线。

　　将指定类型的水管加入到右侧的表格后，仍然可以改变水管的管道类型及管道材料。方法是单击单元格后出现下拉按钮，点击后就可以选择系统类型和管道材料。如果要改变专业类型，需要在左侧的下拉列表中首先选定某种专业类型，这时点击单元格的下拉按钮就可以选择这种专业的某种系统类型的水管。点击［相对标高］、［偏移距离］列的单元格，可以手工输入相对标高和偏移距离的数值。

命令交互：

设定完毕后点击确定按钮，命令行提示：

起点［参考点（R）/两线定位（G）/沿线定位（A）/换定位管（S）］＜退出＞：

指定基线的起点，各个选项与单根管线的生成方式相同，S 选项用于在绘制过程中改变作为基线的水管。

14.1.3　创建空调立管

屏幕菜单命令：【空调水】→【空调立管】（KTLG）

此命令用来手动布置空调水管立管。如图 14-3 所示，可以对立管的材料以及标注样式设置。对话框形式与【采暖立管】类似，详见【采暖立管】。

图 14-3　立管布置对话框

14.2 设备与阀门布置

14.2.1 设备管理

屏幕菜单命令:【空调水】→【设备管理】(SBGL)

此命令是一个设备图块的库文件管理命令，用于对各种类型的设备如：空调机组、水泵、风机等进行添加、删除、修改等功能。命令执行后浮动对话框如图 14-4 所示，其中在【布置设备】中使用的各种设备图块完全都在此命令下进行调用。详细操作见【图库管理】。

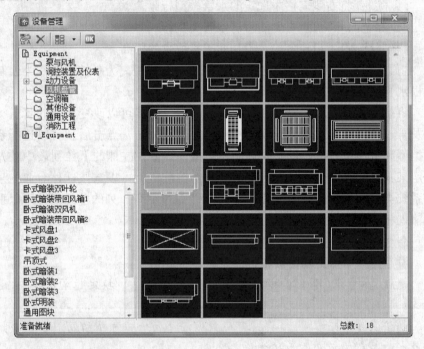

图 14-4　设备选择对话框

14.2.2 布置设备

屏幕菜单命令:【空调水】→【布置设备】(BZSB)

此命令用来布置多种类型的设备，例如：空调机组、水泵、风机等。命令执行后浮动对话框如图 14-5 所示，对话框可以设置设备尺寸、地面标高以及接管信息。

图 14-5　设备对话框

命令交互：

布置设备［旋转角度（R）／左右翻转（F）／上下翻转（D）／换设备（C）］：

缺省方式为点取设备布置点。

回应R可以设置旋转角度。

回应F左右翻转设备。

回应D上下翻转设备。

回应C换设备，相当于点击按钮图片。

点击图片按钮弹出如图14-5所示对话框，此对话框采用设备图库管理统一的界面。此界面即是【设备管理】管理界面，只是在此时只能进行调用图块，不可以新建而已。

14.2.3 风机盘管

屏幕菜单命令：【空调水】→【风机盘管】（FJPG）

此命令用于专门布置风机盘管，对于风机盘管接风管形式可以在此命令下完成。

对话框选项和操作解释：

[风盘选型]：软件提供了典型厂家的风机盘管图库，用户可以在此选型，图块绘制尺寸与实际尺寸一致。当然用户也可以对长度等参数进行修改。

[风管设置]：对带风管的风机盘管设置风管尺寸等。

[散流器]：对带风管的风机盘管风口尺寸、个数以及距离进行设置。其中 $d1$、$d2$ 指的是风口中心点距离风机盘管本体中心点的距离。点击示意图片可以对风口样式进行选择。

如果布置的风机盘管不需要接风管，可以点击示意图进行选择需要的示意图块（图14-6）。

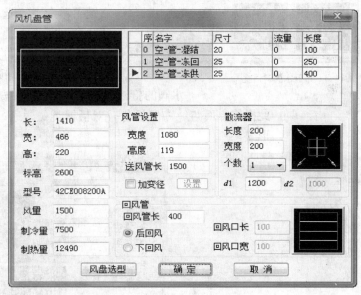

图14-6 风机盘管布置

14.2.4 风盘数据

屏幕菜单命令：【空调水】→【风盘数据】（FPSJ）

此命令是对风机盘管的数据进行管理，用户可以在此右键添加、修改厂家样本数据。

14.2.5 布空调器

屏幕菜单命令:【空调水】→【布空调器】(BKTQ)
此命令用于布置空调器设备。操作方法与【布置设备】类似（图14-7）。

图 14-7 布置空调器
      对话框

14.2.6 空调器库

屏幕菜单命令:【空调水】→【空调器库】(KTQK)
此命令是对空调器库的数据进行管理，用户可以在此右键添加、修改厂家样本数据。

14.2.7 水管附件

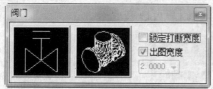

图 14-8 布置水阀对话框

屏幕菜单命令:【空调水】→【水管附件】(SGFJ)
右键菜单命令:〈选中水管〉→【水管附件】
此命令用于在水管上插入水管附件，命令执行后弹出如图14-8所示的对话框。

在此对话框中，［锁定打断宽度］选项用于设定水阀的打断宽度，点击图片按钮弹出图14-9所示对话框，此操作界面与［布置设备］对话框类似。通过这个对话框可以选择水阀的形式。

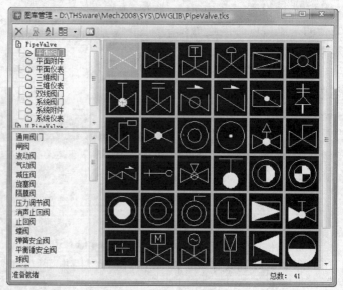

图 14-9 水阀选择对话框

命令交互：

插水阀［左右翻转（F）/换水阀（C）］：

在插入过程中可以通过F 选项对水阀进行左右反转，也可以通过C 选项返回到图14-9 操作界面来选择水阀的形式。

14.3 管线连接

14.3.1 设备连管

屏幕菜单命令：【空调水】→【设备连管】(SBLG)

右键菜单命令：〈选中设备〉→【设备连管】(SBLG)

Mech 设备是具有自定义对象特征的 TH 对象。这些设备都具有一些接口信息与管线相连。此命令就是用来完成设备与管线的连接过程的。

操作过程中，系统首先提示选择设备及管线，只要框选上需要连接的管线与设备即可。需要特别指出的是，此命令适用于整个管线系统，既可以连接水管也可以连接风管，并根据管线与接口的标高关系自动生成立管。建议在框选时合理选择框选范围，否则系统对象无法对设备及对应的管线进行合理连接。

此命令可以同时选择不同类型的设备，系统会根据所选择设备的所有接口类型，依次提示选择与相应接口相连的管线。

14.4 水管水力

屏幕菜单命令：【空调水】→【水管水力】(S22_SGSL)

如图 14-10 所示。

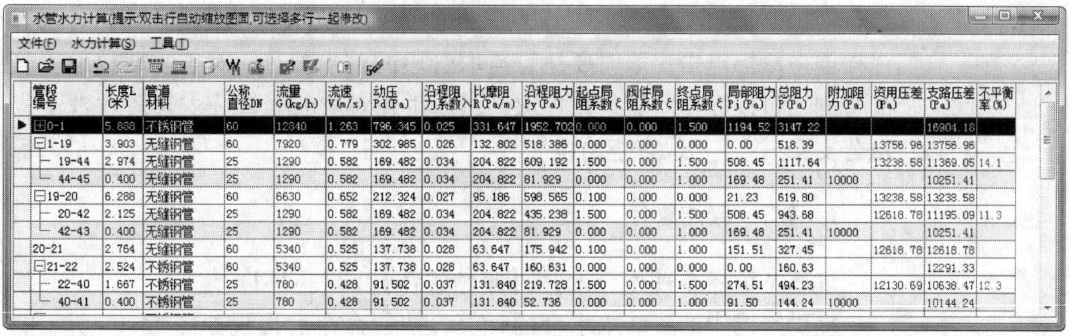
水管水力计算(提示:双击行自动缩放图面,可选择多行一起修改)

文件(F) 水力计算(S) 工具(T)

管段编号	长度L(米)	管道材料	公称直径DN	流量G(kg/h)	流速V(m/s)	动压Pd(Pa)	沿程阻力系数λ	比摩阻R(Pa/m)	沿程阻力Py(Pa)	起点局阻系数ξ	阀件局阻系数ξ	终点局阻系数ξ	局部阻力Pj(Pa)	总阻力P(Pa)	附加阻力(Pa)	资用压差(Pa)	支路压差(Pa)	不平衡率(%)
0-1	5.888	不锈钢管	60	12840	1.263	796.345	0.025	331.647	1952.702	0.000	0.000	1.500	1194.52	3147.22			16904.18	
1-19	3.903	无缝钢管	60	7920	0.779	302.985	0.026	132.802	518.386	0.000	0.000	0.000	0.00	518.39		13756.96	13756.96	
19-44	2.974	无缝钢管	25	1290	0.582	169.482	0.034	204.822	609.192	1.500	0.000	1.500	508.45	1117.64		13238.58	11369.05	14.1
44-45	0.400	无缝钢管	25	1290	0.582	169.482	0.034	204.822	81.929	0.000	0.000	1.000	169.48	251.41	10000		10251.41	
19-20	6.288	无缝钢管	60	6630	0.652	212.324	0.027	95.186	598.565	0.100	0.000	0.000	21.23	619.80		13238.58	13238.58	
20-42	2.125	无缝钢管	25	1290	0.582	169.482	0.034	204.822	435.238	1.500	0.000	1.500	508.45	943.68		12618.78	11195.09	11.3
42-43	0.400	无缝钢管	25	1290	0.582	169.482	0.034	204.822	81.929	0.000	0.000	1.000	169.48	251.41	10000		10251.41	
20-21	2.764	无缝钢管	60	5340	0.525	137.738	0.028	63.647	175.942	0.100	0.000	1.000	151.51	327.45		12618.78	12618.78	
21-22	2.524	不锈钢管	60	5340	0.525	137.738	0.028	63.647	160.631	0.000	0.000	0.000	0.00	160.63			12291.33	
22-40	1.667	不锈钢管	25	780	0.428	91.502	0.037	131.840	219.728	1.500	0.000	1.500	274.51	494.23		12130.69	10638.47	12.3
40-41	0.400	不锈钢管	25	780	0.428	91.502	0.037	131.840	52.736	0.000	0.000	1.000	91.50	144.24	10000		10144.24	

图 14-10 水管水力对话框

14.4.1 基本功能

【文件】：提供文件的打开、保存、退出等基本功能；

【水力计算】：初算与复算功能。

初算：在未作任何局部更改的情况下可以进行初始计算，给出推荐的管径。

复算：添加了局部阻力系数以及手动修改管径后进行再次计算。

【工具】：（1）［设置选项］：可以对计算所涉及的计算参数、尺寸限制以及单位进行设置。

（2）［管道规格］：提供不同管材的标准规格。

（3）［局阻库］：水管阀件的局部阻力数据库，可以在其中添加、修改局部阻力。

（4）［图中提取］：提取绘制好的水管信息，并能自动对水管进行编号。

（5）［修改原图］：将计算好的结果赋到图中进行修改。

（6）［输出到 Excel］：计算结果以 Excel 表格形式输出。

（7）［删除图中编号］：将原图中所显示的编号删除。

14.4.2　计算说明

水管水力计算是建立在将水管的走向、位置等基本内容绘制完成后的基础之上的，目前这个水管必须是 TH 对象，在计算之前需［从图中提取管网］，提取之后可以通过［初算］得出大致结果，然后再对局部进行修改。其中界面中的蓝色字体是可以修改的数据。对于局部阻力系数的添加分为起点局部阻力、阀件局部阻力、终点局部阻力。［不平衡率］栏中"0"表示以此段管路为基准，其他管路与之比较生成不平衡率。如果不平衡率未达到相应要求，则以红色字体显示。

在选择多重管段时可按住 Ctrl 键不放来实现选择多行管段信息。同时双击某一管段，则视图将自动缩放到该管段。

［注意］：提取图形时要注意管线的流向，尤其是管网起始端的流向。在提取中鼠标点击提取时要注意点取管段的前半部分。对于需要提取立管的管网，可以先将立管信息提取，然后再在对应的立管分支管段右键"提取分支"，逐步提取直至结束。

14.4.3　凝结管径

屏幕菜单命令：【空调水】→【凝结管径】（S22_NJGJ）

提供空调中的凝结水水管的计算，执行命令后出现如图 14-11 所示的对话框。

点击［确定］后命令行提示：选择凝结水管网干管起始端，提取后系统自动计算并将结果标注在图中。

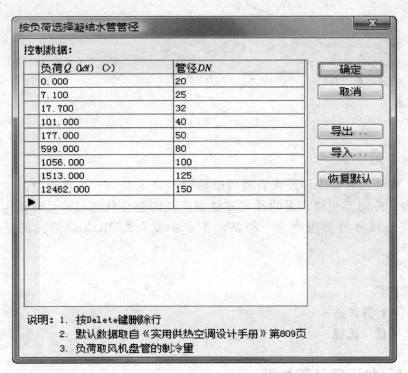

按负荷选择凝结水管管径		✕
控制数据:		

负荷 Q (kW) (>)	管径 DN
0.000	20
7.100	25
17.700	32
101.000	40
177.000	50
599.000	80
1056.000	100
1513.000	125
12462.000	150
▶	

确定　　取消

导出...　　导入...

恢复默认

说明: 1. 按Delete键删除行
2. 默认数据取自《实用供热空调设计手册》第809页
3. 负荷取风机盘管的制冷量

图 14-11　凝结管径对话框

第 *15* 章 空气处理

在暖通专业中，经常需要借助焓湿图确定湿空气的状态及其变化过程，并能方便地求得两种或多种湿空气的混合状态。并且对确定风量和过程分析都很直观、简洁。本章主要介绍 Mech 焓湿图的使用方法。

本章内容
- 计算依据
- 使用流程

15.1　焓湿图计算依据

在工程上，为了使用方便，绘制了不同压力下的湿空气的焓湿图，焓湿图是表示一定的大气压力 B（hPa）下，湿空气的各参数，即焓、含湿量、温度、相对湿度和水蒸气分压力的值及其相对关系的图。

焓湿图对于空调的设计和运行管理是一个十分重要的工具，它反映了空气状态参数和空气状态变化。任何两个独立参数的等值线的交点就可以确定一个具体的状态点。

本功能可用于湿空气状态及热湿过程的计算和绘图，不但可以确定湿空气的状态及其变化过程，还可以直观描述湿空气状态变化过程。具有计算准确、绘图美观的特点。

计算所用公式：

（1）$T = 273.15 + t$

（2）$P_s = f(t)$（使用湿空气的水蒸气饱和压力表插值，见表 15-1）

（3）$\varepsilon = i_w = 4.19 \times tw$

（4）$\psi = P_q / P_s \times 100\%$

（5）$d = [622 + P_q / (B - P_q)]\ g/kg$

（6）$h = 1.01t + 0.001d\ (2501 + 1.84t)$

（7）$\rho = 0.003484 \times B/T - 0.00134 \times P_q/T$

（8）$\varepsilon = \Delta i / \Delta d / 1000$

温度（℃）	饱和压力（100Pa）	温度（℃）	饱和压力（100Pa）	温度（℃）	饱和压力（100Pa）
-20	1.03	10	12.27	40	73.75
-19	1.13	11	13.12	41	77.77
-18	1.25	12	14.01	42	81.98
-17	1.37	13	15.00	43	86.39
-16	1.50	14	15.97	44	91.00
-15	1.65	15	17.04	45	95.82
-14	1.81	16	18.17	46	100.85
-13	1.98	17	19.36	47	106.12
-12	2.17	18	20.62	48	111.62
-11	2.37	19	21.96	49	117.36
-10	2.59	20	23.37	50	123.35
-9	2.83	21	24.85	51	128.60
-8	3.09	22	26.42	52	136.13
-7	3.38	23	28.08	53	142.93
-6	3.68	24	29.82	54	150.02
-5	4.01	25	31.67	55	157.41
-4	4.37	26	33.60	56	165.09
-3	4.75	27	35.64	57	173.12
-2	5.17	28	37.78	58	181.46
-1	5.62	29	40.04	59	190.15
0	6.11	30	42.41	60	199.17
1	6.56	31	44.91	65	250.10
2	7.05	32	47.53	70	311.60
3	7.57	33	50.29	75	385.50
4	8.13	34	53.18	80	473.00
5	8.72	35	56.22	85	578.00
6	9.35	36	59.40	90	701.10
7	10.01	37	62.74	95	845.20
8	10.72	38	66.24	100	1013.00
9	11.47	39	69.91		

15.2　使用流程

15.2.1　绘制焓湿图

屏幕菜单命令:【空气处理】→【画焓湿图】(HHST)

我们利用焓湿图是为了根据已知状态的参数，求未知空气状态的参数，所以，首先我们必须绘制一个焓湿图，作为整个状态计算的基础。默认绘制的焓湿图是标准大气压下的，不过我们可以通过右键的［对象编辑〕命令，改变焓湿图的参数，以适应不同的应用需求，如图 15-1 所示。

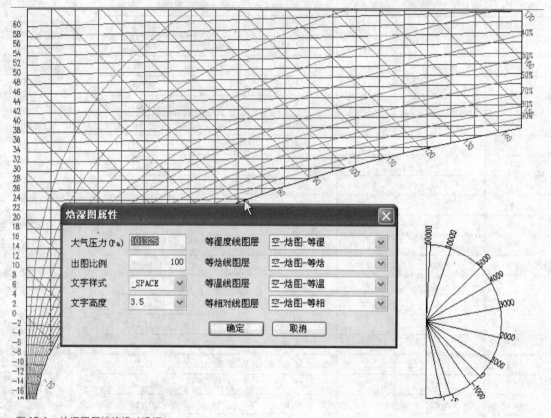

图 15-1　焓湿图属性编辑对话框

在焓湿图的右键菜单中，我们可以调用相应的操作命令，这些命令与屏幕菜单相同。

15.2.2　空气状态参数

屏幕菜单命令：【空气处理】→【状态点】(ZTD)

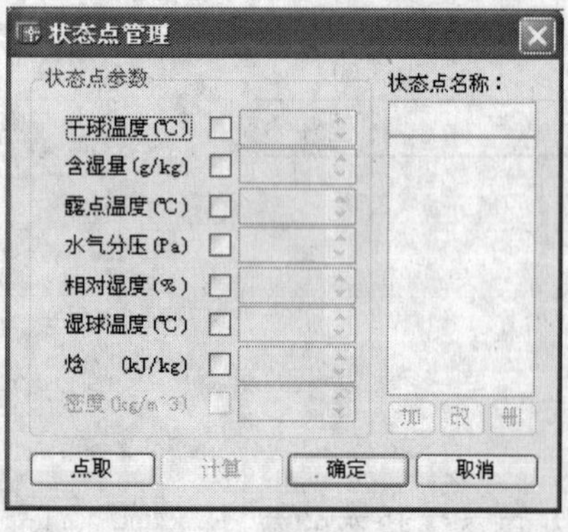

在空调设计的方案阶段，经常需要计算某个空气状态点的温度、相对湿度、焓等值，这些功能，我们可以通过〔状态点〕的功能实现，命令执行后弹出如图 15-2 所示对话框。

任何两个独立参数的等值线的交点都可以在焓湿图上确定一个具体的状态点，所以在上述的对话框中的前七个编辑框中任意选中两个参数复选框，并输入参数值，然后点击"计算"按钮，即可计算出此状态点的其他参数，也可以通过"点取"按钮到焓湿图上去确定一个状态点，在点取的过程中，软件会动态提示鼠标所在位置空气状态点的参数，如图 15-3 所示。

图 15-2　状态点管理对话框

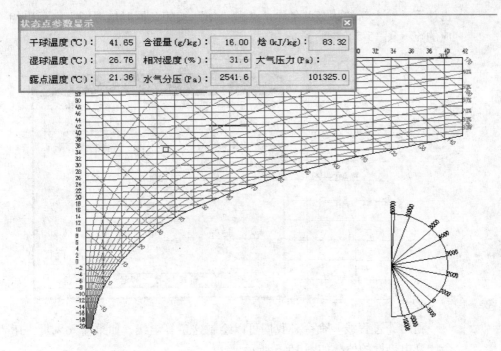

图 15-3　点取状态点界面

点取完毕后，返回图 15-3 所示的对话框，对话框中就会显示该状态点的参数。需要注意的是，我们改变已知参数时，一定要点击"计算"按钮更新其他参数，如果我们想改变参数的种类，只须取消已有参数种类的复选框即可。

选中两个参数后，在"状态点名称"中输入状态点的名称，然后点击"加"按钮，就完成了一个状态点的输入，如此反复，我们可以确定其他的状态点，同时在焓湿图上，也会将这些状态点显示出来。当然，也可以通过"改"、"删"按钮，修改或者删除所选择的状态点。

15.2.3　空气处理过程

屏幕菜单命令：【空气处理】→【过程线】（GCX）

在空调设计的方案阶段，需要计算某个处理过程如等湿、等焓、一二次回风系统的热、湿及风量值。这些处理过程反映在焓湿图上就是一条过程线，下面我们就介绍这个操作过程。

等焓过程

首先、根据两个独立的参数获得初始状态点，点击计算按钮，然后加入状态点 Air-1（图 15-4）。

因为是等湿过程，所以保持含湿量复选框不变，取消掉干球温度复选框，然后选择终状态点的另一个独立参数复选框，例如焓。软后输入参数值、点

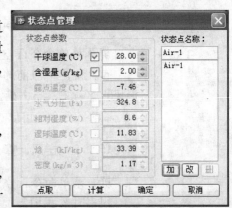

图 15-4　状态点加入对话框

击计算，输入新的状态点名称，点击"加"按钮，同时焓湿图上标示出相应的点（图 15-5）。

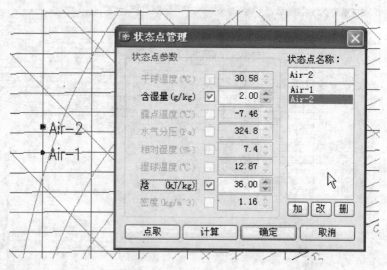

图 15-5　确定终状态点对话框

利用［过程线］命令，我们可以绘制这条等焓线，如果输入风量，还会计算出热量的值，如图 15-6 所示。

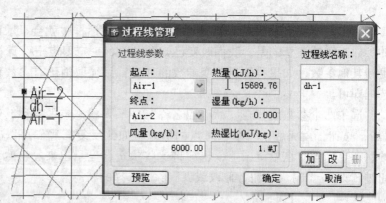

图 15-6　过程线管理对话框

其他等温、等湿过程与之相同。

15.2.4　混风过程

屏幕菜单命令:【空气处理】→【混风过程】(HFGC)
首先确定混风前的状态点 A 和 B，然后执行［混风过程］命令，输入混风点名称 C，点击确定后，在焓湿图上就可以标示 C 点位置，然后通过［状态点］命令就可以查看 C 点的状态参数（图 15-7）。

15.2.5　送风计算

屏幕菜单命令:【空气处理】→【送风计算】(SFJS)
很多时候我们需要根据温差来计算送风量，我们可以通过［定送风量］（图 15-8）命令来实现，当然，在计算时我们已经知道了室内状态点的参数。命令执行后，我们在对话框中输入余热量、余湿量及送风温差，选定了室内状态点，为了在焓湿图中将送风点以及过程线表示出来，我们输入送风点，和过程线的名称，然后点击计算，系统便会自动计算出风量，并在焓湿图上表示出送风状态点和送风过程线。其他空气处理过程，可以根据相应的计算规则进行计算，此处不再一一讲解。

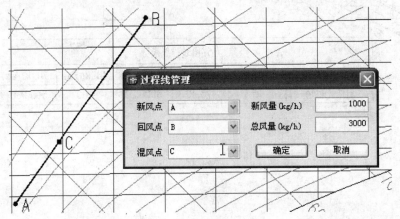

图 15-7　混风过程对话框

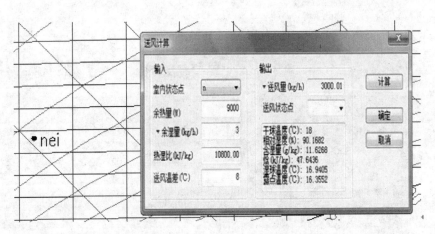

图 15-8　温差送风量对话框

15.2.6　状态点、过程线表

屏幕菜单命令:【空气处理】→【状态点表】（ZTDB）
屏幕菜单命令:【空气处理】→【过程线表】（GCXB）

一个焓湿图中的所有状态点和过程线可以通过［状态点表］和［过程线表］的命令，以表格的方式输出（图 15-9）。

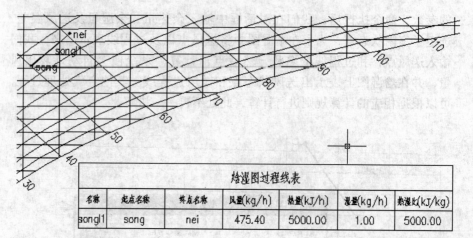

焓湿图过程线表

名称	起点名称	终点名称	风量(kg/h)	热量(kJ/h)	湿量(kg/h)	热湿比(kJ/kg)
songl1	song	nei	475.40	5000.00	1.00	5000.00

图 15-9 计算结果

第 *16* 章　给 排 消 防

　　Mech 提供了给水排水专业构件的布置、编辑、辅助功能，与之相关的水管布置功能请参阅［空调水］部分内容。

本章内容
- 洁具功能
- 节点插入
- 消防设计

16.1　管线布置

16.1.1　给排管线

屏幕菜单命令：【给排消防】→【给排管线】（GPGX）

　　此命令用于布置给水排水相关管线，布置界面、方式与空调水管布置完全一致。

16.1.2　给排立管

屏幕菜单命令：【给排消防】→【给排立管】（GPLG）

　　此命令用于布置给水排水相关管线立管，布置界面、方式与空调水管立管布置完全一致。

16.2　洁具功能

16.2.1　布置洁具

屏幕菜单命令：【给排消防】→【布置洁具】（BZJJ）

　　此命令用来进行给水排水专业的洁具布置，命令执行后弹出如图 16-1 所示的洁具布置非模式对话框，可以实现洁具的连续布置。上方的工具栏用来指定洁具的类型，分别代表大小便器、洗脸盆和浴缸，下方的区域显示了具体的洁具种类。

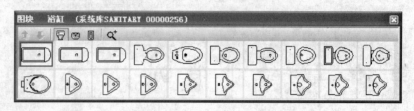

图 16-1 布置洁具对话框

命令交互:

选择一种洁具后，点击绘图屏幕，这时命令行提示:

指定洁具的插入点[90°旋转(A)／左右翻转(F)／放大(E)／缩小(D)]＜退出＞:

点击插入位置即可完成操作，布置的过程中也可以根据提示选择相应选项进行旋转、翻转、放大、缩小控制。

因为本命令采用非模态对话框，所以可以灵活地改变洁具类型。在布置的过程中，可以打开正交，并设定洁具之间的距离。

16.2.2　转换洁具

屏幕菜单命令:【给排消防】→【定义洁具】(DYJJ)

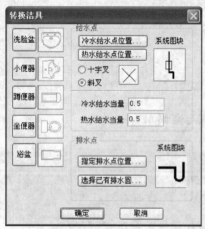

图 16-2　定义洁具对话框

此命令用来将图块转变为洁具，与定义构件类似，应该提前制作好表示洁具的图块。命令执行后，命令行提示选择需要定义成洁具的图块，选择完后，系统弹出如图 16-2 所示的定义洁具对话框。

对话框选项和操作解释:

[洁具类型]: 左侧列出了常用的洁具类型。选择一种类型后，右侧的系统图块区域显示了与之相适应的系统图块。

[给水点]、[排水点]: 分别用来设定自定义洁具的给水点、排水点位置，点击相应的按钮后，将返回操作屏幕，在图块上指定给水点或排水点的位置。这些位置是与管线的连接点。

[系统图块]: 用来设定自定义洁具的系统表示，点击图片后有多种类型供选择，如图 16-3 所示，当用平面图生成系统图时，在系统图上，将用设定的系统图块来表示所定义的洁具。

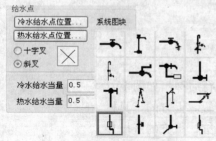

图 16-3　转换洁具图块选择

16.2.3　管连洁具

屏幕菜单命令:【给排消防】→【管连洁具】(GLJJ)

此命令用来将管线与洁具相连，命令的执行过程中依次提示选择干管和洁具，并自动检测所选择的干管类型与洁具的接口类型是否相同，如果相同，则自动进行连接，如果不同，则不能进行连接。连接效果如图 16-4 所示。

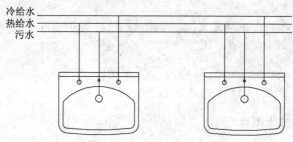

图 16-4　管连洁具实例

16.3　节点插入

16.3.1　给水附件

屏幕菜单命令：【给排消防】→【给水附件】（GSFJ）

此命令用来布置给水节点，命令执行后弹出如图 16-5 所示的给水节点布置的非模式对话框。在不关闭对话框的情况下，就可以连续地插入多种类型的给水节点。

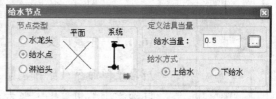

图 16-5　给水附件对话框

对话框选项和操作解释：

［节点类型］：用来指定给水节点的类型，有三种类型可供选择。

［平面］、［系统］：用来表示节点的平面图、系统图表示。点击系统图的图片，可以选择节点的不同的系统图表示。

［给水方式］：用来设定节点的给水方式。

［给水当量］：用来设定给水当量，点击右侧的按钮弹出当量对话框，以供参考（图 16-6）。

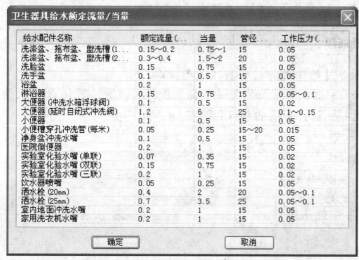

给水配件名称	额定流量(…	当量	管径…	工作压力(…
洗涤盆、拖布盆、盥洗槽(1…	0.15~0.2	0.75~1	15	0.05
洗涤盆、拖布盆、盥洗槽(2…	0.3~0.4	1.5~2	20	0.05
洗脸盆	0.15	0.75	15	0.05
洗手盆	0.1	0.5	15	0.05
浴盆	0.2	1	15	0.05
淋浴器	0.15	0.75	15	0.05~0.1
大便器 (冲洗水箱浮球阀)	0.1	0.5	15	0.02
大便器 (延时自闭式冲洗阀)	1.2	6	25	0.1~0.15
小便器	0.1	0.5	15	0.05
小便槽穿孔冲洗管(每米)	0.05	0.25	15~20	0.015
净身盆冲洗水嘴	0.1	0.5	15	0.05
医院倒便器	0.2	1	15	0.05
实验室化验水嘴(单联)	0.07	0.35	15	0.02
实验室化验水嘴(双联)	0.15	0.75	15	0.02
实验室化验水嘴(三联)	0.2	1	15	0.02
饮水器喷嘴	0.05	0.25	15	0.05
洒水栓 (20mm)	0.4	2	20	0.05~0.1
洒水栓 (25mm)	0.7	3.5	25	0.05~0.1
室内地面冲洗水嘴	0.2	1	15	0.05
家用洗衣机水嘴	0.2	1	15	0.05

图 16-6　给水当量查询对话框

命令交互：

指定节点在管线上的插入点［旋转90°（A）/放大（E）/缩小（D）］＜退出＞：

选择需要插入节点的管线即可完成操作，或者回应A、E、D选项来对节点进行旋转、放大、缩小操作。

16.3.2 排水附件

屏幕菜单命令：【给排消防】→【排水附件】（PSFJ）

此命令与［给水节点］操作类似。命令执行后弹出如图16-7所示的排水节点插入对话框。对话框中［平面］、［系统］用来设定节点的平面图、系统图表示，［节点类型］用来设定所布置排水节点的类型，命令交互过程与［给水节点］相同。

图16-7 排水
节点对话框

16.4 消防设计

16.4.1 任意喷头

屏幕菜单命令：【给排消防】→【任意喷头】（RYPT）
此命令用来布置单个喷头。

命令交互：
点取参考点＜退出＞：
在操作屏幕中点取参考点，这时系统会动态地显示所布置喷头与参考点的距离，同时命令行提示：
下喷头插入点［上喷头（A）/定距（D）/任意（S）/回退（U）］＜退出＞：
回应A选项，用来设定喷头的类型，分别为上喷头、下喷头和上下喷头。

回应D选项后，系统会提示设定喷头之间的距离。并且在定距布置状态下回应S选项可以退出定距布置状态。

16.4.2 直线喷头

屏幕菜单命令：【给排消防】→【直线喷头】（ZXPT）

此命令用来在一条直线上布置喷头，命令执行后弹出如图16-8所示的对话框。命令行提示选择直线的起点和终点。

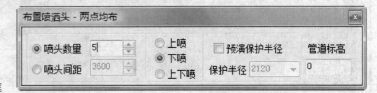

图16-8 直线布置喷头对话框

对话框选项和操作解释:

［喷头数量］:在直线的起点和终点均匀地布置所设定的喷头数量。

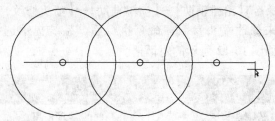

图 16-9　预演保护半径

［喷头间距］与［喷头数量］互斥,设定后,将按照设定的间距来布置喷头。

［上喷］、［下喷］、［上下喷］:设定喷头的形式。

［保护半径］:在［预演保护半径］选定后有效,用来在绘制的过程中预演保护半径,如图 16-9 所示。

16.4.3　矩形喷头

屏幕菜单命令:【给排消防】→【矩形喷头】(JXPT)

此命令用来在指定矩形区域内平均布置喷头,命令执行后,弹出如图 16-10 所示对话框。

图 16-10　矩形布置喷头对话框

设定好参数后,点击屏幕,系统就会在指定的巨型区域内按照矩形或菱形的方式布置规定行列数的喷头,效果如图 16-11 所示。

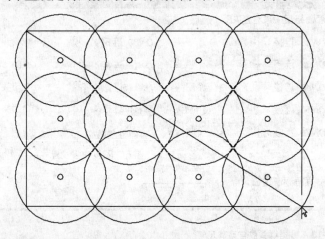

图 16-11　矩形布置实例

16.4.4 喷头修改

屏幕菜单命令:【给排消防】→【喷淋辅助】→【喷头修改】(PTXG)

此命令用来修改喷头参数，命令执行后，系统提示选择要修改的喷头，然后弹出如图 16-12 所示的对话框。

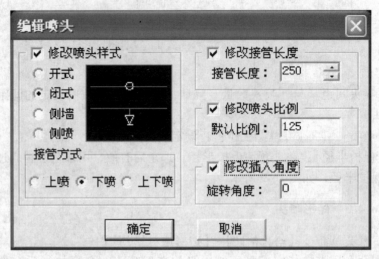

图 16-12 矩形布置喷头对话框

在对话框内设定新的参数后，点击确定按钮完成喷头修改操作。

16.4.5 喷淋管径

屏幕菜单命令:【给排消防】→【喷淋辅助】→【喷淋管径】(PLGJ)

此命令用来根据设定的参数，设置和标注喷淋管径，命令执行后，弹出如图 16-13 所示的对话框。

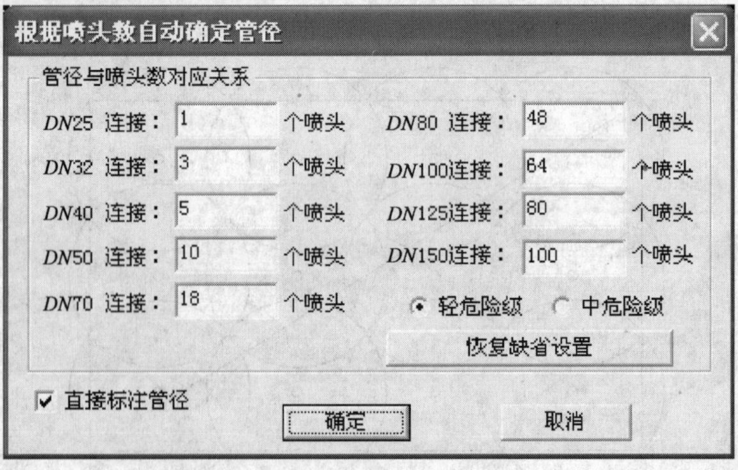

图 16-13 根据喷头数自动确定管径

根据工程要求的危险级别设定管径与喷头数的关系，点击确定返回操作屏幕选定所要计算的喷淋干管。

16.4.6　喷淋计算

　　屏幕菜单命令：【给排消防】→【喷淋辅助】→【喷淋计算】（PLJS）

　　此命令用来作喷淋水力计算，采用作用面积法计算［参考《建筑给水排水设计规范》（GB 50015—2003）］，可计算流速、阻力损失、压力等参数，并可以给出计算书。

　　操作步骤：

　　命令行提示：选择喷淋干管。

　　选择计算范围的第一点，进行框选计算的喷淋管与喷头。

　　选择其余漏网的喷头。

　　出现如图 16-14 所示的计算结果对话框。

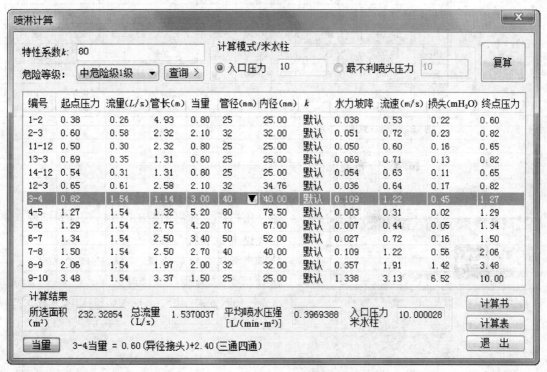

图 16-14　喷淋计算对话框

　　对话框选项和操作解释：

　　［特性系数］：喷头的流量系数，标准喷头 $K = 80$。

　　［危险等级］：用户可以选择危险等级后进行复算，同时对各危险等级适用的范围可以在后面进行查询。

　　［计算模式］：提供分别控制入口压力与最不利喷头压力两种计算方法进行计算。

　　［当量］：点击对应的行即显示出所涉及的当量（图 16-15）。

采用作用面积法计算 $k=80$ 中危险级									
管段名称	起成压力（mH₂O）	管道流量（L/s）	管长（m）	当量长度	管径（mm）	水力拱降（mH₂O/m）	流速（m/s）	损失（mH₂O）	终端压力（mH₂O）
1—2	10.00	1.33	3.83	0.20	25	0.948	2.71	3.82	13.82
2—3	13.82	2.89	1.94	2.70	32	1.212	3.59	5.63	19.45
7—8	10.00	1.33	3.83	0.20	25	0.948	2.71	3.82	13.82
8—3	13.82	2.89	1.89	2.70	32	1.212	3.59	5.67	19.39
3—4	19.45	5.78	3.00	0.30	40	1.486	4.60	4.90	24.35
9—10	11.88	1.45	3.83	0.20	25	1.125	2.95	4.54	16.41
10—4	16.41	3.15	1.94	3.55	32	1.449	3.93	7.88	24.41
11—12	11.95	1.45	3.83	0.20	25	1.133	2.96	4.57	16.52
12—4	16.52	3.16	1.89	3.55	32	1.449	3.93	7.88	24.41
4—5	24.35	12.09	3.00	0.50	50	1.618	5.69	5.66	30.00
13—14	14.06	1.58	3.83	0.20	25	1.333	3.21	5.37	19.44
14—5	19.44	3.43	1.94	4.30	32	1.705	4.26	10.64	30.08
15—16	14.06	1.58	3.83	0.20	25	1.333	3.21	5.37	19.44
16—5	19.44	3.43	1.89	4.30	32	1.705	4.26	10.55	29.99
5—6	30.00	18.94	3.50	0.00	70	1.037	5.37	3.63	33.63
计算结果	总流量（L/s）	18.94	作用面积	109.6m²		入口压力（米水柱）	33.63	平均喷水强度	10.4 L/mm·m²

图 16-15　喷淋计算输出表格

16.4.7　布消火栓

屏幕菜单命令:【给排消防】→【布消火栓】(BXHS)

图 16-16　根据喷头数自动确定管径

命令执行后，弹出如图 16-16 所示的对话框。

参数设置完毕后，命令行提示：

拾取布置消火栓的墙线、直线、弧线＜退出＞：

选择墙线、直线等参考线。

附件的插入方向[放大(E)/缩小(D)]＜完成＞：

指定方向。

第 *17* 章 管线工具

在管线工具模块中，提供了一些必要的与管线系统相关的工具。

本章内容
- 编辑工具
- 辅助工具
- 系统工具

17.1 编辑工具

17.1.1 碰撞检测

屏幕菜单命令:【管线工具】→【碰撞检测】(PZJC)

此命令用于对各种管线的碰撞检测，框选待检测的管线，如果有碰撞情况，高亮黄色标记为碰撞管，红色标记为碰撞点。

17.1.2 间距调整

屏幕菜单命令:【管线工具】→【间距调整】(JJTZ)

此命令可用于将原来的管线间距进行调整。下面以设备与墙线之间距离调整为例（图 17-1）。

命令交互：

选择要调整的对象： 一般是设备、 管线等。

选择参考线或 ［点取（M）］： 一般是设备或者管线本身的一条线。

| 调整前 | 调整后 |

图 17-1 间距调整比较

选择目标线或 ［点取（M）］： 一般为墙体或者其他目标线。

对齐距离： 即参考线与目标线之间的距离。

17.1.3 点连管线

屏幕菜单命令:【管线工具】→【点连管线】(DLGX)

此命令可用于将一个任意点与管线垂直连接，连接线为与目标管线一致。

17.1.4 断管符号

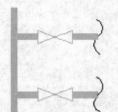

图 17-2　断管符号实例

屏幕菜单命令:【管线工具】→【断管符号】(DGFH)
此命令在水管未连接的端部加上断管符号。图 17-2 是一个实例。

17.1.5 管线倒角

屏幕菜单命令:【管线工具】→【管线倒角】(GXDJ)
此命令用于对水管线进行倒角操作,功能与 AutoCAD 的 CHAMFER 命令类似(图 17-3)。
下面以图示对对话框中的设置进行解释(图 17-4、图 17-5)。

图 17-3　管线倒角对话框

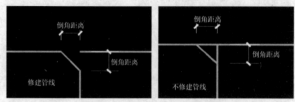

图 17-4　管线倒角——按距离

特别提示:
当倒角长度为零时,可用于连接两段相交的管线,如图 17-6 所示。

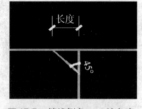

图 17-5　管线倒角——按角度

图 17-6　管线倒角实例

17.1.6 坡度修改

屏幕菜单命令:【管线工具】→【坡度修改】(PDXG)
此命令用来修改水管的坡度,命令执行后,系统提示选择水管的一端作为基点,显示当前坡度,并提示输入新的坡度值。图 17-7 是一个实例。

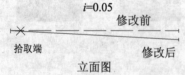

图 17-7　坡度修改正立面示意图

17.1.7 管线粗细

屏幕右键菜单命令:＜选中管线＞→【管线粗细】(GXCX)

按照每个对象预先设定的线宽值来显示图形。这是一个开关按钮,可以切换粗细两种状态。涉及的对象有水管、风管、散热器等。可以通过对象的属性框来修改线宽的数值。

17.1.8 上下扣弯

屏幕菜单命令:【管线工具】→【上下扣弯】(SXKW)
此命令将一根水管管线进行手动的上下扣弯。

操作步骤：

（1）点取插入扣弯的位置（管线或其连接处）。

（2）输入第一段管线的标高（mm），即此时屏幕上的红色线显示的管段。

（3）输入第二段管线的标高（mm）。

17.1.9 生偏移线

屏幕菜单命令：【管线工具】→【生偏移线】（SPYX）

此命令用来生成辅助定位线。先选择偏移生线的参考线，再确定偏移距离，如果偏移距离由当前光标相对于参考线来确定。图17-8是实例。

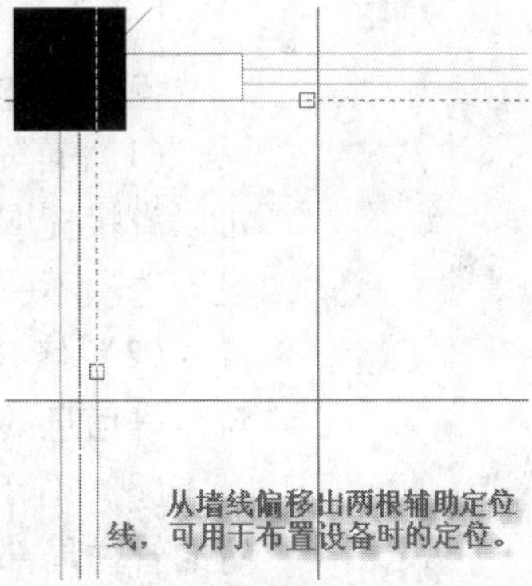

17.2 水力计算

17.2.1 水力计算

屏幕菜单命令：【管线工具】→【水力计算】（SLJS）

此命令为水力计算器工具，对于一些系统无法识别的系统，需要手动计算的可以采用此工具，同时一些小的分支系统可以通过 TH 对象的管线绘制后进行提取。界面操作与【水管水力】类似（图17-9）。

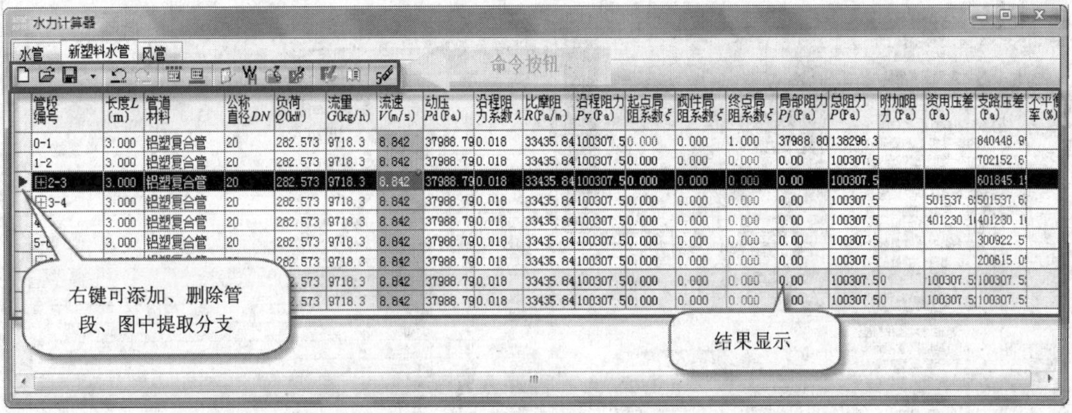

从墙线偏移出两根辅助定位线，可用于布置设备时的定位。

图17-8 偏移生线实例

图17-9 水力计算器对话框

对话框命令按钮和操作解释：

［新建］：新建一个水力计算文件。

［打开］：打开水力计算 .pshc 文件。

［保存/另存为］：保存水力计算文件。

［撤销］：撤销上一个操作。

［重做］：与［重做］相对应，撤销的下一个操作。

［初算］：对输入的数据进行初始计算。

［复算］：由于更改某些数据后进行再次计算。

[设置选项]：对计算中的一些参数以及尺寸的限制设置。

[控制条件]：水管计算特有，可对流速或者比摩阻进行控制进行计算。

[管道规格]：计算中所用到的管道规格。

[局阻库]：局部阻力系数库。

[从图中提取管网]：从图中提取 TH 对象的管线。

[修改原图数据]：将原图的管线规格等修改为水力计算后的规格。

[输出]：输出水力计算结果。

操作步骤：

（1）首先将所要计算的管段进行编号，如果是用 TH 对象绘制的管线可以直接提取。可以首先对设置选项和控制条件进行设置。风管与水管的设置选项不一致。

（2）修改流量、管材等参数，如果是提取的管线，在绘制时注意到了流量等信息的话可以不用输入，表格中的蓝色字体是可以修改的。

（3）对于局部阻力系数的添加需要进入到局阻库中进行，对于某些固定的管件局部阻力系数可能是固定的，而像一些风阀的局部阻力系数可能因开度的不同而不一致，用户只需要在阀门的开度项中更改开启度即可。详见图 17-10。

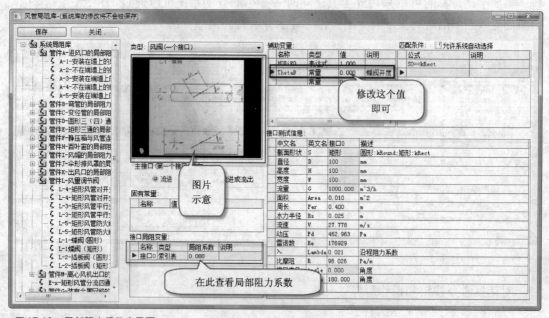

图 17-10　局部阻力系数库界面

（4）输入完毕后可以点击初算。

（5）对结果不满意需要调整某些管径等参数后点击复算。

（6）如果是提取的管网可以修改原图数据。

（7）输出计算结果。

17.3 系统工具

17.3.1 材料统计

屏幕菜单命令:【管线工具】→【材料统计】(CLTJ)

此命令可对当前图纸或多个图纸特定类型的材料进行统计（图 17-11），统计结果以 TH 表格列出，对其编辑后，可通过【导入 Excel】命令转换成 Excel 表格。

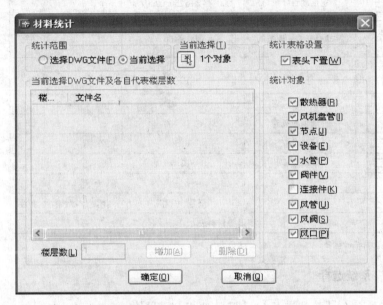

图 17-11 材料统计对话框

对话框选项和操作解释:

[选择 DWG 文件]：是以 DWG 文件为单位进行材料统计，如图 17-11 所示，输入楼层数后点击增加按钮选择代表此标准层的文件。设置完毕后点击确定返回屏幕，系统提示插入材料表的基点。

[当前选择]：是以当前文件为统计范围，点击右边按钮返回屏幕，框选材料统计范围，回车后返回对话框，点击确定返回屏幕，系统提示插入材料表的基点。

[统计表格设置]：决定材料表表头的上下位置。

[统计对象]：选择需要统计的材料种类。

图 17-12、图 17-13 是材料统计的一个实例。

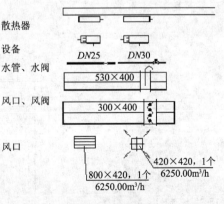

图 17-12 可统计的对象类型举例

序号	图例	名称	型号、规格	单位	数量	备注
15		弯头		个	1	
14		堵头		个	6	
13		电磁阀	DN30	个	1	
12		截止阀	DN25	个	1	
11		镀锌钢管	DN30	m	1.8	
10		镀锌钢管	DN25	m	1.8	
9		方形散流器	420×420 6 250.00m³/h	个	1	
8		单层活动百叶风口	800×420 6 250.00m³/h	个	1	
7		手动对开多叶调节阀	800×400	个	1	
6		插板阀	630×400	m	4.2	
5		玻璃钢板风管	800×400	m	4.2	
4		玻璃钢板风管	630×400	m	3.8	
3		风机盘管	FP5	个	1	
2		风机盘管	FP3.5	个	1	
1		散热器		个	2	
序号	图例	名称	型号、规格	单位	数量	备注
主要设备材料表						

图 17-13　对上图的统计结果

17.3.2　系统选择

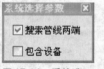

图 17-14　系统选
择参数

屏幕菜单命令:【管线工具】→【系统选择】(XTXZ)

此命令用于快速选择连接在一起的管线系统构件。图 17-14 是其浮动对话框界面。

其中参数解释如下(图 17-15 ~ 图 17-18):

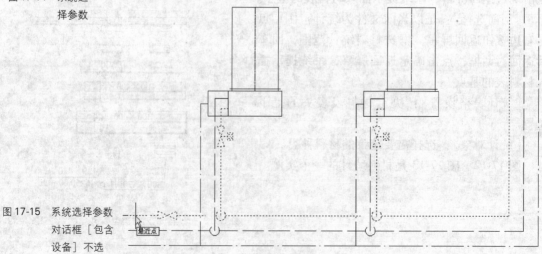

图 17-15　系统选择参数
　　　　对话框〔包含
　　　　设备〕不选

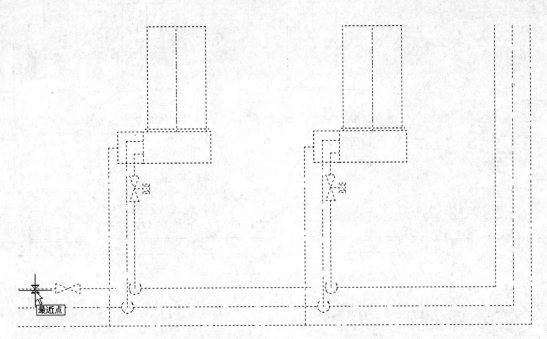

图 17-16　系统选择参数对话框［包含设备］选中

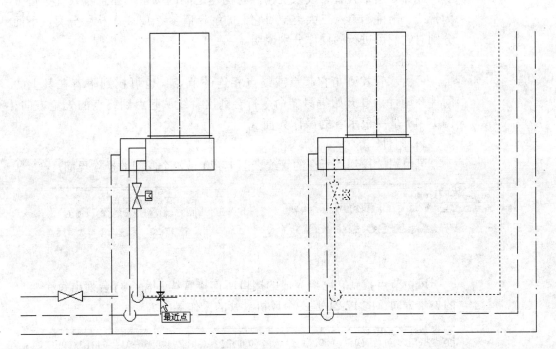

图 17-17　系统选择参数对话框［搜索管线两端］不选

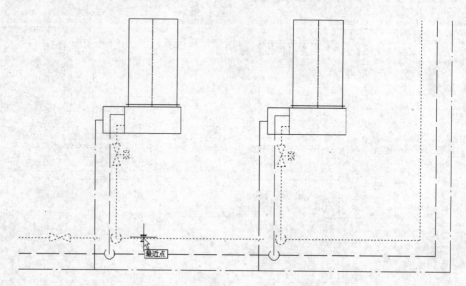

图 17-18　系统选择参数对话框［搜索管线两端］选中

17.3.3　浏览系统

屏幕菜单命令:【管线工具】→【浏览系统】(LLXT)

此命令用来查看管线系统构件与构建之间的关系。在管线系统中可分为管线、附件、节点三大类，对它们的解释请参考 12.1.1 构件分类。下面分别对它们可进行的操作分别说明。

1）管线

可由水管找到与它起点或终点相连的节点，也可找到附着在其上的附件 0 附件由 0 开始编号，命令行会列出管线从起点到终点的矢量方向，图 17-19 是一根水管的操作界面。

2）附件

可由附件找到其所在的管线，图 17-20 是一个阀门的操作界面。

```
选择管线系统图元:
管线:起点->终点(1,0,0)
管线 [起点节点(S)][终点节点(E)][第0个附件(0)]<退出>:
```

图 17-19　系统选择参数对话框［搜索管线两端］选中（一）

```
命令: S12_LLXT
选择管线系统图元:
附件或 [所在管线(P)]<退出>:
```

图 17-20　系统选择参数对话框［搜索管线两端］选中（二）

3）节点

可由节点找到它已经完成的接口所连接管线，命令行会列出每个接口的矢量方向，图 17-21 是一个风机盘管的操作界面。

```
选择管线系统图元:
节点接口方向: [0:(-1,0,0)][1:(-1,0,0)][2:(-1,2.48596e-014,0)][3:(0,1,0)]
节点[进水口(0)][出水口(1)][凝水口(2)][出风口(3)]:<退出>
```

图 17-21　系统选择参数对话框［搜索管线两端］选中（三）

特别提示:

可同时打开特性窗口（Ctrl＋1）修改当前对象属性。

第 *18* 章 管 线 标 注

在这章将叙述 Mech 专有的管线系统标注工具。其中〔风管标注〕、〔管径标注〕、〔设备标注〕、〔流向标注〕是构件自带的标注功能，可用〔标注显示〕和〔标注隐藏〕来控制其是否显示。所有的标注文字都支持在位编辑功能，其中风管管径和水管管径在位编辑后其属性马上反馈到管线上。

本章内容

- 风管标注
- 管径标注
- 多管标注
- 风口标注
- 设备标注
- 标注显示
- 标注隐藏
- 坡度标注
- 流向标注
- 管上文字
- 入户管号
- 单注标高
- 标高修改

18.1 风管标注

屏幕菜单命令:【管线标注】→【风管标注】（FGBZ）

本命令用来对风管进行截面及标高标注，命令执行后弹出如图 18-1 所示的对话框。

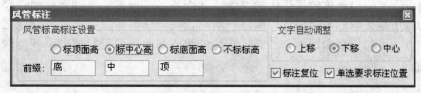

图 18-1 风管标注实例

对话框选项和操作解释：

［风管标高标注设置］：设定风管标高的标注选项，选择一种标注方式后可以在下面的输入栏中键入标高的前缀。

［文字自动调整］：当风管的显示尺寸不足以容纳标注文字时的处理方式。

［标注复位］：此选项用于用新的标注替换原有的标注，对从没有标注过的风管无效，这是一个将风管的标注重新定位的过程，如果此时［单选要求标注位置］被选中，那么可以重新定位标注的位置。

［单选要求标注位置］：允许重新定位标注的位置，如果没有被选中，则按照系统默认的位置标注：对于可以容纳标注文字的风管，标注在风管的中心位置；对于不可以容纳标注尺寸的风管，按照［文字自动调整］的设定标注。

设定完毕后，系统会提示选择所要标注的风管，如果单击选定单根风管且［单选要求标注位置］被选中，则系统提示指定标注的新位置，如果同时选定了多根风管，则系统按照默认的位置标注风管。

特别提示：

（1）风管与标注智能联动，修改了风管截面尺寸后，标注自动更新。

（2）用在位编辑修改了标注数值后，风管截面尺寸也会相应改变。需要注意的是，风管标高没有与风管智能联动。

18.2　管径标注

屏幕菜单命令：【管线标注】→【管径标注】（GJBZ）

本命令用来对水管的管径及标高进行标注，命令执行后弹出如图 18-2 所示的对话框。命令执行后弹出如下对话框：

对话框选项和操作解释：

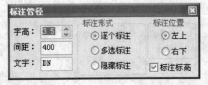

图 18-2　管径标注对话框

［字高］、［间距］、［文字］：分别指定标注的文字高度，距离管线的间距及标注的前缀。

［标注形式］：指定是单根指定标注水管还是一次同时选中多个管线进行标注。

［标注位置］：指定标注的相对位置。

［标注标高］：在标注管径的时候是否标注标高。

设置完毕后系统会提示选择所要标注的水管。需要注意的是，系统标注的数值是提取的水管的管径属性，所以，在标注时需要将水管管径设置正确。与风管标注相同的是，管径标注的数值与水管的管径属性是智能联动的。

18.3 引出标注

屏幕菜单命令：【管线标注】→【引出标注】（YCBZ）

此命令是对水管的引出标注。可以对长度精度、标注的文字以及样式进行设置，如图18-3所示。

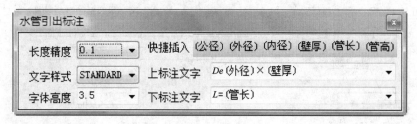

图18-3 引出标注对话框

18.4 多管标注

屏幕菜单命令：【管线标注】→【多管标注】（DGBZ）

对相互平行的多根水管进行标注，标注的样式如图18-3所示。系统会提示指定一根截线来选择相互平行的多根水管，并询问是否标注水管标高。当然也可以选择一根水管，但这时系统会采用多根水管的样式来标注单根水管。

如果所选水管管径都相同则只标一行，否则全标。

图18-4、图18-5是"管径相同、不标标高"和"管径不同、标标高"的标注效果。

图18-4 管径相同、不标标高　　　　　图18-5 管径不同、标标高

18.5 风口标注

屏幕菜单命令：【管线标注】→【风口标注】（FKBZ）

对风口进行标注。命令执行后弹出如图18-6所示的对话框。

对话框选项和操作解释：

［标注方式］：标注方式，效果如图18-7～图18-9所示。

［文字样式］：指定标注的文字样式。

［字体高度］：指定标注的文字高度。

［风口代号］：当标注方式为"用表格标注"时可编辑，其效果见图18-8。

不同的标注样式效果如图18-7～图18-9所示。

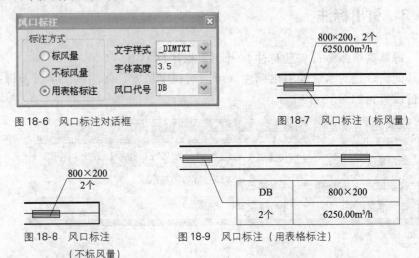

图18-6　风口标注对话框

图18-7　风口标注（标风量）

图18-8　风口标注
（不标风量）

图18-9　风口标注（用表格标注）

18.6　设备标注

屏幕菜单命令:【管线标注】→【设备标注】（SBBZ）

设备标注是设备自带的标注功能，默认标注内容为设备在设备库里面的类别和描述。其界面如图18-10所示。

下面是标注效果（图18-11、图18-12），这里要注意的是当引注点与标注点重合时的效果（图18-12）。

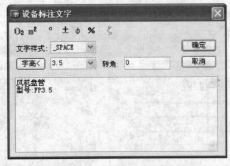

图18-10　设备标注

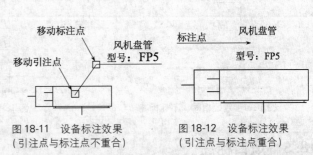

图18-11　设备标注效果
（引注点与标注点不重合）

图18-12　设备标注效果
（引注点与标注点重合）

18.7　标注显示

屏幕菜单命令:【管线标注】→【标注显示】（BZXS）

在这里需要明确的一个问题是，管线系统大部分构件都是自带标注的，可以用［标注显示］和［标注隐藏］显示和隐藏。

18.8　标注隐藏

屏幕菜单命令:【管线标注】→【标注隐藏】(BZYC)
见［标注显示］命令。

18.9　坡度标注

屏幕菜单命令:【管线标注】→【坡度标注】(PDBZ)

对水管的坡度进行标注，命令执行的过程中系统会提示选择所要标注的水管及所要标注的数值。与水管管径标注不同的是，坡度流向标注不与水管本身属性智能联动（图18-13）。

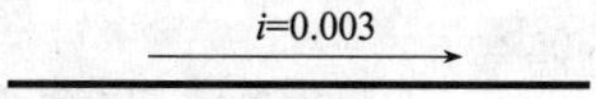

$i=0.003$

图 18-13　坡度标注

18.10　流向标注

屏幕菜单命令:【管线标注】→【流向标注】(LXBZ)

此命令用来显示和隐藏水管和风管的流向标注。标注完后，可对其位置及方向通过夹点编辑。标注效果如图18-14、图18-15 所示。

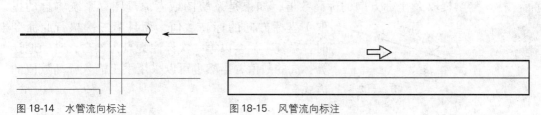

图 18-14　水管流向标注　　　　　图 18-15　风管流向标注

18.11　管上文字

屏幕菜单命令:【管线标注】→【管上文字】(GSWZ)

标注管上文字。系统会提示选择所要标注管上文字的水管，并设定标注内容，默认为系统缩写。可用［系统类型］命令修改各默认的系统缩写。可用于标注水管系统类型（图18-16）。

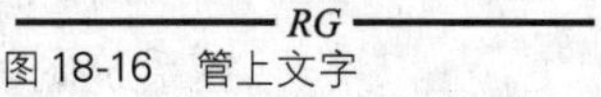

RG

图 18-16　管上文字

18.12　入户管号

屏幕菜单命令:【管线标注】→【入户管号】(RHGH)

标注入户管号，在图 18-17、图 18-18 所示对话框中设置好样式及内容，在操作屏幕中点击标注位置即可。

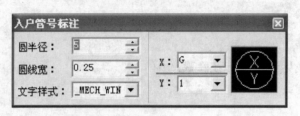

图 18-17 入户管号标注

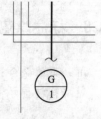

图 18-18 入户管号
标注实例

18.13 入户排序

屏幕菜单命令:【管线标注】→【入户排序】

此命令是对入户管号的一个补充，可以将原来入户的管号进行一个重新排序。排号顺序可以是：自左至右/自右至左/自上至下/自下至上。

18.14 单注标高

屏幕菜单命令:【管线标注】→【单注标高】（DZBG）

对指定的点进行标高标注，如果在绘制的模型图上，系统会自动地提取 Z 坐标方向的标高数值，如果是系统图或者原理图，系统将自动提取 Y 坐标方向的标高数值，而且第二次执行此命令时，系统默认会以第一次标注的点为参考，自动地计算标高的数值，当然也可以采用手工输入标高数值的方式。

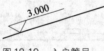

图 18-19 入户管号
标注实例

18.15 标高修改

屏幕菜单命令:【管线标注】→【标高修改】（BGXG）

对标高的数值进行修改，而且可以选择与之联动的标高一同修改，这在系统图的标高标注中尤其方便。

第 *19* 章 系 统 剖 面

在 Mech 中提供了生成系统图，及剖面图的工具。既可以对局部生成，也可以按楼层生成。

本章内容
- 系统剖面综述
- 系统图生成
- 剖面图生成

19.1 系统剖面综述

设计好一套工程的各层平面图后，需要继续设计立面图和剖面图来交待系统空间连接关系。可以每层平面设计一个独立的 DWG 文件集中放置于一个文件夹中，用［楼层表］设置平面图与楼层的关系；也可以所有平面图集成到一个 DWG 中，然后为这些平面图设置好［楼层框］属性以便确定每个自然楼层调用哪个平面图。对于前一种方式，我们把楼层表称为外部楼层表，即楼层表是用外部文件 building. dbf 来记录标准层图形文件和自然层之间的关系；对于后一种方式，我们把楼层表称为内部楼层表，即楼层表是用楼层框对象来记录标准层的图形范围以及和自然层的对应关系。

设计平面图时，三维构件必须设定正确的三维信息，以便正确生成系统图或剖面图，如楼层高度，水管、风管、设备的几何尺寸及标高等。

另外，生成的系统图如果存在遮挡情况，既可通过切割系统把重叠在一起的系统切开，也可通过特性（Ctrl + 1）对话框修改水管的遮挡优先级，来让系统自动显示断开。其原则是同标高时，优先级大的遮挡优先级小的。特性对话框中遮挡优先级显示如图 19-1 所示。

图 19-1 特性对话框中遮挡优先级

19.2　系统图生成

19.2.1　给排系统

屏幕菜单命令:【系统剖面】→【给排系统】(GPXT)

此命令专用于将给水排水专业的平面图转换为系统图（图19-2）。

19.2.2　生系统图

屏幕菜单命令:【系统剖面】→【生系统图】(SXTT)

此命令用来把选中的对象按空间投影原则生成系统图。执行后出现如图19-3所示对话框。

图19-2　给排系统对话框

图19-3　系统图生成参数对话框

对话框选项和操作解释:

[转换形式]: 确定投影方式，可选45°和30°;

[仅转换管线系统对象]: 设置选取过滤条件，选中后，只能选取管线系统对象;

[保持对象类型]: 选中后，由水管生成的仍然是水管，水阀仍然是水阀，设备仍然是设备，并且它们之间依然保持着连接关系。

图19-4～图19-6是一个生成实例。

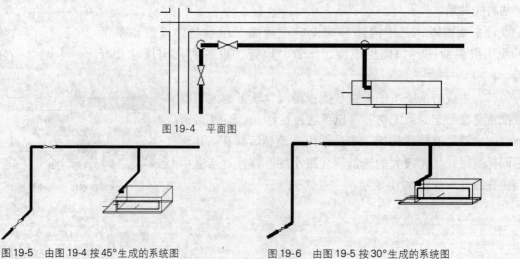

图19-4　平面图

图19-5　由图19-4按45°生成的系统图　　　　图19-6　由图19-5按30°生成的系统图

19.2.3 多层系统

屏幕菜单命令:【系统剖面】→【多层系统】(DCXT)
此命令用于多层模型生系统图。选择后弹出如图 19-7 所示的对话框。

系统图生成

项目位置： E:\Mech2005Dev\Mech\Demo\

	楼层	文件名	层高
▶	1		3000
	2		3000
＊			

类型
◉ 45°　○ 30°

☑ 仅转换管线系统对象

要转换的系统：

给水
冷水供水
冷水回水
凝结水
热给
送风
未知系统

☑ 全部楼层都在当前图　　　选文件　　确定　　取消

图 19-7　多层生系统图对话框

此对话框与楼层表类似，对一全部标准层在用一文件的情况可以选上"全部标准层都在当前图"选项，如果不是，请输入相关文件，系统就会根据楼层设置生成多个楼层的系统剖面。选择须转换的系统后点击［确定］按钮，系统会提示选择生成的位置，图 19-8、图 19-9 是一个采暖系统的生成实例。

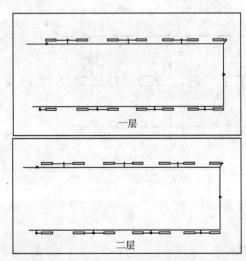

一层

二层

图 19-8　多层生系统图实例平面图

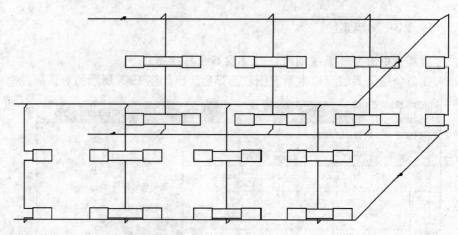

图 19-9 多层生系统图实例生成效果

19. 2. 4 切割系统

屏幕菜单命令:【系统剖面】→【切割系统】(QGXT)

此命令用于将生成的系统图切割为两部分，执行后命令行提示选择切割的点及切割下来的部分的放置位置。操作结果如图 19-10 所示。

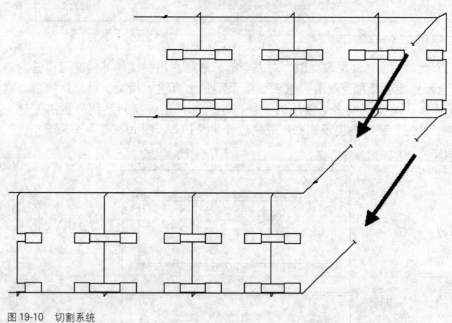

图 19-10 切割系统

19. 3 剖面图生成

19. 3. 1 建剖切线

屏幕菜单命令:【系统剖面】→【建剖切线】(JPQX)

此命令用来在图中以国标规定的标准样式标出剖切线，操作方式见

［剖切符号］。

19.3.2 建楼层框

屏幕菜单命令:【系统剖面】→【建楼层框】（JLCK）

在图 19-10 中已经建立了楼层框代表自然层的 1～5 层，详细操作方式见［建楼层框］。

19.3.3 剖面生成

屏幕菜单命令:【系统剖面】→【剖面生成】（PMSC）

根据楼层表的层高定义和用户选择的平面剖切线，生成建筑剖面图。

操作步骤:

（1）完成各层平面图设计；

（2）设定［楼层表］或［楼层框］的组合数据；

（3）点击［建筑剖面］命令按提示选择参考剖切线；

（4）平面图中选取剖面图时需要对应生成的轴线；

（5）设定［生成剖面］对话框中的选项和参数；

（6）按［确定］按钮完成剖面图。

生成剖面对话框（图 19-11）。

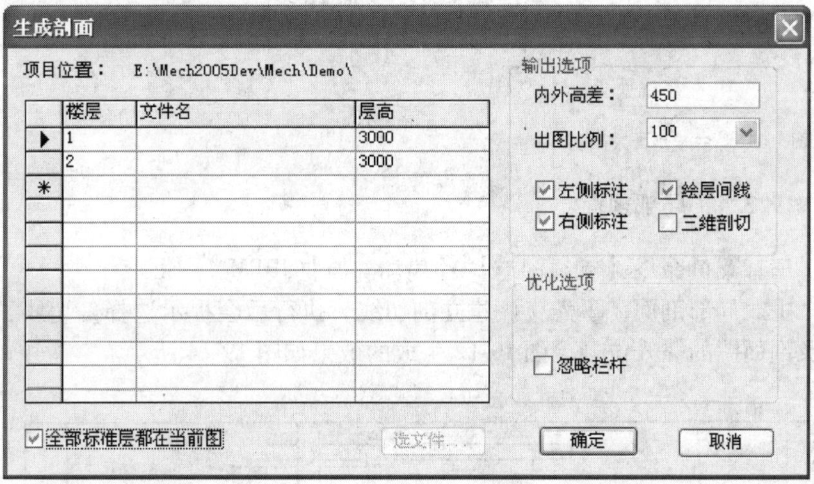

图 19-11　生成剖面对话框

此对话框与楼层表类似，对一全部标准层在用一文件的情况可以选上"全部标准层都在当前图"选项，如果不是，请输入相关文件，系统就会根据楼层设置生成多个楼层的系统剖面。其他参数选择完毕后点击［确定］按钮，系统会提示选择插入剖面图的位置，生成效果如图 19-12、图 19-13 所示。

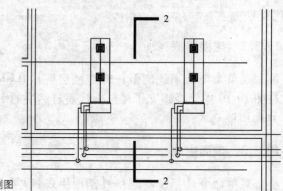

图 19-12　剖面实例图

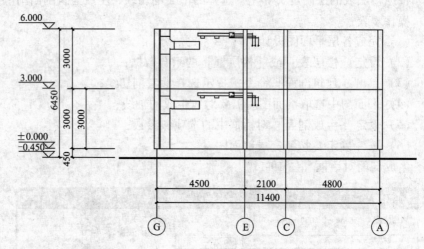

图 19-13　生成剖面效果

19.3.4　局部剖面

屏幕菜单命令:【系统剖面】→【局部剖面】(JBPM)

生成局部剖面,事先应该建立剖切线。执行后会提示选择剖切线、构件及剖面图的插入位置,图 19-12 生成的效果如图 19-14 所示。

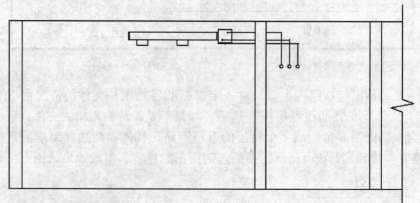

图 19-14　局部剖面实例图

第 *20* 章　尺寸标注

工程图纸中除了设计构件对象外，还需要大量尺寸标注来辅助表达工程信息，本章介绍工程图纸中的尺寸标。

本章内容

- 文字
- 表格
- 工程符号
- 尺寸标注
- 创建尺寸标注
- 编辑尺寸标注
- 坐标和标高

20.1　尺寸标注

关于建筑工程图纸中的尺寸标注在国标建筑制图规范中有严格的规定。AutoCAD 本身提供的尺寸标注功能不太适合建筑制图的要求，因此本软件提供了专门的尺寸标注系统，取代 AutoCAD 的尺寸标注功能。

20.1.1　尺寸标注对象

Mech 提供的专用于建筑工程设计的尺寸标注系统，使用图纸单位度量，标注文字的大小自动适应工作环境的当前比例。用户无特殊要求、无须干预，配合布图功能完全满足不同出图比例的要求，可以连续快速地标注尺寸，成组地修改尺寸标注。

20.1.2　尺寸标注基本单元

Mech 尺寸标注系统以一组连续的尺寸区间为基本标注单元，相连接的多个标注区间为一个整体，属于一个尺寸标注对象，并具有诸多用于编辑的特殊夹点。而 AutoCAD 的标注线是分散的，这是 Mech 标注系统自动化的基础。

20.1.3　标注样式

为了兼容起见，Mech 的尺寸标注对象是基于 AutoCAD 的标注样式发展而成的，因此，用户可以利用 AutoCAD 标注样式命令修改 Mech 尺寸标注对象的特性（图 20-1）。

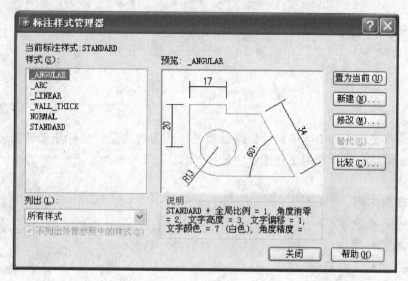

图 20-1 标注样式管理器对话框

20.2 创建尺寸标注

20.2.1 逐点标注

屏幕菜单命令:【尺寸标注】→【逐点标注】(ZDBZ)

本命令是一个通用的灵活标注工具，对选取的一串给定点沿指定方向和选定的位置标注尺寸。特别适用于需要取点定位标注的情况，以及其他标注命令难以完成的尺寸标注（图 20-2、图 20-3）。

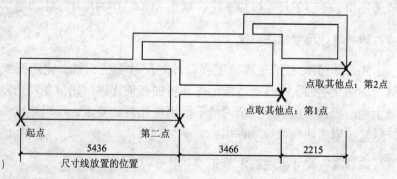

图 20-2 逐点标注实例（一）

命令交互:

起点或[参考点(R)] <退出>:
点取第一个标注点作为起始点。
第二点 <退出>:
点取第二个标注点。
请点取尺寸线位置或[更正尺寸方向(D)] <退出>:

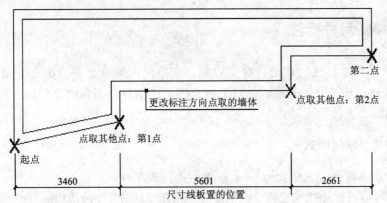

第二点
点取其他点：第2点
更改标注方向点取的墙体
点取其他点：第1点
起点
3460
5601
2661
尺寸线板置的位置
图 20-3 逐点标注实例（二）

这时动态拖动尺寸线，点取尺寸线就位点。

或者键入 D 通过选取一条线或墙来确定尺寸线方向。

请输入其他标注点或[撤销上一标注点(U)]<结束>:

逐点给出标注点，并可以回退。

请输入其他标注点或[撤销上一标注点(U)]<结束>:

反复取点，回车结束。

20.2.2 半径直径标注

屏幕菜单命令:【尺寸标注】→【半径标注】(BJBZ)

【直径标注】(ZJBZ)

在图中标注弧线或圆弧的半径和直径（图 20-4）。

标注符号默认在内，如果内部放置不下，系统自动放于圆弧外侧，可以采用夹点拖拽改变符号的内外放置。图 20-4 为半径和直径的标注实例。

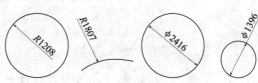

R1208
R1807
ϕ2416
ϕ1396
图 20-4 半径和直径的标注实例

20.2.3 角度标注

屏幕菜单命令:【尺寸标注】→【角度标注】(JDBZ)

本命令按逆时针方向标出两根直线之间的夹角角度。

请注意按逆时针方向顺序选择直线，图 20-5 是两个角度标注实例，选取直线顺序的不同，标注样式也不同。

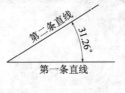

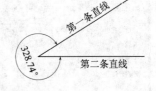

第二条直线
31.26°
第一条直线
第一条直线
328.74°
第二条直线
图 20-5 角度的标注实例

20.2.4 弧长标注

屏幕菜单命令:【尺寸标注】→【弧长标注】(HCBZ)

以建筑制图标准弧长标注画法分段标注弧长，尺寸标注是一个连续的整体对象。该标注样式可以在三种状态下相互转换，即弧长、角度和弦长三种标注方式。

20.3　编辑尺寸标注

Mech 的尺寸标注对象是自定义对象，支持曲线编辑命令，如 Extend、Trim、Break。这些通用的编辑手段不再介绍，这里只介绍其中专门针对尺寸标注的编辑手段。

20.3.1　编辑样式

右键菜单命令:〈选中尺寸〉→【标注样式】(BZYS)

用户可以对标注样式进行个性化修改，比如规划图需要改成以 m 为单位的标注，加入前后缀等。必须指出，Mech 标注样式中的距离、大小等是指打印输出的图面尺寸，与电脑中的图形相差一个绘图比例关系。图 20-6 给出了直线标注的各个控制参数，这些参数都可以通过修改标注样式而生效。

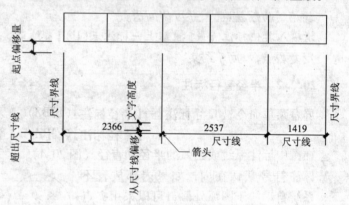

图 20-6　尺寸标注各部位的名称

实例：　m 制单位标注

Mech 要求绘图要以 mm 为单位，而总图和规划图则要求以 m 为单位进行标注。下面列举如何修改标注样式以适合 m 制标注（图 20-7）。

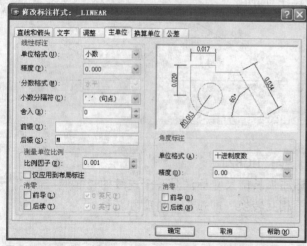

图 20-7　m 制标注样式

操作要点：

（1）比例因子设置为 0.001，即把 mm 转换为 m。

（2）设置精度，比如 0.000，即小数点后保留三位，依据用户需求而定。

（3）如果需要后缀，在后缀栏中输入表示单位米的 m。

特别提示：

（1）永远不要更改"换算单位"和"公差"这两个标签。

（2）更改标注样式后，REGEN 使

得修改对 TH 标注对象生效。

20.3.2　剪裁延伸

右键菜单命令:〈选中尺寸〉→【剪裁延伸】(JCYS)

在 Mech 尺寸线的某一端，按指定点剪裁或延伸该尺寸线。本命令综合了剪裁（Trim）和延伸（Extend）两个功能。

命令交互：

请给出剪裁延伸的基准点或［参考点(R)］＜退出＞：

点取剪裁线要延伸到的位置。

要裁剪或延伸的尺寸线＜退出＞：

请给出剪裁延伸的基准点或［参考点［R］］＜退出＞：

点取剪裁线要延伸到的位置。

要剪裁或延伸的尺寸线＜退出＞：

点取准备剪裁或延伸的尺寸线。

被选取的尺寸线的点取一端即作了相应的剪裁或延伸（图 20-8）。

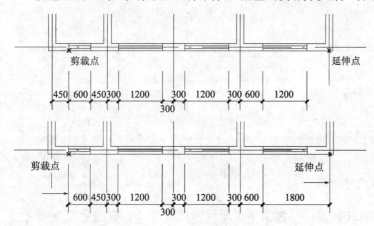

图 20-8　剪裁尺寸的实例

20.3.3　取消尺寸

右键菜单命令:〈选中尺寸〉→【取消尺寸】(QXCC)

在 TH 标注对象中，将点取的某个尺寸线区间段删除，如果该区间位于尺寸线中段，原来的一个标注对象分开成为两个相同类型的标注对象。

TH 标注对象有别于 AutoCAD 的 Dimension 尺寸标注对象，是由一串相互连接的多个区间标注线组成的，用普通 Erase 删除命令无法删除其中某一段，因此必须使用本命令完成此类操作。

20.3.4　连接尺寸

右键菜单命令:〈选中尺寸〉→【连接尺寸】(LJCC)

连接多个独立的直线或圆弧标注对象，将点取的尺寸线区间段加以连接，合并成为一个标注对象。如果准备连接的标注对象之间的"尺寸线"不共线，连接后的标注对象以第一个点取的标注对象为主标注尺寸对齐。本命令通常用于把 AutoCAD 的尺寸标注转为 TH 尺寸标注对象。

20.3.5 增补尺寸

右键菜单命令:〈选中尺寸〉→【增补尺寸】(ZBCC)

本命令在一个 Mech 整体标注对象中增加新的尺寸标注点和区间。新增点既可以在原尺寸标注区间内，也可以位于原尺寸标注界限的外侧。

特别提示:

尺寸合并采用夹点拖拽编辑方法，参见尺寸标注的夹点编辑章节。

20.3.6 切换角标

右键菜单命令:〈选中尺寸〉→【切换角标】(QHJB)

Mech 的弧段尺寸标注缺省模式为角度标注，本命令在角度标注、弦长标注和弧长标注三种模式之间循环切换。

20.3.7 夹点编辑

TH 尺寸标注对象的编辑夹点意义见图 20-9。相邻两个夹点重叠时，可以合并标注区间。

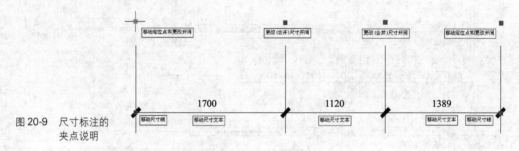

图 20-9 尺寸标注的夹点说明

20.3.8 尺寸自调

在尺寸标注中，某些标注文字由于尺寸区间较小，有时会发生标注文字（尺寸数字）拥挤重叠现象，可以文字在位置上作自动上下调整，使之清晰可见。

1）自调开关

屏幕菜单命令:【尺寸标注】→【自调关】/【上调】/【下调】

右键菜单命令:〈选中尺寸〉→【自调关】/【上调】/【下调】

本命令是一个开关选项，控制标注系统文字重叠时是否进行调整。

开关状态（图 20-10）:

图 20-10 自调开关对标注的影响

（1）显示【自调关】表示当前自调开闭。

（2）显示【上调】表示文字拥挤重叠时向上调整。

（3）显示【下调】表示遇到文字重叠时向下调整。

特别提示：

后创建和修改的标注有效，对已有标注请使用手动。

2）手动自调

屏幕菜单命令：【尺寸标注】→【尺寸自调】（CCZT）

右键菜单命令：〈选中尺寸〉→【尺寸自调】（CCZT）

缺省情况下 Mech 标注系统的自调开关是打开的。本命令不管自调开关与否，强制对选中的尺寸标注对象进行上下文字的调整，排除拥挤重叠现象。

3）取消自调

右键菜单命令：〈选中尺寸〉→【取消自调】（QXZT）

本命令将尺寸标注中经过自调或被拖动夹点移动过的"跑位"文字恢复到原始位置。在实际设计中，设计师很容易把同属于一个标注对象的一些标注文字的位置搞混乱，引起标注文字与所属的区间无法一一对应，本命令帮助用户在发生问题时恢复文字回到原始位置。

20.3.9 尺寸检查

右键菜单命令：〈选中尺寸〉→【尺寸检查】（CCJC）

在尺寸标注数值经人工修改后与测量值不符时，打开本开关进行检查核对，检查结果以红色文字显示在尺寸线下括号中。本命令有开关两种状态，缺省为关闭状态。命令左侧的图标处于勾选为打开，否则为关闭状态。打开状态后，图上正确的尺寸值以红色标注在尺寸线下方括号内，尺寸线上以黑色显示的尺寸值为修改过的名义尺寸值。

特别提示：

把检查出来的名义尺寸值改回正确的尺寸值可采用"在位编辑"，用光标清除所有数值后，正确的尺寸值将重现。

20.4 坐标和标高

坐标标注用来描述水平位置，标高标注用来描述垂直位置，Mech 分别定义了坐标对象和标高对象来实现位置的标注。

20.4.1 标高标注

屏幕菜单命令：【尺寸标注】→【标高标注】（BGBZ）

本命令立面图中以国标规定的样式标出一系列给定点的标高符号（图20-11）。

对话框选项和操作解释：

［连续标注］：标注连续进行，每个标注点的标高值以前一个点作参考点。

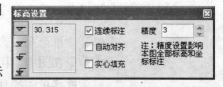

图20-11 标高标注对话框

［自动对齐］：按第一个标注符号的位置使后续标注纵向强行对齐。

［实心充填］：标注符号的三角部分以实心方式显示。

［精度］：标高值的精度，为小数点后保留的位数。

20.4.2　坐标标注

屏幕菜单命令:【尺寸标注】→【坐标标注】(ZBBZ)

图 20-12　坐标标注对话框

本命令在平面图中以国标规定的样式标出一系列给定点的坐标符号（图 20-12）。

对话框选项和操作解释：

［连续标注］：标注连续进行，每个标注点的坐标值以前一个点作参考点。

［X］、［Y］：标注点的 X、Y 坐标值。

［箭头］：标注符号的标注点显示样式，有箭头、十字、圆点或无。

［精度］：坐标值的精度，为小数点后保留的位数。

［北向］：北向的方位角，键入或选取指北针确定。

［固定 45°］：选此项，标注符号的斜线强行为 45°。

操作步骤：

（1）点取第一个坐标点，作为参考坐标，键入坐标数值；

（2）如果北向与 WCS—Y 不一致，插入指北针确定北向；

（3）在图中点取标注位置，系统自动计算坐标数值。

特别提示：

（1）不要把 WCS 的原点作为测量（施工）坐标的原点，否则图形对象的内部定位坐标数值非常大，经常导致运算溢出。

（2）Mech 使用的是 mm 单位。

20.4.3　坐标检查

右键菜单命令:〈选中坐标尺寸〉→【坐标检查】(ZBJC)

本命令以图中一个坐标值为参照基准，对其他坐标进行正误检查，并根据需要决定是否对错误的坐标进行纠正。

操作步骤：

（1）选择一个认为正确的坐标作为参考；

（2）选择其他待检查的坐标；

（3）根据提示纠正坐标，可以全部一次纠正。

20.4.4　箭头引注

屏幕菜单命令:【尺寸标注】→【箭头引注】(JTYZ)

本命令在图中以国标规定的样式标出箭头引注符号（图 20-13）。

对话框选项和操作解释：

［文字内容］：符号中的说明文字内容，特殊符号点取上方图标输入。

［文字高度］：说明文字打印输出的实际高度。

［箭头样式］：采用何种箭头样式。可选无、圆点、箭头、十字和半个箭头。

［对齐方式］：文字对齐方式。可选在线端、齐线中和齐线端。

［箭头大小］：箭头的打印输出尺寸大小。

箭头引注符号由箭头、连线和说明文字组成，样式如图 20-14 所示。

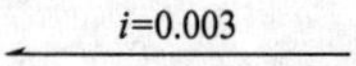

图 20-13　箭头引注符号的对话框

图 20-14　箭头引注符号的标注实例

20.4.5　引出标注

屏幕菜单命令：【尺寸标注】→【引出标注】（YCBZ）

本命令在图中以国标规定的标准样式标注出引出标注文字符号（图 20-15、图 20-16）。

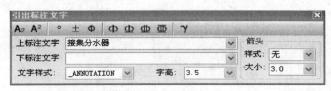

图 20-15　引出标注符号的对话框

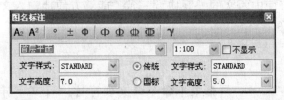

图 20-16　引出标注符号的实例

20.4.6　图名标注

屏幕菜单命令：【尺寸标注】→【图名标注】（TMBZ）

本命令在图中按国标和传统两种方式自动标出图名（图 20-17）。

标注样式有两种形式可以选择，一种是传统样式，还有国标样式，都可以选择是否附带出图比例。图名标注样式如图 20-18 所示。

图 20-17　图名标注的对话框

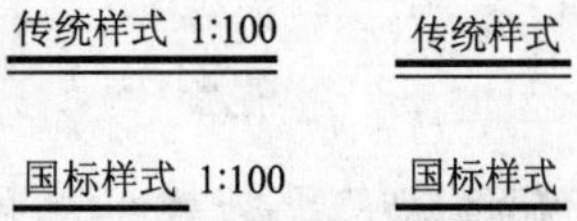

传统样式 1:100　　传统样式

国标样式 1:100　　国标样式

图 20-18　图名标注的四种实例

第 21 章 文 表 符 号

工程图纸中除了设计构件对象外，还需要大量注释类对象来辅助表达工程信息，如文字、表格和符号等。这些 TH 对象在本软件中组成了注释系统。

本章内容

- 文字
- 表格
- 工程符号

21.1 文字

设计图纸中存在大量的文字，因此书写和编辑文字的能力是衡量一个工程设计软件易用性的重要指标。AutoCAD 本身提供的文字功能仅适于西文，对于经常需要使用中西文混排的中国用户十分不便。尽管 AutoCAD 文字能够支持大字体（bigfont）样式，但无法分别控制中西文的宽高比例，即使采用中西文合成的字体文件，中西文的宽度比例也不尽如人意。

Mech 为此采用了必要的 TH 文字对象，将中西文合二为一的同时又能分别调整二者的高宽比例，使中西文的外观协调一致，能够方便地输入文字的上下标和工程特殊字符。

21.1.1 文字样式

图 21-1 Mech 文字样式对话框

屏幕菜单命令：【文表符号】→【文字样式】（WZYS）

如图 21-1 所示。

对话框选项和操作解释：

[新建]：新建文字样式，首先给新文字样式命名，然后选定中西文字体文件和高宽参数。[确定] 生效，并作为当前文字样式。

[重命名]：给文件样式赋予新名称。

[删除]：删除样式仅对图中没有使用的样式起作用，已经使用的样式不能被

删除。

[样式名]：显示当前文字样式名，可在下拉列表中更换其他样式。

中文参数栏：

[宽高比]：表示中文字宽与中文字高之比，

[字体]：设置组成文字样式的中文字体。

西文参数栏：

[字宽比]：表示西文字宽与中文字宽的比。

[字高比]：表示西文字高与中文字高的比。

[字体]：设置组成文字样式的西文字体。

[使用 Windows 字体]：

文字样式默认采用矢量字体（shx 字体），用户可使用 Windows 系统的 turetype 字体，如"宋体"和"楷体"等，这些系统字体文件包含中文和英文，只须设置中文参数即可。

[预览]：使新字体参数生效，浏览字体效果。

[确定]：系统将样式名称栏中的样式作为当前样式。

文字样式由中西文字体组成，中西文字体分别设定参数，达到二者统一大小。事实上是对 AutoCAD 的文字样式进行了必要的扩展，使得可以分别控制中英文字体的宽度和高度。

21.1.2　单行文字

屏幕菜单命令:【文表符号】→【单行文字】(DHWZ)

本命令能够单行输入文字和字符，输入到图面的文字独立存在，特点是灵活，修改编辑不影响其他文字。

单行文字输入对话框如图 21-2 所示。

图 21-2　单行文字对话框

对话框选项和操作解释：

[文字输入框]：录入文字符号等。可记录已输入过的文字，方便重复输入同类内容，在下拉选择其中一行文字后，该行文字移植首行。

[文字样式]：在下拉框中选用已有的文字样式。

[对齐方式]：选择文字与基点的对齐方式。

[转角]、[字高]：设定文字的转角和字高。这里的字高是指最终图纸打印的字高，而非在屏幕上测量出的字高数值，两者相差绘图比例值。

[特殊符号]：在对话框上方选择特殊符号的输入内容和方式。

[上下标输入方法]：鼠标选定须变为上下标的部分文字，然后点击上下标图标。

[钢筋符号输入]：在需要输入钢筋符号的位置，点击相应的钢筋符号（图 21-3）。

[其他特殊符号]：点击 r 进入特殊字符集（图 21-4）。

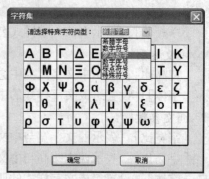
图 21-4　特殊字符选取对话框

上标：98m²，钢筋符号：二级钢Φ18和三级钢Φ32

图 21-3　特殊文字符号实例

［背景屏蔽］：为文字增加背景屏蔽功能，用于剪切复杂背景，例如存在图案填充等场合，本选项利用 AutoCAD 的 WIPEOUT 图像屏蔽特性，屏蔽作用随文字移动存在。打印时如果不需要屏蔽框，右键点击【屏蔽框关】。

21.1.3　多行文字

屏幕菜单命令:【文表符号】→【多行文字】（DHWZ）

使用已经建立的 Mech 文字样式，按段落输入多行文字，可以方便设定页宽与硬回车位置，并随时拖动夹点改变页宽。

多行文字的对话框（图 21-5）：

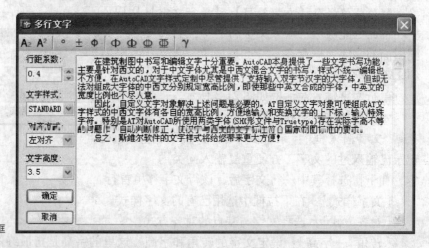

图 21-5　多行文字对话框

对话框选项和操作解释：

［文字输入区］：在其中输入多行文字，也可以接受来自剪裁板的其他文本编辑内容，如由 Word 编辑的文本可以通过＜Ctrl＋C＞拷贝到剪裁板，再由＜Ctrl＋V＞输入到文字编辑区，在其中随意修改其内容。允许硬回车，也可以由页宽控制段落的宽度。

［行距系数］：与 AutoCAD 的 MTEXT 中的行距有所不同，本系数表示的是行间的净距，单位是当前的文字高度，比如 1 为两行间相隔一空行，本参数决定整段文字的疏密程度。

［文字高度］：打印出图后的实际文字高度。

［对齐方式］：决定了文字段落的对齐方式，共有左对齐、右对齐、中心对齐、两端对齐四种对齐方式。

输入文字内容编辑完毕以后，按［确定］按钮完成多行文字输入。

多行文字拥有两个夹点，左侧的夹点用于拖动文字整体移动，而右侧的夹点用于拖动改变对象宽度，当宽度小于设定时，多行文字对象会自动换行，而最后一行的结束位置由该对象的对齐方式决定。

21.1.4　文字编辑

屏幕菜单命令：【文表符号】→【文字编辑】（WZBJ）
　　　　　　　　【文表符号】→【查找替换】（CZTH）
　　　　　　　　【文表符号】→【繁简转换】（FJZH）

【文字编辑】的最常规的方法是采用［在位编辑］、［OPM 特性编辑］和［对象编辑］，这些方法在第 10 章中已经有总体交待，在此不赘述。

在此介绍其他两个编辑功能。

1）查找替换

本命令类似于一般文档编辑软件的查找和替换功能。对当前图形中所有的文字，包括 AutoCAD 文字、Mech 文字和包含在其他对象中的文字均有效（图 21-6）。

操作步骤：

（1）确定要查找和替换的字符串内容，打开对话框；

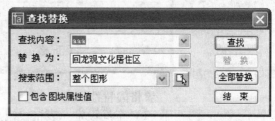

图 21-6　查找替换对话框

（2）在［查找内容］栏中输入准备查找或准备被替换掉的字符；

（3）在［替换为］栏中输入替换的新字符串；

（4）确定［搜索范围］，三种方式：整个图形、当前选择和重新选择；

（5）如果仅仅是查找，操作对话框右侧的［查找］逐个观察即可；

（6）如果要替换新内容，有全部替换和逐个替换两种方式供选择；

（7）勾选［包含图块属性值］，可对图块的属性值进行替换。

特别提示：

应用本命令前适当缩放视图以便看清文字。系统在找到平面外的文字时自动移动视图，使得文字在屏幕内，但并不缩放视图。

2）繁简转换

由于大陆与港台地区的文字内码不同，给双方的图纸交流带来很大困难，繁简转换能够将当前图档的内码在 Big5 与 GB 之间转换。

必须确保当前环境下的字体支持路径内，即 ACAD 的 fonts 或 Mech 的 sys 目录下存在内码为 Big5 的字体文件，才能获得正常显示与打印效果。并注意重新设置文字样式，使用与目标内码一致的字体。

21.2 表格

21.2.1 表格对象

Mech 表格是一个层次结构严谨的 TH 对象。

表格的构成：

（1）表格的功能区域组成：标题、表头和内容三部分。

（2）表格的层次结构：由高到低的级次为：①表格；②标题、表头、表行和表列；③单元格和合并格（图21-7）。

外观表现：文字、表格线、边框和背景。

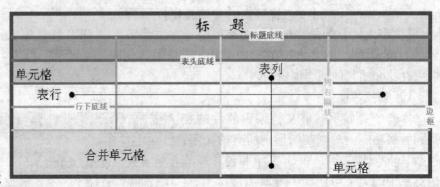

图 21-7　表格的构成

表格的特性设定：

（1）全局设定：表格设定。控制表格的标题、表头、外框、表行和表列和全体单元格的全局样式。

（2）表行：表行属性。控制选中的某一行或多个表行的局部样式。

（3）表列：表列属性。控制选中的某一列或多个表列的局部样式。

（4）单元：单元编辑。控制选中的某一个或多个单元格的局部样式。

21.2.2 新建表格

屏幕菜单命令:【文表符号】→【新建表格】（XJBG）

本命令依据对话框提供的参数在图纸内建立一个空白新表格。

创建表格对话框（图21-8、图21-9）：

图 21-8　新建表格对话框

图 21-9　新建的空白表格

表格的标题、表头和单元的字符输入采用下列方法：

（1）标题和表头的内容采用"在位编辑"的输入方式。

（2）单元格的内容采用"在位编辑"或右键的【单元编辑】输入方式。

21.2.3　表格属性

右键菜单命令：〈选中表格〉→【对象编辑】（DXBJ）

分别可以对标题、表头、表行、表列和内容等全局属性进行设置。

表格的"统一/继承/个性"之间的关系：

（1）［表格设定］中的全局属性项如果勾选了［统一...］选项，则影响全局；不勾选此项只影响未设置过个性化的单元格。

（2）在［行列属性］中，如果勾选了［继承...］选项，则本行或列的属性继承［表格设定］中的全局设置；不勾选则本次设置生效。

（3）个性化设置只对本次选择的单元格有效（图21-10）。

1）标题属性

表格编辑中的［标题］选项卡，如图21-10所示，部分内容略作解释：

图21-10　表格设定对话框

［需要标题］：确定是否需要标题选项，如果不需要，下面的所有参数都无效。

［标题高度］：打印输出的标题栏高度，与图中实际高度差一个当前比例系数。

［行距系数］：标题栏内的标题文字的行间的净距，单位是当前的文字高度，比如1为两行间相隔一空行，本参数决定文字的疏密程度。

［标题在边框外］：选此项，标题栏取消，标题文字在边框外。

2）表头属性

表格编辑中的［表头］选项卡（图21-11）：

对话框选项和操作解释：

［需要表头］：决定是否需要表头选项，如果不需要，下面的所有参数都无效。

图21-11　表头设置

［表头高度］：打印输出的表头栏高度，与图中实际高度差一个当前比例系数。

［行距系数］：表头栏内的表头文字的行间的净距，单位是当前的文字

高度，比如 1 为两行间相隔一空行，本参数决定文字的疏密程度。

3）内容属性

内容编辑是对单元格内文字属性的全局缺省设置（图21-12）。

对话框选项和操作解释：

［行距系数］：单元格内的文字的行间的净距，单位是当前的文字高度。

［统一全部单元格文字属性］：选此项，单元格内的所有文字强行按本页设置的属性显示，未涉及的选项保留原属性。不选择此项，上述参数设置的有效对象不包括进行过单独个性设置的单元格文字。

4）表行属性

表行选项卡用来控制表格的行特征，包括分格横线特性、行的高度和特性（图21-13）。

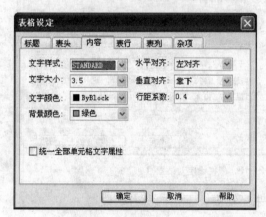

图 21-12 内容设置

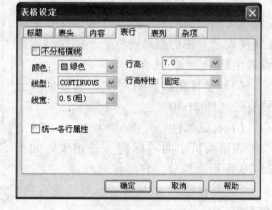

图 21-13 表行编辑的对话框

对话框选项和操作解释：

［不分格横线］：选此项，整个表格的所有表行均没有横格线，其下方参数设置无效。

［行高特性］：设置行高与其他相关参数的关联属性，有五个选项，默认是"继承"，"继承"表示采用全局表格设定里给出的全局行高设定值。

［固定］：行高固定为［行高］设置的高度不变。

［至少］：表示行高无论如何拖动夹点，不能少于全局设定里给出的全局行高值。

［自动］：选定行的单元格文字内容允许自动换行，但是某个单元格的自动换行要取决于它所在的列或者单元格是否已经设为自动换行。

［自由］：表格在选定行首部增加了多个夹点，可自由拖拽夹点改变行高。

［统一各行属性］：选此项，整个表格的所有表行按本页设置的属性显示，未涉及的选项保留原属性。不选择此项，上述参数设置的有效对象不包括进行过单独个性设置的单元格。

5）表列属性

表列编辑针对某个表格的全体表列的分格竖线特性进行设定（图 21-14）。

对话框选项和操作解释：

［不设分格竖线］：选此项，整个表格的所有表行均没有竖格线，其下方参数设置无效。

［统一设置全部分格竖线］：选此项，整个表格的所有表列按本页设置的属性显示，未涉及的选项保留原属性。不选择此项，上述参数设置的有效对象不包括进行过单独个性设置的单元格。

6）杂项属性

本项目主要是设置表格的最外边框、文字边距和表格的排列方向（图 21-15）。

对话框选项略作解释：

［不设边框］：选择此项不设置边框。

［文字边距］：

［水平］：文字水平方向距边框的净距离。

［垂直］：文字垂直方向距边框的净距离。

［表格顺序由下到上］：把表格排列顺序改成由下到上。

21.2.4 表行编辑

右键菜单命令：〈选中单个或多个表行〉→右键调出表行的编辑命令

表行的局部设置命令均在右键中，首先选中准备编辑的若干个表行，然后在右键中找到准备采用的编辑命令，编辑结果仅对选中的表行有效（图 21-16）。

对话框选项略作解释：

［继承表格横线参数］：选此项，本次操作的表行对象按全局表行的参数设置显示。

［自动换行］：控制本行文字是否可以自动换行。这个设置必须和行高特性配合才可以完成，即行高特性必须为自由或自动，否则文字换行后覆盖表格前一行或后一行。

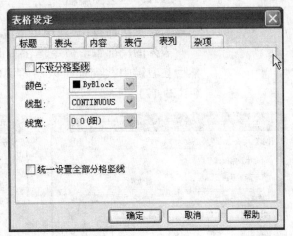

图 21-14　表列编辑的对话框

图 21-15　杂项编辑的对话框

21.2.5 表列编辑

右键菜单命令：〈选中单个或多个表列〉→右键调出表列的编辑命令

表列的局部编辑命令均在右键中，首先选中准备编辑的若干个表列，然后在右键中找到准备采用的编辑命令，编辑结果仅对选中的表列有效（图21-17）。

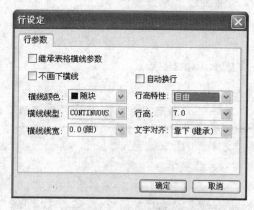

图 21-16　表格的行编辑对话框 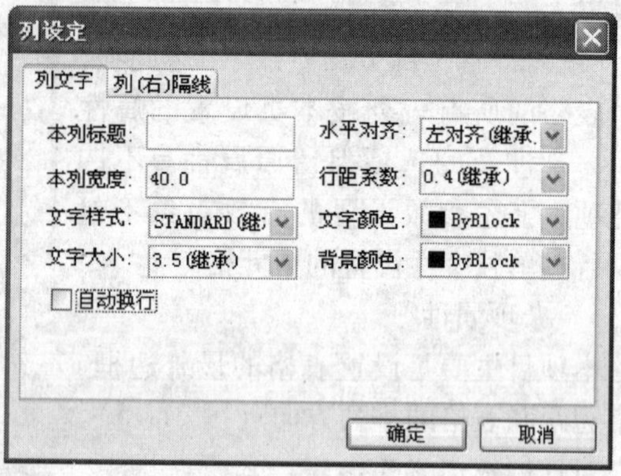　　　　图 21-17　表格的列编辑对话框

对话框选项略作解释：

Mech 赋予表列比表行更多的属性编辑，因为实际应用中表列更重要。下列参数只面向本次操作选中的所有表列有效。

［本列标题］：只有当表格全局中设置"需要表头"，且本次操作仅仅编辑单列时本选项才可用。标题内容为对应表头内的文字内容。

［自动换行］：表列内的文字超过单元宽后自动换行，必须和前面提到的行高特性结合才可以完成。

21.2.6 单元格编辑

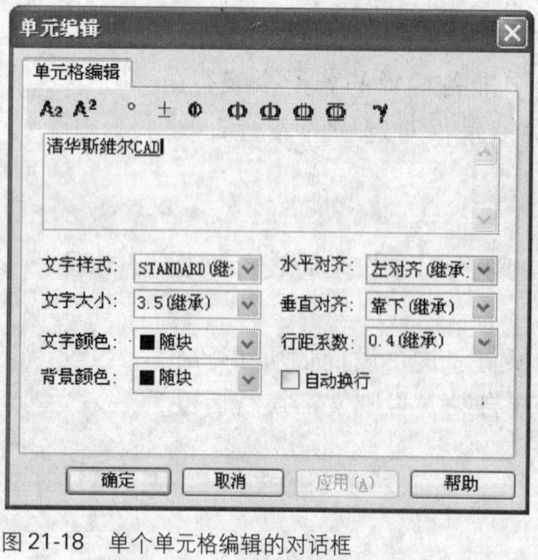

图 21-18　单个单元格编辑的对话框

1）单格编辑

右键菜单命令：〈选中一个单元〉→【单元编辑】

可以对单元内的文字进行编辑（和"在位编辑"效果等同），输入特殊符号以及文字、背景、对齐方式等方面的修改（图21-18）。

2）多格属性

右键菜单命令：〈选中多个单元〉→【单元属性】

本命令对同时选取的多个单元格进行编辑，与前一个命令相似，只是由于面向多个单元，不能编辑单元文字内容。

3）单元合并

右键菜单命令：〈选中多个单元〉→【单元合并】

本命令将选中的相邻的多个单元格合并为一个独立的单元格，合并后的单元格文字内容取合并前左上角单元格的内容。

4）单元拆分

右键菜单命令：〈选中一个单元〉→【单元合并】

把合并格拆分成合前的样子。

21.2.7　导出导入表格

屏幕菜单命令：【文表符号】→【导出表格】（DCBG）

【文表符号】→【导入表格】（DRBG）

考虑到设计师常常使用微软强大的表格处理软件 Office 来统计工程数据，本软件及时提供了 Mech 与 Excel、Word 之间交换表格文件的接口。可以把 Mech 的表格输出到 Excel/Word 中进一步编辑处理，然后再更新回来；还可以在 Excel/Word 建立数据表格，然后以 TH 表格对象的方式插入到 AutoCAD 中。

1）导出表格

本命令将把图中的 Mech 表格输出到 Excel/Word。执行命令后系统自动开启一个 Excel/Word 进程，并把所选定的表格内容输入到 Excel/Word 中，导出到 Excel/Word 的内容包含 TH 表格的标题。

2）导入表格

本命令即把当前 Excel/Word 表单中选中的数据区域内容更新到指定的表格中或导入并新建表格，注意不包括标题，即只能导入表格内容。如果想更新图中的表格，要注意行列数目匹配。

特别提示：

为了实现与 Excel 交换数据，事先必须在系统内安装 Microsoft Office，并且 AutoCAD 必须安装 VBA 部件。

21.2.8　表格拆分与合并

1）表格拆分

右键菜单命令：〈选中表格〉→【表格拆分】（BGCF）

本命令把表格按行或按列拆分成多个表格（图21-19）。

对话框选项和操作：

［按行拆分］、［按列拆分］：确定按行或按列拆分。

［拆分行/列数］：勾选此项，按给定的行/列数自动拆分。

［间距］：拆分后摆放表格的间距。

［含标题］：勾选此项，拆分的表格含标题。

［表头行/列数］：拆分时保留表头，此处确定表

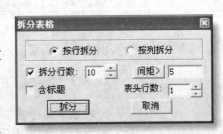

图 21-19　拆分表格对话框

头行或列数。

2）表格合并

右键菜单命令:〈选中表格〉→【表格合并】(BGHB)

本命令把多个表格合并成一个表格。合并的规则是表行方向按点取顺序进行合并,表列方向取全部参与表格的最多列数作为合成后的列数。

21.2.9　夹点编辑

与其他 TH 对象一样,表格对象也提供了专用夹点用来拖拽编辑,各夹点的用处如图 21-20 所示。

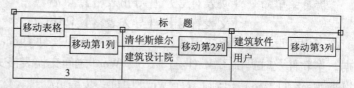

图 21-20　表格的夹点用途示意图

21.2.10　自动编号

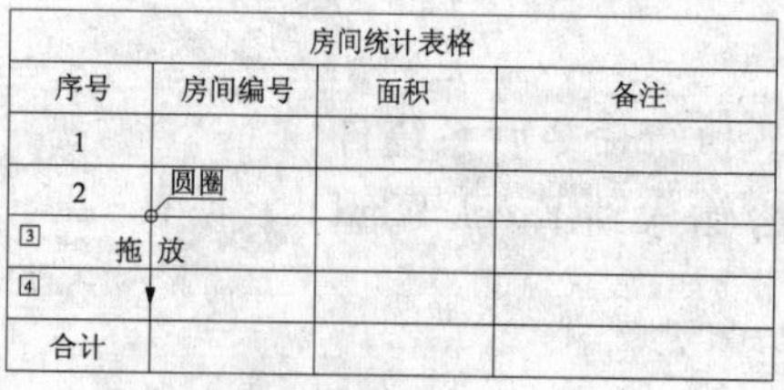

选中多个单元格时,选中区域的右下角有个圆圈。拖放这个圆圈,可以实现自动递增或递减编号,放开鼠标的时候注意使得关闭位置落到最后一个要自动编号的单元格内。这点和 Excel 的自动编号类似(图 21-21)。

图 21-21　表格自动编号

21.3　工程符号

21.3.1　箭头引注

屏幕菜单命令.　【尺寸标注】,【箭头引注】(JTYZ)

本命令在图中以国标规定的样式标出箭头引注符号(图 20-13)。

对话框选项和操作解释:

[文字内容]:符号中的说明文字内容,特殊符号点取上方图标输入。

[文字高度]:说明文字打印输出的实际高度。

[箭头样式]:采用何种箭头样式。可选无、圆点、箭头、十字和半个箭头。

[对齐方式]:文字对齐方式。可选在线端、齐线中和齐线端。

[箭头大小]:箭头的打印输出尺寸大小。

箭头引注符号由箭头、连线和说明文字组成,样式如图 20-14 所示。

21.3.2　做法标注

屏幕菜单命令:【文表符号】→【做法标注】(ZFBZ)

本命令在图中以国标规定的样式标注出做法标注符号(图 21-22)。

图 21-22 做法符号的对话框

命令交互：

起点＜退出＞：

标注从箭头开始，点取起点。

下一点＜退出＞：

鼠标拖动连线，点取第一个折点。

下一点或［弧段（A）/回退（U）］＜退出＞：

继续点取折点。

下一点或［弧段（A）/回退（U）］＜退出＞：

也可回应A变连线为弧线，位置合适后回车结束。

对话框选项和操作解释：

［输入框内］：按行输入做法说明文字，特殊符号点取上方图标输入，可进入［做法库］提取系统给定的做法。

［做法库］：开放管理，用户可维护。

做法标注符号由连线和说明文字组成，样式如图21-23 所示。

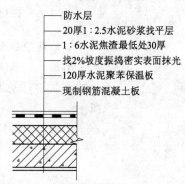

图 21-23 做法符号的实例

21.3.3 引出标注

屏幕菜单命令：【尺寸标注】→【引出标注】（YCBZ）

本命令在图中以国标规定的标准样式标注出引出标注文字符号（图20-15、图20-16）。

21.3.4 图名标注

屏幕菜单命令：【尺寸标注】→【图名标注】（TMBZ）

本命令在图中按国标和传统两种方式自动标出图名（图20-17）。

标注样式有两种形式可以选择，一种是传统样式，还有国标样式，都可以选择是否附带出图比例。图名标注样式如图20-18 所示。

21.3.5 索引符号

屏幕菜单命令：【文表符号】→【索引符号】（SYFH）

本命令在图中以国标规定的样式标出指向索引和剖切索引符号（图21-24）。

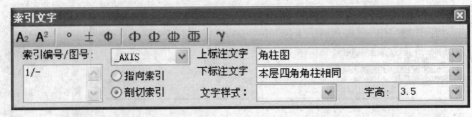

图 21-24　索引符号的对话框

对话框选项和命令行提示以及如何回应，与前述内容基本一致，不再赘述。索引符号有两种样式供选用，注意剖切索引的方向，引出线所在一侧为投射方向。

21.3.6　详图符号

屏幕菜单命令：【文表符号】→【详图符号】（XTFH）

本命令在图中以国标规定的样式标出详图符号。分为详图与被索引的图样在一张图内或不在一张图内两种情况，标法见实例图 20-18 所示。

典型的标注样式如图 21-25 所示。

详图与被索引的图样在同一张图内　详图与被索引的图样不在一张图内

图 21-25　详图标注的两种实例

21.3.7　剖切符号

屏幕菜单命令：【文表符号】→【剖切符号】（PQFH）

本命令在图中以国标规定的标准样式标出剖面剖切和断面剖切符号。

剖切符号对话框如图 21-26。

剖切标注的实例见图 21-27。

图 21-26　剖切标注的对话框

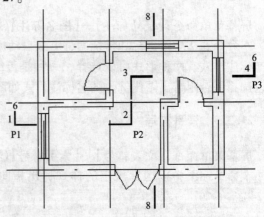

图 21-27　剖切标注的两种实例

特别提示：

请注意转折剖切符号的绘制顺序，如图 21-27 所示实例，点取顺序为 P1、P2、P3、……，顶点 3 不必点取。

21.3.8　折断符号

屏幕菜单命令：【文表符号】→【折断符号】（ZDFH）

本命令在图中以国标规定的样式标出折断符号。

典型的标注样式如图 21-28 所示。

图 21-28　折断符号标注的实例

21.3.9　对称符号

屏幕菜单命令：【文表符号】→【对称符号】（DCFH）

本命令在图中给对称结构图形以国标规定的样式标注出对称符号。

21.3.10　指北针

屏幕菜单命令：【文表符号】→【指北针】（ZBZ）

本命令在图中以国标规定的样式标出指北针符号。标注出的指北针由两部分组成，指北符号和文字"北"，两者一次标注出，但属于两个不同对象，文字"北"为单行文字对象。

典型的标注样式如图 21-29 所示。

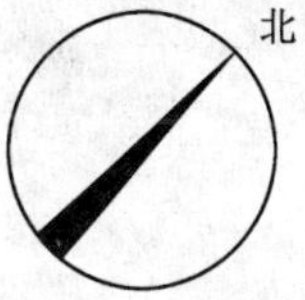

图 21-29　指北针标注实例

第 *22* 章 图库图案

设计绘图需要使用的可以重复使用的素材，包括图块和图案。Mech 提供高效易用的图块和图案管理系统，以便有效地组织、管理和使用这些设计素材，并且采用风格一致的用户界面。

本章内容
- 图块
- 图库管理
- 图案

22.1 图块

22.1.1 图块的概念

为了叙述方便，并且避免理解上的混淆，首先澄清一下有关图块的若干概念。图块的使用涉及块定义和块参照，前者是可以重复使用的素材，后者是具体使用的实例。

块定义的作用范围可以在一个图形文件内有效（简称内部图块），也可以对全部文件都有效（简称外部图块）。如非特别申明，块定义一般指内部图块。外部图块就是 DWG 文件，外部图块通过有关的命令插入图内，生成内部图块，才可以被参照使用；内部图块可以通过 Wblock 导出外部图块。

块参照有多种方式，最常见的就是块插入（INSERT），如非特别申明，块参照就是指块插入。此外，还有外部参照，外部参照自动依赖于外部图块，即外部文件变化了，外部参照可以自动更新。

块参照还有其他更多的形式，例如阀门、设备对象也是一种块参照，而且它还参照了两个块定义（一个二维的块定义和一个三维的块定义）。这里要特别说明的是，Mech 特别定义了一种块参照对象（简称 TH 图块），它和 AutoCAD 块插入类似，它扩展了夹点功能，以便通过包围盒来修改块参照的大小。但是 TH 图块不支持图块属性。

22.1.2 TH 图块夹点

TH 图块有五个夹点，四角的夹点用于图块的拉伸，以实时地改变图块的大小，要精确地控制图块的大小，可以通过右键的对象编辑命令来实现，中间的夹点用于图块的旋转。点中任何一个夹点后都可以通过单击 < Ctrl > 键切换夹点的操作方式，把相应的拉伸、移动操作变成以此夹点为基点的移动操作（图 22-1）。

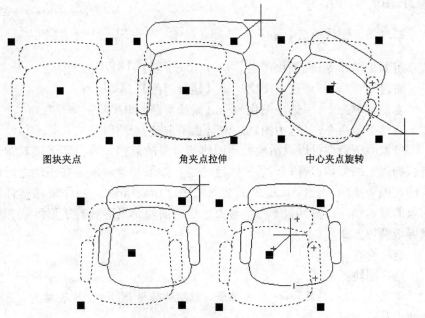

图块夹点　　　　　角夹点拉伸　　　　　中心夹点旋转

单击<Ctrl>键后以角夹点和中心夹点为基点的移动

图 22-1　TH 图块夹点操作示意图

22.1.3　对象编辑

无论是 TH 图块还是 AutoCAD 块参照，可以通过［对象编辑］快捷地修改尺寸大小。选中图块，右键菜单［对象编辑］可以调出对话框对图块进行编辑和修改（图 22-2）。

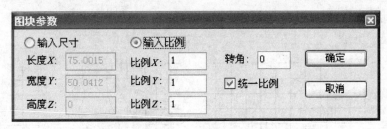

图 22-2　图块参数编辑对话框

22.1.4　图块转化

屏幕菜单命令：【图库图案】→【图块转化】（TKZH）

AutoCAD 命令：Explode

TH 图块和块参照之间可以互相转化。［图块转化］命令将 AutoCAD 图块转化为 TH 图块，使其具有 TH 图块的特性；Explode 命令可以将 TH 图块转化为 AutoCAD 块参照。它们在外观上完全相同，TH 图块的突出特征是具有五个夹点，用户可以采用选中图块并查看夹点数目的办法判断其是否是 TH 图块（图 22-3）。

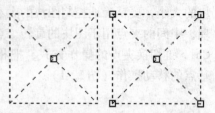

图 22-3　转化前后图块夹点的变化

22.1.5　图块屏蔽

屏幕菜单命令：【图块图案】→【图块屏蔽】(TKPB)
右键菜单命令：〈选中图块〉→【矩形屏蔽】(JXPB)
右键菜单命令：〈选中图块〉→【精确屏蔽】(JQPB)
右键菜单命令：〈选中图块〉→【取消屏蔽】(QXPB)

背景屏蔽特性可以灵活地处理图块与背景的遮挡关系，而无须对背景进行物理上的剪裁，有一点需要注意的是：如果背景对象是在图块之后创建的，则需要用 AutoCAD 提供的绘图顺序（DrawOrder）命令来调整背景对象的显示顺序，使其置于图块对象之后。图块背景屏蔽有矩形屏蔽和精确屏蔽两种方式。

命令交互：
选择图块：
请选择[精确屏蔽(A)/取消屏蔽（U）/屏蔽框开（S）/屏蔽框关（F）]<矩形屏蔽>：

（1）矩形屏蔽：按照图块对象外包矩形来对背景对象进行屏蔽。矩形屏蔽缺省情况下会有一个外框，如果打印时不需要，可以用右键中的［屏蔽框关］关掉。

（2）精确屏蔽：按照图块对象的精确外形轮廓对背景对象进行屏蔽。精确屏蔽只对二维图块有效，系统暂时不提供对三维对象的精确屏蔽操作。

1）矩形屏蔽
以图块包围的长度 X 和宽度 Y 为矩形边界，对背景进行屏蔽（图 22-4）。

2）精确屏蔽

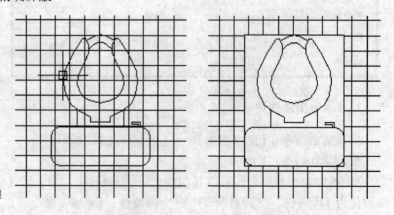

图 22-4　矩形屏蔽前后对照

只对二维图块有效，以图块的轮廓为边界，对背景进行精确屏蔽。对于某些外形轮廓过于复杂或者制作不精细的图块而言，图块轮廓可能无法搜索出来，系统会给出提示（图22-5）。

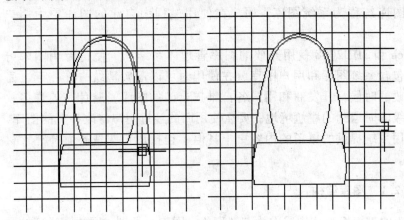

图22-5　精确屏蔽前后对照

3）取消屏蔽

对设置了屏蔽的图块取消其对背景的屏蔽。

屏蔽框开关：

系统缺省情况下在矩形屏蔽的边界处显示屏蔽框，控制屏蔽框的显示。顺便指出，屏蔽框开关每开关一次系统都要调用对图形进行重新生成，图形很大时需要等待。

22.1.6　图块改层

屏幕菜单命令：【图块图案】→【图块改层】（TKGC）

右键菜单命令：〈选中 TH 图块〉→【图块改层】（TKGC）

本命令用于修改块定义的内部图层，以便能够区分图块不同部位的性质。

图块内部往往包含不同的图层，在不分解图块的情况下无法更改这些图层，而在有些情况下需要改变图块内部的图层（图22-6）。

特别提示：

如果选中的图块有多个参照，则系统提示修改全部块参照或只修改当前块参照，如果选择后者，则系统复制一个新的块定义给选中的块参照使用。

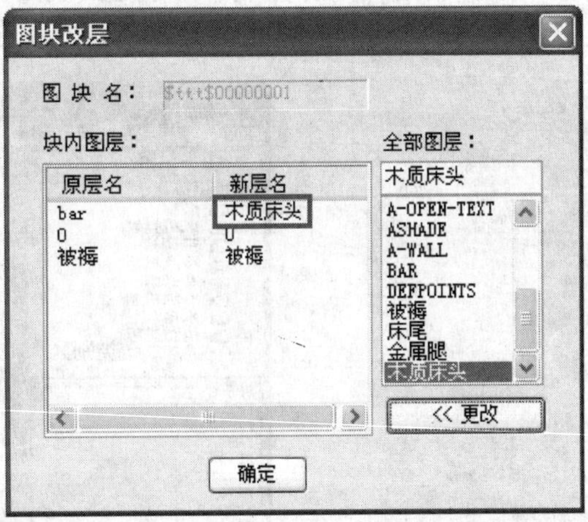

图22-6　图块改层对话框

22.2　图库管理

图库就是外部图块组成的素材库，这些图库有些是系统必备的，用于专门目的的图库（专用图库）。专用图库可以被特定的命令调用，这些图库位置固定（SYS \ DWGLIB），文件名称也固定；有些图库的有无不影响其他系统功能的使用，文件命名和存放位置不受约束，这些图库称通用图库。不论是专用图库还是通用图库，这些随软件安装包提供，且由开发商维护的图库统称为系统图库。用户在使用过程中自建的图库称为用户图库。

Mech 和 3DM2008 使用开放的图库管理体系结构，使得专用图库可以同时包含系统图库和用户图库，在使用时可以逻辑地统一在一起，而维护修改的时候，开发商和用户各自维护自己的图库，避免其他许多软件在升级的时遇到的尴尬境地：要么使用旧的经过用户修改补充的图库，要么使用系统提供的更新的内容更丰富但不包括用户花费心血补充素材的图库。

22. 2. 1　图库结构

图库的逻辑组织结构层次为：图库集—图库—类别—图块。物理结构如下：

（1）图库：由文件主名相同的 TK、DWB 和 SLB 三个类型文件组成，必须位于同目录下才能正确调用。其中 DWB 文件由许多外部图块打包压缩而成；SLB 为幻灯库，存放图块包内的各个图块对应的幻灯片，TK 为这些外部图块的索引文件，包括分类和图块描述信息。

（2）图库集（TKS）：是多个图库的组合索引文件，即指出由哪些 TK 文件组成。

22. 2. 2　界面介绍

屏幕菜单命令：【图块图案】→【图库管理】（TKGL）

图库的管理功能都集中在［图库管理］对话框（图 22-7）中。

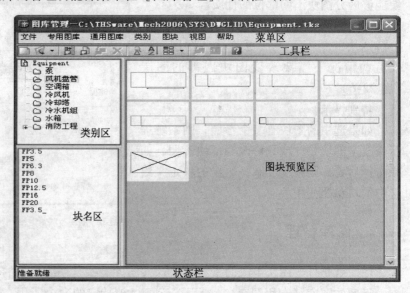

图 22-7　图库管理操作界面

［菜单区］:以下拉菜单形式提供图库操作命令，也可以在不同的区域内通过右键快捷菜单来执行这些命令。

［工具栏］:提供部分常用图库操作的按钮命令。

［类别区］:显示当前图库或图库组文件的树形分类目录。

［块名区］:图块的描述名称（并非插入后的块定义名称），与图块预览区的图片一一对应。选中某图块名称，然后单击该图块可重新命名。

［图块预览区］:显示类别区被选中的类别下的图块幻灯片，被选中的图块会被加亮显示，可以使用滚动条或鼠标滚轮翻滚浏览。

［状态栏］:根据状态的不同显示图块信息或操作提示。

可以通过拖动对话框右下角来调整整个界面的大小；也可以通过拖动区域间的分割线来调整各个区域的大小。系统对各个不同功能的区域，提供了相应的右键菜单。

22.2.3　文件管理

可以新建图库集（TKS），往图库集中添加新图库或加入已有的图库，也可以把图库从图库集中移出（并不从磁盘上删除文件）。进行文件操作的时候，注意"合并观察"不要启用，否则目录区看不到图库文件，无法看到文件操作的结果。

1）新建

新建一个图库集文件（并打开）或新建一个图库文件并加入到当前图库集。

2）打开

打开一个已有的图库集或图库。如果选择的是一个图库（TK）文件，系统则自动为它创建一个同名的图库集（TKS）文件。也可以通过单击▾展开最近打开过的图库集。

3）常用图库

菜单上列出了软件提供的常用图库，以便可以快捷地打开。其中许多是专用的图库。

4）加入图库

选择一个已经存在的图库，加入到当前图库集。

5）移出图库

将选中的图库从当前图库集移出，不删除磁盘上的图库文件。

22.2.4　浏览图块

软件提供了若干措施，使得在图库内查看和挑选图块变得更加容易。

1）合并观察

在合并模式下，图库集下的各个图库逻辑上合并在一起，这样更加方便用户检索，即用户不需要对各个图库都分别找一遍，而是只要顺着分类目录查找即可，不必在乎图块是在哪个图库里。

如果要添加修改图块，那么就要取消合并模式，因为必须知道修改哪个图库里的东西，特别是不应当修改系统图库的东西，因为升级的时候要被覆盖，因此现在所作的修改是徒劳的（图22-8）。

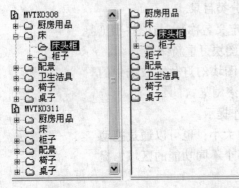

2）排序

将当前类别下的图块按图块描述名称的字母以小到大排序，以方便用户检索。

3）图标布局

设置预览区内的图块幻灯片的显示行列数，以利于用户观察。

4）翻页滚动

可以使用滚动条或鼠标滚轮来翻滚浏览，也可以使用光标键和翻页键（PageUp/PageDown）

图22-8　合并观察前后对比　　来滚动图片。

特别提示：

单击类别区图库的图标，用来展开或合并图库内的分类目录。

22.2.5　添加图块

可以把磁盘上已有外部图块批量地加入图库，也可以把当前图中的局部图形转为外部图块并加入到图库或替换图库中的已有图块。

1）批量入库

将磁盘上已经存在的多个外部图块（DWG文件）增加到当前图库中。

操作要点：

（1）入库过程中，按<Esc>键终止操作。

（2）对于三维图块应选择消隐选项，以达到良好的可视效果。

（3）在选择须入库的DWG文件对话框中，结合<Shift>和<Ctrl>键选择多个DWG文件一同入库。

（4）以原DWG文件名作为入库后的默认图块描述名，用户可以更改。

需要注意的是，如果同目录下存在与DWG文件同名的幻灯片（SLD）文件，系统将不制作新的幻灯片，自己把这些幻灯片加入幻灯库。

2）新建图块

把当前图形中已经存在的图形对象作为图块增加到当前图库中。

操作步骤：

（1）执行新建图块命令。

（2）根据命令行提示选择构成图块的图元。

（3）根据命令行提示输入图块基点（默认为选择集中心点）。

（4）根据命令行提示调整视图，完成幻灯片制作。

（5）新建图块被系统命名为"新图块"，建议立即重命名为便于理解的图块名。

3）重建图块

与新建图块类似，只是替换图库中某个图块或只是重建幻灯片：

（1）按命令提示取图中的图元，重新制作一个图块，代替选中的图块，同时修改幻灯片。

（2）命令提示时不选取图元，空回车，则只提取当前视图显示的图形制作新幻灯片代替旧幻灯片，块定义不更新。

22.2.6 组织图块

图库内的素材，可以重新命名和分类，也可以库间复制或移动到另外一个类别，还可以删除。这些和 Windows 的资源管理器对文件的管理是相似的，包括使用拖放（Drag-Drop）和图块多选。可以这样作个类比，图库集相当于"我的电脑"，图库相当于盘符，类别相当于文件夹，图块相当于文件。

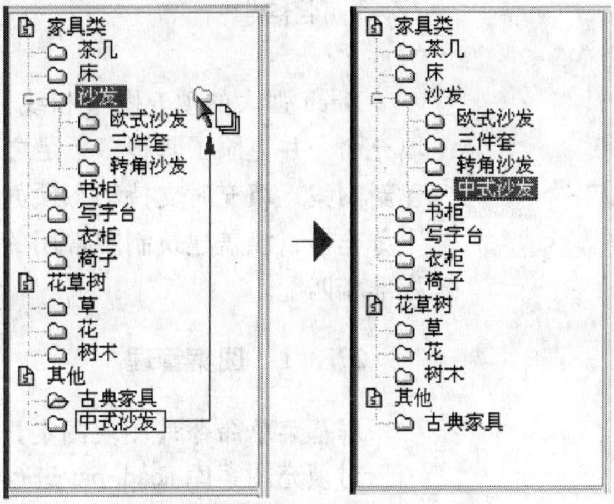

拖放操作规则：

（1）图库内的拖放为移动操作，不存在库内复制，因为毫无意义。

（2）库间的拖放为拷贝操作，除非按住 Shift 键（图 22-9）。

特别提示：
图块从图库中删除后无法恢复！

图 22-9　类别拖放操作

22.2.7 使用图块

用图库组织管理这些外部图块，是为了更好地使用这些图块。专用图库有专门的方法来调用这些图块，各自有专门的描述。这里介绍一般性的使用。

1）插入图块

双击预览区内的图块或选中某个图块后单击 OK 按钮，系统返回到图形操作区，命令行进行图块的定位，并有浮动对话框（图 22-10）可以设置图块的大小。

对话框说明：

[输入尺寸]：直接给出块参照的尺寸大小。

[输入比例]：按插入比例给出块参照的尺寸大小。

[统一比例]：保持图块三个方向等比缩放。

2）图块替换

用选中的图块替换当前图中已经存在的块参照，可以选中保持插入比例不便或保持块参照大小，即包围盒尺寸不变（图 22-11）。

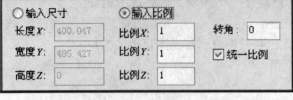

图 22-10 插入图块对话框

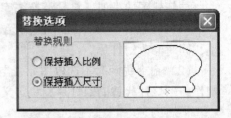

图 22-11 替换规则对话框

22.3 图案

Mech 强大的填充图案和线性图案系统可以完全取代 AutoCAD 的简单填充命令并克服了其很多不足之处。本系统能够方便地管理图案资源，创建新图案，填充时支持动态预览和自动闭合边界线。系统附带的图案资源十分丰富，涵盖建筑制图常用的各种图案样式，并且图案比例与 mm 制图标准相匹配。

22.3.1 图案管理

屏幕菜单命令:【图块图案】→【图案管理】（TAGL）

对填充图案库 acad. pat 进行管理，并保持 acadiso. pat 与 acad. pat 的一致性。Mech 和 3DM2008 提供的图案库，不仅包括了 AutoCAD 提供的基本图案，而且补充了建筑制图需要的许多常用图案，这些图案都有专门的标记，系统只管理这些符合中国建筑制图标准的图案，对于其他 AutoCAD 的基本图案，系统自动过滤掉，不予理会。

图案管理的界面（图 22-12）和图库管理有很多相似之处，请参考前面一节。这里介绍图案管理特殊的功能。

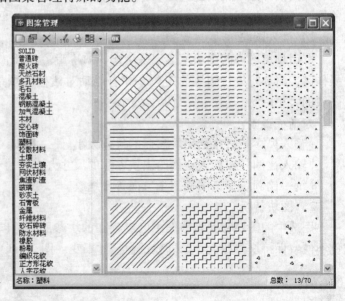

图 22-12 图案管理界面

1）建立图案

包括新建图案和重建图案两种操作，把用 AutoCAD 图元表示的图案单元转化为图案样式并加入到图案库或替换图案库内的已有图案。

操作步骤：

（1）先在屏幕上绘制准备入库的图形，图层及图形所处坐标位置和大小不限。构成图形的图元只限 POINT、LINE、ARC 和 CIRCLE 四种。

（2）按命令行提示输入图案名称，＜回车＞。

（3）按命令行提示，选定准备绘制成新图案的图形对象。

（4）选择图案基点，尽量选在一些有特征的点上，比如圆心或直线和弧的端点。

（5）确定基本图元的横向重复间距，可用光标点取两点确定间距，此间距指所选中的图案图形在水平方向上的重复排列间隔。

（6）同理，确定基本图元的竖向重复间距。

（7）等待系统生成过程，生成后在图案管理的最后位置可找到新建的图案。

2）修改图案比例

调整图案样式的比例，以便和制图标准相适应。对于已有的图案，如果使用出图比例作为填充比例的时候，仍然与制图不适应的话，可以在此更改，即进行放大或缩小（图 22-13）。

3）预览选项（图 22-14）

图 22-13　修改图案比例

图 22-14　图案预览选项

修改预览图片的显示尺寸和图案比例，不影响库内的图案。预览比例一般取 1，不需要更改，即相当于在纸面上预览。边界长和宽，是指预览的这些填充图案所采用的矩形边界大小。可以想象为纸面上的一块填充区域。

22.3.2　图案填充

屏幕菜单命令：【图块图案】→【图案填充】（TATC）

本命令可以取代 AutoCAD 填充命令，调用 Mech 和 3DM2008 提供的图案资源对图中需要进行填充的区域进行图案填充（图 22-15）。

图 22-15　图案填充

操作步骤：

（1）点取左侧图案预览图片进入图案管理对话框，选择需要的图案。

（2）图案比例缺省为当前图档的当前比例，根据需要输入新值或接受缺省值。

（3）确定是否准备填充不闭合的区域。

（4）如果需要，旋转图案的角度。

（5）根据命令行的提示，在图中选取准备填充的区域的组成图元。

（6）在填充区域上移动鼠标，系统动态显示图案填充范围和效果，满意后直接点取完成填充（图 22-16）。

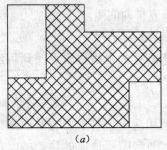
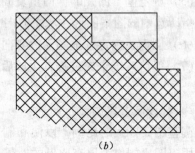

（a）　　　　　　　　　　　　　　（b）

图 22-16　图案填充示例
（a）常规填充；（b）边界自动闭合填充

22.3.3　图案编辑

右键菜单命令：〈选中图案〉→【图案加洞】（TAJD）

右键菜单命令：〈选中图案〉→【图案消洞】（TAXD）

这两个命令在已有的填充图案中添加或消除空洞，参考的边界或者按〔圆形剪裁和多边形剪裁〕，或者以〔多段线和图块定边界〕（图 22-17）。

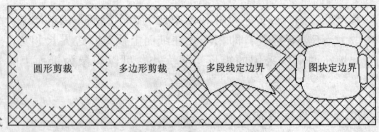

图 22-17　图案中加洞的四种方式

22.3.4　线图案

屏幕菜单命令：【图块图案】→【线图案】（XTA）

线图案对象由路径排列对象来实现，通过对线图案单元沿着指定的路径生成路径排列对象，因此可以参考"辅助工具"中的有关内容。线图案的素材来自线图案库，它是一个专用的图库，其中存放着常用线图案的单元图块，线图案库的维护操作，请参考前面的一节（图22-18）。

图 22-18　绘制线图案

操作步骤：

（1）点取［线图案对话框］的左侧图案图片进入线图案库，如图 22-19 所示，选择需要的线图案。

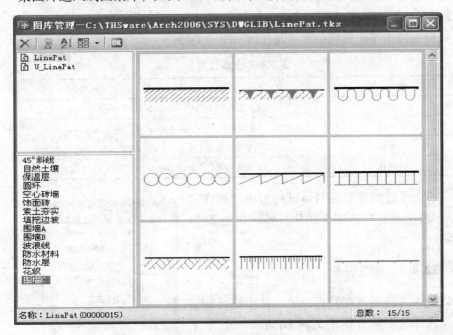

图 22-19　线图案库

（2）确定图案的填充宽度，为图中的实际尺寸。

（3）确定图案的生成基点，以预览图案的上中下位置作参考。

（4）动态输入路径或选择已有曲线作为路径，系统接受的路径曲线有LINE、PLINE 或 ARC。

（5）在图中［选线］作路径参考线时，图案与路径线的对齐关系与路径线的绘制方向有关，图 22-20 给出了路径绘制方向与基点对齐的几种关系实例。

（6）当弧线 ARC 作路径时，基点在上，图案基点与弧线对齐且图案始终置于弧线外侧；基点在下，图案基点与弧线对齐且图案始终置于弧线内侧。

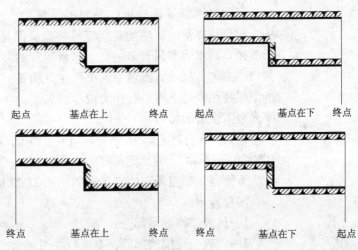

图 22-20　路径绘制方向与基点对齐关系

特别提示：

线图案入库的时候，幻灯片是单元图片，不能直观地反映线图案，应当重建幻灯片，即重建图块的时候空选对象。

22.4 定义构件

本系统可以定义四种构件，定义构件的操作顺序是"绘图建模→定义（输入参数）→调整入库位置"，表 22-1 是四种设备对应的入库位置，用户可以直接用图库管理功能修改在图库中的类型。

定义构件入库位置 表 22-1

构 件 类 型	入 库 位 置
设备	（＄安装目录）\ sys \ DwbLib \ Equipment. tks
风口	（＄安装目录）\ sys \ DwbLib \ AirOpening. tks
水阀	（＄安装目录）\ sys \ DwbLib \ PipeValve. tks
风阀	（＄安装目录）\ sys \ DwbLib \ DUCTVALVE. tks

可以通过图库管理对话框的常用"图库菜单"，快速地打开这四个图库。界面如图 22-21 所示。

22.4.1 定义设备

进入【设备管理】命令中，其中将所需要定义入库的图块分别定义到 Equipment 目录下对应的类别中，如果没有该类别，也可由用户新建。图块绘制好后在相应的目录右键［新图入库］即可。

图 22-21 图库管理的常用图库菜单

设备的图形显示分为二维部分和三维部分。其中二维部分将显示在平面图视角中。三维部分将显示在其他视角中，建议用体量建模功能建立三维模型，但是其图层必须是"3D"。设备上的接口用水管和风管来定义。水管风管的方向、尺寸、流量信息将对应接口的方向、尺寸、流量。这里要注意的是，用来定义接口的水管和风管的图层将用来标志接口，作为接口的名字，在［管连设备］时将按这个名字来搜索设备的接口。

例如，假设要定义一个有回风口的空调箱，可以先布置好风管，将风管图层变为"回风口"，这样定义出来的设备将有一个名字为"回风口"的接口。

下面是一个空调箱的定义实例（图 22-22）。

图片说明：

1—代表二维显示部分；

2—代表三维模型部分，要求所在图层为"3D"；

3、4、5—代表水管，用来定义水管接口，水管的方向、管径、流量和图层名将用来定义接口的方向、管径、流量和接口名字；

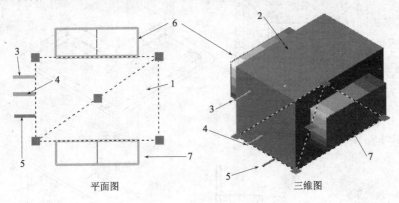

平面图　　　　　三维图　　　　图 22-22　定义设备实例

6、7—代表风管，用来定义风管接口，风管的方向、管径、流量和图层名将用来定义接口的方向、管径、流量和接口名字。

下面是创建后的平面图和三维图（图 22-23、图 22-24）。

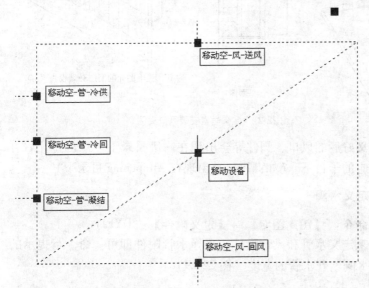

图 22-23　创建后的平面图

22.4.2　定义风口

屏幕菜单命令:【图库图案】→【定义风口】（DYFK）

此命令用来定义风口。可定义垂直安装的风口和水平安装的风口。定义风口是定义设备的一个特例，因此操作参照定义设备。不同的是风口一般只有一个风管接口，如果没有用风管来定义接口，系统将根据输入的位置点及 X、Y 方向的大小自动增加一个风管接口。

还有一点要注意的是，定义垂直安装的风口时，为了配合［布置风口］命令的自动对齐风管功能，最好是将风口朝右。

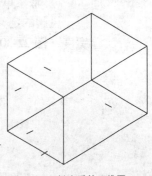

图 22-24　创建后的三维图

下面是实例（图22-25～图22-28）。

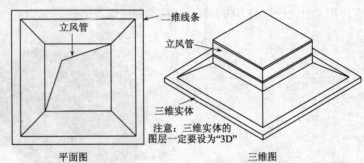

图22-25　定义水平安装风口实例　　　　平面图　　　　　　　　　三维图

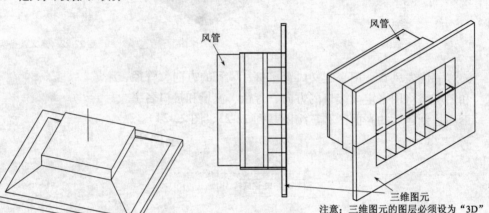

图22-26　图22-25定义好的风口　　　　图22-27　定义垂直安装风口实例

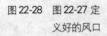

注意：定义好后的风口、阀件等会出现在一级目录下，双击打开后可以将其拖到相应的子目下。（如：风口会出现在 Airopening 目录下）

22.4.3　定义水阀

屏幕菜单命令：【图库图案】→【定义附件】　（DYFJ）

此命令用来定义水管和风管附件，选择水管附件即可。命令行提示的 X 方向宽度即水阀断开水管的宽度（图22-29）。

22.4.4　定义风阀

屏幕菜单命令:【图库图案】→【定义附件】（DYFJ）

风阀的定义与水阀类似。命令行提示的 X 方向宽度即水阀断开水管的宽度（图22-30）。

图22-28　图22-27定义好的风口

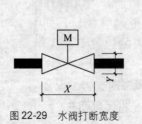

图22-29　水阀打断宽度

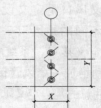

图22-30　风阀打断宽度

第 *23* 章 辅助工具

本章介绍 Mech 提供的辅助工具，其中有些非常有用，甚至必不可少。这些功能比较零碎，各个功能之间也相对比较独立，不便归纳到其他章节中。

本章内容
- 视口工具
- 对象工具
- 绘图辅助工具
- 三维编辑工具

23.1 视口工具

23.1.1 满屏观察

屏幕菜单命令：【工具一】→【满屏观察】（MPGC）

本功能将屏幕绘图区放大到屏幕最大尺寸，便于更加清晰地观察图形，Esc 退出满屏观察状态。需要特别指出，在 AutoCAD2008 平台下，满屏观察下，也可以键入命令进行编辑。其他 AutoCAD 平台，由于用来交互的命令行窗口被关闭，因此不适合编辑。

23.1.2 满屏编辑

屏幕菜单命令：【工具一】→【满屏编辑】（MPBJ）

关闭 AutoCAD 所有其他子窗口，只保留屏幕菜单和命令行，形成屏幕最大化的编辑模式。再次点击本命令视口恢复到正常显示模式。

23.1.3 视口拖放

Mech 采用最方便的鼠标拖拽方式建立和取消多个视口，将鼠标指针置于视口边缘，当出现双向箭头时按住鼠标左键向需要的方向拖拽，达到添加或取消视口的目的。从概念上讲，AutoCAD 有模型视口和布局视口之分，本章所说的视口专指模型空间的视口。

操作要点：

（1）将鼠标指针置于视口边缘，当出现双向箭头时按住鼠标左键向需要的方向拖拽，达到添加或取消视口的目的。

（2）在多个视口的边界交汇处，鼠标变成四向箭头时，可拖拽交汇相关的视口边界同时移动。

（3）按住＜Ctrl＞键可以只拖拽当前视口边界而不影响与其并列的其他视口（图 23-1）。

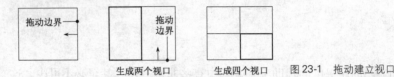

生成两个视口　　　　生成四个视口　　　图 23-1　拖动建立视口

23.1.4　视口放大与恢复

屏幕菜单命令：【工具一】→【视口放大】（SKFD）
【工具一】→【视口恢复】（SKHF）

［视口放大］：在模型空间多视口的模式下，将当前视口放大充满整个 AutoCAD 图形显示区，以便更清晰地观察视口内的图形。

［视口恢复］：将放大的视口恢复到原状。

23.2　对象工具

23.2.1　测包围盒

屏幕菜单命令：【工具一】→【测包围盒】（CBWH）

本命令测定对象集的外边界，命令行给出选择的对象集在 WCS 三个方向的最大边界 X、Y 和 Z 值，同时在平面图中显示一个外边界虚框（图 23-2）。

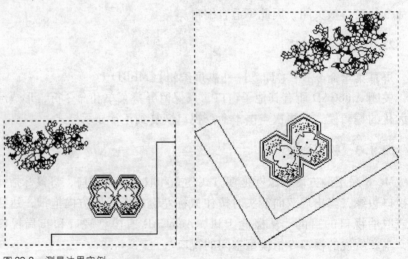

图 23-2　测量边界实例

23.2.2 对象可见性

屏幕菜单命令:【工具一】→【隐藏可见】(YCKJ)

【工具一】→【恢复可见】(HFKJ)

[隐藏可见] 能够把妨碍观察和操作的对象临时隐藏起来,利用 [恢复可见] 可以重新恢复可见性。

在三维操作中,经常会遇到前方的物体遮挡了想操作或观察的物体,这时可以把前方的物体临时隐藏起来,以方便观察或其他操作(图23-3)。

图 23-3　隐藏可见选项

对话框中的两个选项是为解决选取对象难易设定的,假如要隐藏的对象数量比较少,选取又很方便,以 [隐藏选中的对象] 为佳,相反,如果准备隐藏的对象很难选取,数量又很多,[留下选中的对象] 的方式更方便。

特别提示:

另有两个快捷命令,[局部可见](JBKJ) 和 [局部隐藏](JBYC) 可以用来控制对象的可见性,更适合于先选物体,后执行命令。

23.2.3 过滤选择

屏幕菜单命令:【工具一】→【过滤选择】(GLXZ)

本命令提供过滤选择对象功能。首先选择过滤参考的图元对象,再选择其他符合参考对象过滤条件的图形,在复杂的图形中筛选同类对象建立需要批量操作的选择集。

对话框选项和操作解释:

[图层]:过滤选择条件为图层名,比如过滤参考图元的图层为A,则选取对象时只有A层的对象才能被选中。

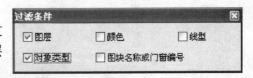

图 23-4 过滤选择对话框

[颜色]:过滤选择条件为图元对象的颜色,目的是选择颜色相同的对象。

[线型]:过滤选择条件为图元对象的线型,比如删去虚线。

[对象类型]:过滤选择条件为图元对象的类型,比如选择所有的PLINE。

[图块名称或门窗编号]:

过滤选择条件为图块名称或门窗编号,快速选择同名图块,或编号相同的门窗时使用。

过滤条件可以同时选择多个,即采用多重过滤条件选择。也可以连续多次使用 [过滤选择],多次选择的结果自动叠加。

命令交互:

在对话框中选择过滤条件,命令行提示:

请选择一参考对象 < 退出 >:

选取须修改的参考图元。

提示: 空选即为全选, 中断用Esc!

选择图元:

选取需要的所有图元, 系统自动过滤。 直接回车则选择全部该类图元。

命令结束后, 同类对象处于选择状态, 可以继续运行其他编辑命令, 对选中的物体进行批量编辑。

23.2.4 对象查询

屏幕菜单命令:【工具一】→【对象查询】(DXCX)

利用光标在各个对象上面的移动, 动态查询显示其信息, 并可以点击对象进入对象编辑。

本命令与 AutoCAD 的 List 命令相似, 但比 List 更加方便实用。调用命令后, 光标靠近对象屏幕就会出现数据文本窗口, 显示该对象的有关数据, 此时如果点取对象, 则自动调用对象编辑功能进行编辑修改, 修改完毕继续进行对象查询。

对于 TH 对象, 将有反映该对象的详细的数据; 而对于 AutoCAD 的标准对象, 只列出对象类型和通用的图层、颜色、线型等信息 (图23-5)。

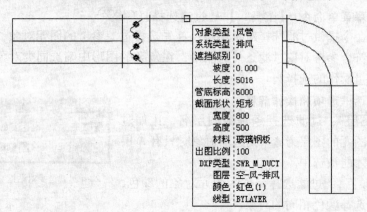

图 23-5 对象查询实例

23.2.5 对象编辑

屏幕菜单命令:【工具一】→【对象编辑】(DXBJ)

本命令依照所面向的自定义对象, 自动调出对应的编辑功能进行编辑, 几乎所有的 TH 对象都支持本功能, 第 10 章已经给出了介绍。

23.2.6 布尔编辑

屏幕菜单命令:【工具一】→【布尔编辑】(BEBJ)

本命令用布尔交、并、差的方法修改对象的边界, 功能强大。

目前支持如下对象:

TH 对象：平板/双跑楼梯/房间/柱子/人字坡顶；

ACAD 对象：封闭的 PLINE 和 CIRCLE。

23.3 绘图辅助工具

23.3.1 新建矩形

屏幕菜单命令：【工具二】→【新建矩形】（XJJX）

矩形对象是 Mech 定义的通用对象，具有二维和三维两种特征，能够表现丰富的二维和三维形态，外轮廓在拖动夹点改变时始终保持矩形形状。矩形用于多种场合，除了简单的矩形外，还可以表达各种设备、家具以及三维网架等。比如本软件中的电梯、地面分格等都采用了矩形对象（图 23-6）。

图 23-6　新建矩形对话框

对话框选项和操作解释：

[长度]、[宽度]：矩形的长度和宽度。

[格长]、[格宽]：当选定矩形内部分格时的分格尺寸。

[需要边框]：给奇数和偶数分格的矩形设定边框。

[需要三维]：赋予矩形三维属性，相关三维参数打开。

[厚度]：赋予三维矩形高度，使其成为长方体。

[边框宽]、[边框厚]：三维矩形的边框截面尺寸。

[格线宽]、[格线厚]：三维矩形内部分格的截面尺寸。

用对话框下部的图标按钮确定矩形的形式（图 23-7）。

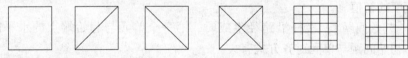

图 23-7　矩形对象的变化形式

矩形对象具有五个与 TH 图块类似的夹点，其意义和操作规则也相同。<Ctrl>键控制夹点在"移动"和"对角拉伸"/"中心旋转"之间切换。

特别提示：

矩形具有二维对象和三维对象的属性，二维矩形在三维视图中不可见，而三维矩形在二维视图和三维视图下均可见。

23.3.2 路径排列

屏幕菜单命令:【工具二】→【路径排列】(LJPL)

本功能沿着选定的路径排列生成指定间距的单元对象(图块或图元)。

操作步骤:

(1) 准备好作为路径的曲线:线/弧/圆/多段线或可绑定对象(路径曲面/扶手/坡屋顶)。

(2) 从图库中调出单元图块,例如从栏杆库中调出栏杆单元。也可以创建新的排列单元,如圆柱体等。

(3) 如果需要,用[对象编辑]修改单元图块的尺寸。

(4) 点取本命令,按命令行提示选取排列路径。

(5) 选取准备在路径上排列的单元对象。

路径排列的对话框如图 23-8 所示。

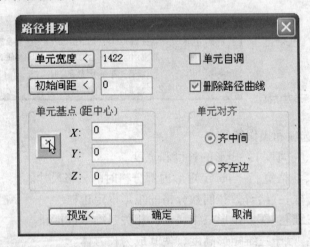

图 23-8　路径排列对话框

对话框选项和操作解释:

[单元宽度]:排列单元对象时的单元间距。由选中的单元对象获得单元宽度的初值。

[初始间距]:栏杆沿路径生成时,第一个单元与起始端点的水平间距,初始间距与单元对齐方式有关。

[单元基点]:缺省单元基点位于单元对象的外包轮廓的形心。在二维视图中点取单元基点更准确。单元间距取栏杆单元的宽度,而不能仅仅是栏杆立柱的尺寸。

[单元自调]:单元对象排列时如果不能刚好排满,会剩余小于一个单元宽度的空白段。选择本项后,单元对象将进行微小"挤压和拉伸"排满到路径上。

[齐中间]:单元对象的基点与路径起点对齐。

[齐左边]:单元对象的基点与路径起点的半个单元宽度处对齐。

特别提示：

路径排列的单元对象是从路径的起始点开始顺序进行排列的，所以要正确把握路径创建时的起点和方向。

23.3.3 线段处理

屏幕菜单命令：【工具二】→【线变 PL】（XBPL）

本命令将若干段彼此衔接的 LINE、ARC 和 PLINE 连接成整段的PLINE。

屏幕菜单命令：【工具二】→【连接曲线】（LJQX）

本命令将两根位于同一直线上的线段，或两段同心等半径的弧段，或相切的直线与弧相连接。

屏幕菜单命令：【工具二】→【交点打断】（JDDD）

本命令对同一平面内的 LINE、PLINE 和 ARC，在交点处进行打断处理。

屏幕菜单命令：【工具二】→【加粗曲线】（JCQX）

将 LINE、ARC 和 PLINE 按指定宽度加粗，对于 LINE 和ARC 线自动转变为 PLINE。

图 23-9 加粗曲线对话框

加粗曲线对话框如图 23-9 所示。

选择［连接首尾相连的曲线］：则将那些首尾相连的线段和弧线在加宽的同时连接成为整根的 PLINE。

屏幕菜单命令：【工具二】→【消除重线】（XCCX）

本命令用于在二维图中处理属于同图层的搭接和重合曲线（LINE、ARC 和 CIRCLE）对象。

处理原则：

（1）完全重合保留最长的那根曲线。

（2）部分重合的按最大长度整合成一根曲线。

（3）搭接的自动合成一整根曲线。

（4）PLINE 须先将其分解为 LINE 才能参与处理。

23.3.4 统一标高

屏幕菜单命令：【工具二】→【统一标高】（TYBG）

本命令用于整理平面图中二维图形对象各节点 Z 坐标不一致的问题，避免出现错乱的捕捉和数据错误。命令能够处理包含在图块内的图元。

23.3.5 搜索轮廓

屏幕菜单命令：【工具二】→【搜索轮廓】（SSLK）

本命令智能搜索二维图的外轮廓，并将轮廓线加粗为实线。可以搜索三种类型的轮廓图 23-10：

（1）最外轮廓：即选中对象的包络线。

（2）指定轮廓：对选中的对象进行区域分析，由用户点取指定，鼠标移动的时候，动态给出反馈。

（3）立面轮廓：和最外轮廓相似，只是轮廓为开口，把 Y 值最小的边给去掉。

23.3.6　图形裁剪

屏幕菜单命令：【工具二】→【图形裁剪】（TXCJ）

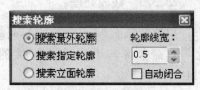

图 23-10　搜索轮廓对话框

本命令以选定的矩形窗口、封闭曲线或图块边界作参考，对平面图内的 TH 图块和 ACAD 二维图元进行剪裁删除。主要用于立面图中的构件的遮挡关系处理。

23.3.7　图形切割

屏幕菜单命令：【工具二】→【图形切割】（TXQG）

本命令以选定的矩形窗口、封闭曲线或图块边界作参考，在平面图内切割并提取一部分图形作为详图的底图。图形切割不破坏原有图形的完整性。

操作步骤：

（1）确定切割边界。直接在平面图中按矩形边界切割，或按系统提示在［多边形裁剪］、［多段线定边界］、［图块定边界］中选择一种剪切边界。

（2）提取切割出来的部分图形，插入到合适的位置备用。

23.3.8　关闭图层

屏幕菜单命令：【管线工具】→【关闭图层】（GBTC）

此命令目的是为了简化图层关闭操作，可用于处理建筑底图。

命令交互：

选择要关闭图层上的图元：

选择几个对象后，系统提示哪些图层被关闭，下面是一个提示实例：

图层：DOTE 已关闭！

图层：COLUMN 已关闭！

图层：WALL 已关闭！

图层：KT 已关闭！

总共关闭四个图层！

23.3.9　图层全开

屏幕菜单命令：【管线工具】→【图层全开】（TCQK）

此命令主要与【关闭图层】所对应，可将所有图层开启。

23.3.10 图层控制

屏幕菜单命令：【管线工具】→【图层控制】(TCKZ)

此命令主要是对专业图层区分，可进行开关、冻结、锁定、设置颜色、线型（图23-11）。

图23-11 图层控制

23.4 三维编辑工具

23.4.1 Z 向编辑

屏幕菜单命令：【工具一】→【Z 向编辑】(ZXBJ)

本命令在 Z 轴方向编辑对象，由位移和阵列两个分支命令组成。此命令便于用户在平面视图下在 Z 方向上移动对象或阵列对象。

23.4.2 设置立面

屏幕菜单命令：【工具一】→【设置立面】(SZLM)

本命令将用户坐标系（UCS）和观察视图设置到平面两点所确定的立面上。

在图23-12中的建筑物为非正南正北，如果准备观察建筑物正面或设置正面为当前 UCS，采用［设置立面］来实现，右侧的插图即为建筑物正立面的结果视图。

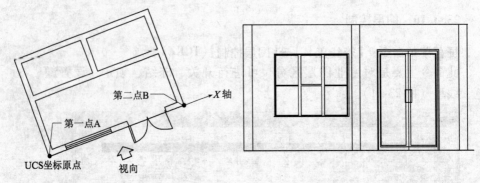

图 23-12　设置立面的实例

第 *24* 章　文 件 布 图

设计完成后，需要提交给有关的合作方，或打印输出。不同的设计师操作图档的环境不尽相同，因此需要格式转化。设计的最终产品是工程图纸，设计好的图纸如何输出到打印设备上，并不是一件容易的事情，Mech提供了一套适合中国用户需要的布图打印解决方案。

本章内容
- 楼层信息
- 格式转换
- 布置图纸

24.1　楼层信息

建筑图纸以不同方式表达了一个建筑的信息，特别是平面图，表达了一个楼层空间内的建筑信息模型。如何利用一个个孤立的楼层模型，获得完整的建筑模型呢？这就是楼层表。

如果全部的平面图都在一个图形文件，那么使用楼层框，即内部楼层表；如果各个平面图是独立的 DWG 文件，那么使用外部楼层表（building. dbf）。楼层表在需要使用楼层信息的各个命令都会出现，如三维组合、立剖面生成和门窗总表。使用外部楼层表时，要注意定义各个平面图的基点，即对齐点，在命令行键入 BASE 即可。

24.1.1　建楼层框

屏幕菜单命令：【文件布图】→【建楼层框】（JLCK）

一套工程图的各层平面集成在一个 DWG 文件中的时候，用本命令定义每个平面图的楼层属性，建立平面图之间的联系，即标准层和自然层的对应关系。

操作步骤：

用矩形框确定平面图的范围：

（1）确定对齐点，用于三维组合和立剖面生成。

（2）输入对应的自然层，形如"-1，1，3~7"，用于多个自然层时，填写各自然层层号，层号间用逗号分隔，如 2，4，6；用于连续多个自然层时，填首尾层号，中间用"～"连接，如2至5层填为"2～5"；还可以合理地任意组合，如"2，6～9，13"。地下室的层号为负数，如地下1层填 –1。层号不可为0。

（3）输入层高。楼层关系公式为：上层底标高 = 本层底标高 + 本层层高，由首层到顶层依次确定各个自然层的底标高，然后进行叠加生成三维和立剖面。

建立起来的楼层框外观为矩形，对象名称为"楼层框"，支持 OPM 特性表编辑，具有五个夹点，除四个顶点外还有一个对齐点，都可以用鼠标拖拽编辑。

图 24-1 为一个楼层框的实例图。

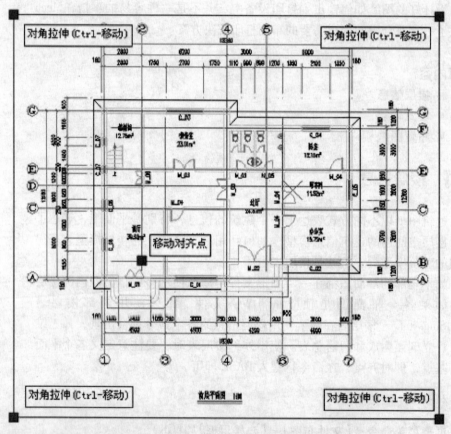

图 24-1　楼层框的夹点说明实例

24.1.2　三维组合

屏幕菜单命令：【文件布图】→【三维组合】（SWZH）

本命令依据楼层表的结构和参数，调用包含三维信息的各层 DWG 文件，叠加构造完整的三维建筑模型。如果使用外部楼层表，则在楼层组合对话框中，可以添加或修改楼层定义。否则提取楼层框信息完成楼层表，不可修改。

本软件对工程图形文件管理的要求与用户的习惯是一致的，通常采取如下两种方式：一种是把一个工程的所有图形集中到一个DWG文件中，另一种就是把每个标准层单独保存成一个DWG，整个工程所有的DWG集中放置到一个文件夹中。本软件的剖图生成和三维组合能够处理上述两种图形管理形式（图24-2）。

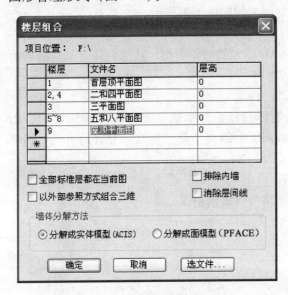

图24-2　三维组合的对话框

对话框选项和操作解释：

电子表格中每个单行内调用一个DWG文件，该DWG适用的自然楼层在［楼层］项中填写。

［楼层］：自然楼层号。根据楼层的多少可以有多种格式，单个自然层只写层号；多个不连续自然层层号间用逗号分隔，如2，4，6；连续多个自然层时，填首尾层号，中间用"～"连接，如2至5层填为"2～5"；还可以合理地任意组合，如"2，6～9，13"。地下室的层号为负数，如地下1层填-1。层号不可为0。

［文件名］：与自然层对应调用的DWG文件名，可直接输入文件名也可以通过［选文件...］按钮进入集中放置本工程图形的文件夹内选取。

［层高］：本DWG表达的自然层的楼层高度，以mm为单位。楼层关系公式为：上层底标高＝本层底标高＋本层层高，由首层到顶层依次确定各个自然层的底标高，然后进行叠加生成三维和立剖面。

对话框中部的四个选项规定了本次组合所遵守的规则。

［全部标准层都在当前图］：

当整个工程的所有图文件都集中在当前的DWG中时，选择本项组合三维模型。选择后部分无用的选项变灰，不能被采用。

［以外部参照方式组合三维］：

勾选此项，建筑模型中每层DWG图形以外部参照（Xref）方式插入。拷贝到其他电脑中必须将分层的DWG一同考入，才能确保正确显示本文件的建筑模型。优点是显示速度快，各平面图修改后三维模型能够自动更新，三维模型文件很小。

[排除内墙]：选中此项，生成三维模型时系统自动排除内墙。事先需要对各标准层进行内外墙区分。

[消除层间线]：本选项仅对"外部参照（Xref）"和"分解成面片"有效，选择此项，三维模型之间的层间线不再显示。

[墙体分解方法]：

决定了墙柱转换成 AutoCAD 图元的对象类型，其他构件对象系统自动转换成面模型（PFACE）。

[分解成实体模型（ACIS）]：

系统把各个标准层内的墙体和柱子分解成三维实体（3DSOLID），用户可以使用相关的命令进行编辑，如需要消除层间线，分解后可以对相邻的各个实体进行布尔"并"（UNION）运算。

[分解成面模型（PFACE）]：

系统把各个标准层内的墙体分解成网格面。

24.2 格式转换

24.2.1 图形导出

屏幕菜单命令：【文件布图】→【图形导出】(TXDC)

本命令将当前图档转化并保存为 AutoCAD 基本对象，可以兼容天正 3 格式（图 24-3）。

图 24-3　图形导出对话框

操作步骤：

(1) 选择要导出的视图类型；

(2) 输入导出的文件名；

（3）选择要保存的文件类型：可以与当前 AutoCAD 平台同格式，或降低一个版本；

（4）确定是否需要兼容天正 3 和转换图层标准。

24.2.2　分解对象

屏幕菜单命令：【文件布图】→【分解对象】（FJDX）

本命令提供了将图中选中的自定义对象分解为 AutoCAD 普通图元的转换手段。适于需要在纯 AutoCAD 下进行浏览和出图或者准备将三维模型导入其他渲染器进行渲染时，由于其他渲染软件不支持自定义对象，需要采用本命令完成分解转换。

自定义对象分解后彻底失去了先前的智能化特征，因此建议用户务必备份分解前的图档，以便今后编辑修改，把分解后的图另存为新的文件。

特别提示：

（1）分解的结果与当前视图有关，如果要获得三维图形（墙体分解成 Pface 或 Solid），必须先把视口设为某个方向的轴测视图，在平面视图中分解只能获得 AutoCAD 的二维平面图。

（2）本命令不能分解包含在图块中的对象，因此要彻底转换整个文件，应当使用图形导出。

24.2.3　图形变线

屏幕菜单命令：【文件布图】→【图形变线】（TXBX）

本命令用来把选定的三维视图中三维模型"压扁"转成二维图形，并另存成新图。通常用来生成透视角度的二维线框图，以便与平面图布置在一张图纸中，或用于其他二维状态下。

操作步骤：

（1）调整三维视口获得需要的视图观察角度；

（2）赋名保存转换后的二维 DWG 文件；

（3）等待系统转换处理；

（4）进行消除重线（图 24-4）。

三维透视图

图形

图 24-4　图形变线

特别提示：

分解转换后绘图精度将稍有损失。

24.2.4　图层管理

屏幕菜单命令：【文件布图】→【图层管理】(TCGL)

本命令与初始设置中【图层管理】命令一致，详见第10章。

24.3　布置图纸

24.3.1　布图原理

所谓布图就是把多个选定的模型空间的图形分别按各自的出图比例倍数缩小，以视口方式放置到图纸空间中，以备打印输出。Mech规定，在模型空间绘图的时候，WCS—X方向为观看图纸时的右手方向，即面朝着WCS—Y方向阅读图纸。因此不管最后图纸怎么布置，创建图形的时候都要遵守这一规则。

在本软件中，建筑构件在模型空间设计时都是按1∶1的实际尺寸创建，布图后在图纸空间中这些构件对象相应缩小了出图比例的倍数，换言之，建筑构件无论当前比例多少都是按1∶1创建，当前比例和改变比例并不影响和改变构件对象的大小。而对于图中的文字、符号和标注，以及断面充填和带有宽度的线段等注释性对象，则情况有所不同，它们在创建时的尺寸大小相当于输出图纸中的大小乘以当前比例，可见它们与比例参数密切相关，因此在设定当前比例和改变比例时，只有这类注释性对象被影响。

TH对象都有出图比例的参数，在布图时要保证出图比例与当初的绘图比例一致，是必要的。

简而言之，布图后系统自动把图形中的构件和注释等所有选定的对象，"缩小"一个出图比例的倍数，放置到给定的一张图纸上。重复对不同比例的图形操作这个过程，就是多比例布图。

24.3.2　设置当前比例

使用AutoCAD的［选项］(Options)，可以设置当前图的全局设置，包括当前出图比例。参见第10章的说明。不过这不是最快的方法，最快的方法是在命令行键入快捷命令DQBL。

当前比例显示在状态条的左下角，新创建的对象都使用当前比例。

24.3.3　改变出图比例

屏幕菜单命令：【文件布图】→【改变比例】(GBBL)

本命令改变模型空间中某一个范围的图形的出图比例，使其图形内的文字符号注释类对象与输出比例相适应，同时系统自动将其置为新的当前比例。

本命令可以在模型空间使用，也可以在图纸空间使用。如果图形尚未用［布置模型］布置到图纸空间，用该命令可以改变选定图形的出图比例，图中文字符号线宽填充的大小将发生改变；如果图形已经布置到图纸空间，可以删除图纸空间生成的布图视口，然后在模型空间改变出图比例，接着重新用［布置模型］布置到图纸空间。

在模型空间改变比例步骤：

（1）输入新的出图比例；

（2）请选择要改变比例的图元；

（3）请提供原有的出图比例。

在图纸空间改变比例步骤：

（1）选择要改变比例的视口；

（2）输入新的出图比例；

（3）选择要改变比例的图元。

这时，视口中图形与比例不符的轴圈、尺寸标注、文字、符号等都得到更新（图24-5）。

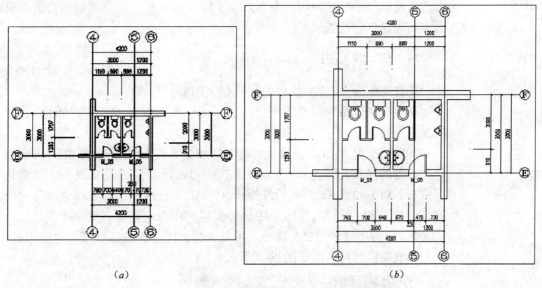

（a）   （b）

图24-5 改变比例实例

（a）原视口比例1∶100；（b）视口比例改为1∶50

24.3.4 布置图形

屏幕菜单命令：【文件布图】→【布置图形】（BZTX）

将模型空间的某个范围的图形以给定的出图比例布置到图纸空间。无论当前处于模型空间还是图纸空间，本命令都是进入模型空间选取图形，然后切换到图纸空间等待插入视口（图24-6）。

操作步骤：

（1）进入布局空间，删除系统
自动插入的视口；

图 24-6　布置图形设置

（2）选定绘图仪型号，设定图
纸大小和打印比例 1：1；

（3）点取命令，在布置图纸对话框中给定〔出图比例〕；

（4）根据需要选择〔布局旋转〕；

（5）在模型空间框选等待布局的图形范围；

（6）系统自动切换到布局空间，插入包含图形的视口；

（7）反复（4）～（6）步骤，插入其他图形布置的视口；

（8）调整各个视口的位置和确定准备打印的可见部分。

〔布图旋转〕：使得视口中的图形无任何改变的情况下被旋转 90°，本
选项为打印输出时多张图纸优化布局节省纸张服务。系统等待点取布图视
口左下角的插入位置时，直接回车视口左下角与图纸有效打印区域的左下
角对齐。

〔布图视口〕：也具有 AutoCAD 对象的属性，可以像其他图元一样进行
复制、移动等编辑，最实用的属性是利用夹点编辑改变显示打印内容，点
击激活视口，鼠标拖拽四角夹点来改变视口的大小，进而控制图形的可见
内容和确定打印范围。

24.3.5　插入图框

屏幕菜单命令：【文件布图】→【插入图框】(CRTK)

本命令在模型空间或图纸空间插入"标准图框"或"用户图框"，并
可预览图幅。

标准图框由 Arch 系统提供。标题栏和会签栏为常见形式，用户可定制
修改二者的样式，即 Sys 下 __LABEL2 和 __LABEL1 两个图形文件，原则是
保持右下角不动或 *XY* 坐标始终处于（0，0）。标题栏中需要用户填写的内
容，比如图名、设计人等均采用属性文字，在命令行键入 Attdef 创建，__
LABEL2 中的序号和图幅为两个不可见属性，创建〔图纸目录〕时会用到。

标准图框的对话框如图 24-7 所示。

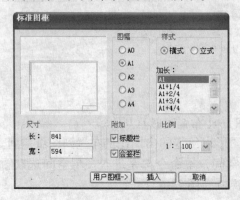

图 24-7　标准图框的对话框

用户图框由用户在"Sys\图框"下按图纸尺寸1:1自建,包括标题栏和会签栏,建议设置在0层上。与标准图框相似,标题栏中需要用户填写的部分用 Attdef 命令创建,"序号和图幅"为两个不可见属性专用于[图纸目录]。在\Sys\图框下还可以创建目录放置不同的图框方案,比如不同工程或不同设计专业的图框。

用户图框的对话框如图24-8所示。

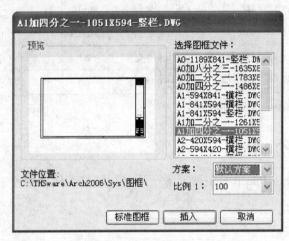

图24-8 用户图框的对话框

图框插入后,双击标题栏弹出如图24-9所示的"增强属性编辑器"对话框,填入该工程和本图的正确标题信息值,如工程名称、设计人等。

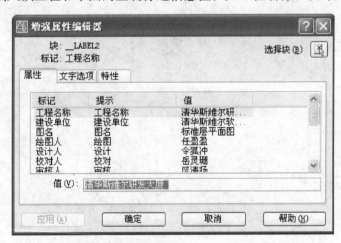

图24-9 标题栏中的属性编辑对话框

24.3.6 图纸目录

屏幕菜单命令:【文件布图】→【图纸目录】(TZML)

本命令从多个包含图框的 DWG 中提取图纸目录信息,并创建图纸目录表格。

生成的图纸目录按序号排序,包含序号、图号、图纸名称、图幅和备注，为 Arch 表格对象，因此支持 [在位编辑]。

插入图框时，注意正确填写序号和图幅的信息，二者虽然在标题栏中无用武之地，但在图纸目录中不可缺少。

图纸目录的样例如图 24-10 所示。

序号	图号	图纸名称	图幅	备注
1	建初-01	首层平面图	A0+1/2	
2	建初-02	二~六层平面图	A0+1/4	
3	建初-03	七、九层平面图	A1	
4	建初-04	八、十层平面图	A0	

图 24-10　图纸目录的样例

24.3.7　打印输出

AutoCAD 打印图纸有多种方法，不过我们推荐使用颜色对应线宽的方法来输出图形。

第 *25* 章 实 例 工 程

通过一个实例工程的讲解，让大家了解暖通设备设计的一个基本流程。虽然本实例工程不算太大，但是将其主要的设计流程已经予以体现。大家可以使用设备设计 Mech 作为工程绘图的参考。

本章内容
- 实例概况
- 给排消防
- 采暖设计
- 通风设计
- 辅助功能

25.1 工程简介

25.1.1 实例工程概况

本教学实例为寒冷地区——北京市某中小学综合办公楼工程，如图25-1 所示。该楼共计四层，其中地下一层地上三层，屋面为坡屋顶形式，

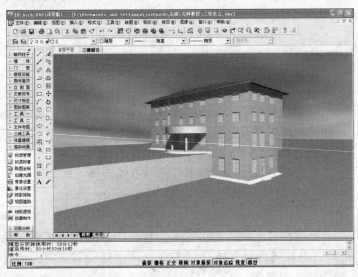

图 25-1 实例工程案例图

屋顶有老虎窗，层高为 4.2m 和 3.3m，建筑高度 15m，建筑面积 1193m²。

　　该实例的目标是通过设备设计 Mech 为此教学楼完成采暖、通风以及给水排水的室内设计。在学习的过程中，对于一些命令的使用可以参考用户手册部分，仍然不清楚的，可致电斯维尔全国统一客服热线 95105705，或登录 ABBS（http://www.abbs.com.cn/）的斯维尔论坛发帖提问。

25.1.2　建筑底图

　　设备设计是在算出工程的冷热负荷以后进行管道、设备等的设计。因此我们可以直接在暖通负荷建好的模型上进行设计，其中各个房间的负荷已经标注在图纸上。这为后期采暖散热器的布置上提供了良好的数据接口，可以直接在图纸上看见房间负荷从而分配散热器的负荷及片数。

25.2　给排消防

25.2.1　布置洁具

　　本工程中地上三层，每层中有两个卫生间，需要布置坐便器、小便斗、洗手盆。点击菜单命令：【给排消防】→【布置洁具】（BZJJ）。弹出如图 25-2 所示对话框及命令行提示。

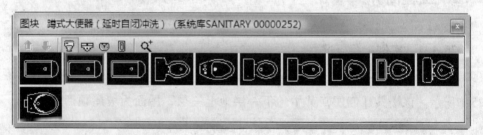

命令：S32_BZJJ

指定洁具的插入点　90°旋转(A)　左右翻转(F)　放大(E)　缩小(D)〈退出〉：

图 25-2　布置洁具

　　软件提供各种洁具的图块，同时注意命令行的提示，可以对其旋转与放大缩小，此图块的尺寸符合最常见的厂家样本数据，且洁具等一系列器具的尺寸一般不会相差太大，此处作为一个示意即可。其中这些洁具都具有接口信息，在绘制好管线以后可以自动与管线连接（图 25-3）。

25.2.2　布置水管

　　布置好洁具以后就需要布置水管了，包括供水管和排水管，点击菜单命令：【给排消防】→【给排管线】（GPGX）。需要选择管线类型、管道材料以及标高等信息。如图 25-4 所示。

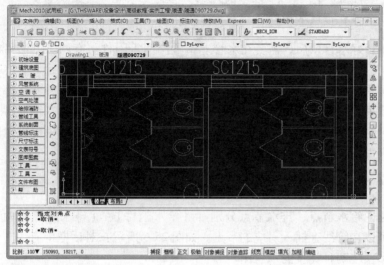

图 25-3　布置洁具效果图

图 25-4　布置给水管

25.2.3　管连洁具

洁具与水管布置好以后，运行【管连洁具】(GLJJ) 命令，选择需要连接的洁具与管线，软件自动检测所选择的干管类型与洁具的接口类型是否相同，如果相同，则自动进行连接，如果不同，则不能进行连接。最后效果图如图 25-5 所示。

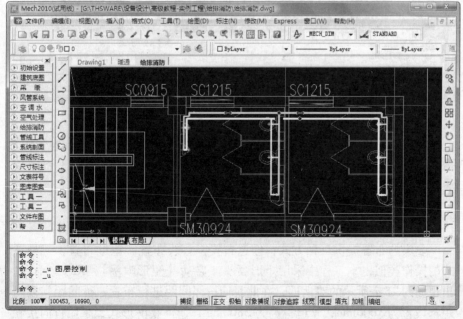

图 25-5　管连洁具效果图

25.2.4 布置水阀

布置好水管以后，需要在水管上布置阀门等附件。有两种方法可以布置阀门：一是选中水管，然后右键点取【水管附件】(SGFJ) 命令；二是可以点击左侧屏幕菜单【空调水】→【水管附件】(SGFJ)。两种方法都是一致的。进入【水管附件】命令后，对话框左侧图片表示的是平面阀件，右侧表示的是三维阀件，可以点取图片进行选择。同时对话框中可以对阀门的宽度进行选择与设置。

25.2.5 插入节点

插入给水节点、排水节点分别有【给水附件】、【排水附件】两个命令。可以在管线上插入对应的节点。如图 25-6 所示：对话框中有该节点的平面和系统两种类型的示意图。

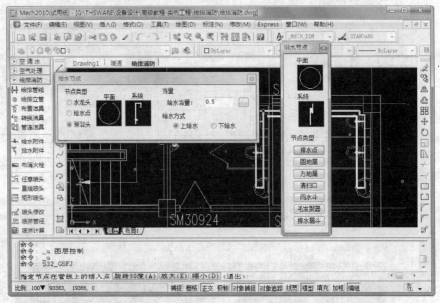

图 25-6　插入给水、排水节点

最后需要将节点与管线连接，运行【管线工具】目录下【点连管线】命令，其中勾选上对话框中"标高不同时先生成立管"项。软件会提示输入点与需要连接的管线，我们点取对应的节点与管线。

25.2.6 布置喷头

喷头的布置提供三种方式：任意布置、直线布置、矩形布置，三种形式的操作类似，本工程中采用矩形喷头。启动【矩形喷头】(JXPT) 命令，出现如图 25-7 所示的对话框，在此我们按照间距进行布置，行间距与列间距都设置为 3000mm，管道标高为 2800mm，向下喷淋形式，采用行向接管方式。在此可以选择一个房间，也可以将整个建筑外轮廓选择，最后把布置不合理的或者不需要的删除即可。

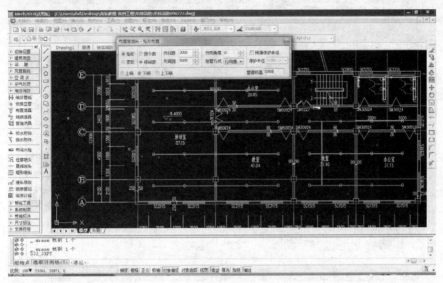

图 25-7　布置喷头效果图

25.2.7　布置消火栓

消火栓一般都是布置在墙边，因此在布置时，命令行中会提示：拾取布置消火栓的墙线、直线、弧线。拾取墙线以后再选择一下布置方向。对话框中可以选择单栓还是双栓以及其他一些参数（图 25-8）。

图 25-8　布置消火栓

25.2.8　布置消防、喷淋管线

喷头、消火栓布置完成后需要绘制喷淋消火栓主干管，直接在【给排管线】命令下选择"喷淋、消防"类型进行绘制。绘制方法与绘制给水排水管线完全一致。最后布置完成的效果图如图 25-9 所示。

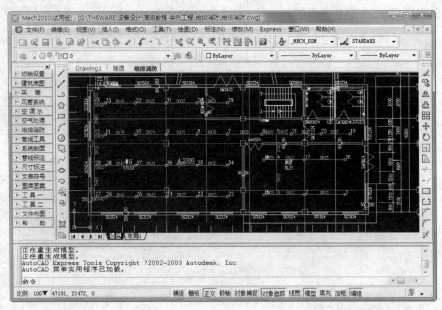

图 25-9　布置消防、喷淋管线

25.3　采暖设计

25.3.1　布置散热器

散热器一般布置在窗台下面，因此 Mech 提供了沿窗布置散热器功能，可以进行批量布置。当然，对于不是在窗台下布置的情况，可以采用任意布置散热器等形式来完成。本工程主要以沿窗布置为主。启动【布散热器】（BSRQ）命令，出现如图 25-10 所示对话框，命令行提示选择窗体（支持多选），可以框选整个一层楼的窗体。然后需要选择布置方向，这里只需要点取散热器在窗体的哪一侧就可以了，其中软件判定的依据是根据点取的方向点在所有框选的窗体所处的哪一侧来进行布置。

图 25-10　布置散热器

正确的设计流程应该是先选择散热器型号，再根据尺寸进行布置，但是我们可以先从整体大致布置一个通用的型号尺寸，最后可以双击进行修改。

布置散热器后效果图如图 25-11 所示。

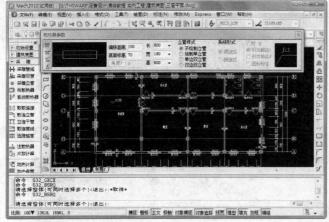

图 25-11　布置散热器效果图

25.3.2　片数计算

另外，散热器在最后还涉及标注片数的问题，可以用软件提供的【片数计算】命令计算，目前软件给出了几种典型厂家的样本数据，用户如果认为没有需要的样本数据，可以自己进行录入，进而方便以后选择。【片数计算】可以根据供回水温度以及散热量计算出当前选择型号的片数，并标注到散热器上。

操作步骤：

（1）首先要将＜采暖工况＞下的供回水温度和室内温度设定好；本工程设为 95/70℃。

（2）将这一组散热器的负荷输入到［负荷］栏里，如 1980W。

（3）＜选择散热器＞的型号、材质等；本工程我们选择森德二柱钢管 2050 型。

（4）点击＜标注＞即可将片数标注在散热器上（图 25-12）。

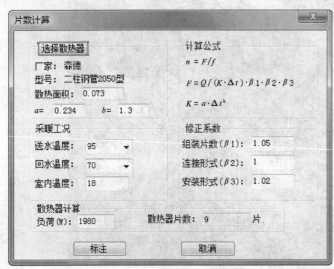

图 25-12　散热器片数计算对话框

25.3.3 布置采暖立管

本工程中采暖工程采用的是单管上供下回式系统，因此立管没有明确的界限到底是供水管还是回水管，那么管道类型选用"采暖"即可。"起点标高"、"终点标高"之间的差值即为这一楼层立管的长度。对话框如图 25-13 所示。

图 25-13　布置采暖立管

25.3.4 散连立管

采暖立管布置好以后，需要将散热器与立管进行连接，【散连立管】可以完成。命令行提示框选需要连接的散热器与立管，同时，对话框中有三种系统的连接形式，直接可以通过示意图观察。其中，本工程选择"顺流式"、"侧接"形式，当然也可以选择"跨越式"。如果是顺流式的话，软件自动会将跨越的那部分立管删除。如果选择的是跨越管形式，需要将跨越管去掉，只要运行【选跨越管】命令选中跨越管，然后删除即可。当然还有其他的接口参数可以在对话框中设置。

[**注意**]：这里的【选跨越管】是由于在平面图上不好观察跨越管，进而将其选中，因此这个命令仅仅是一个选择跨越管的命令（图 25-14）。

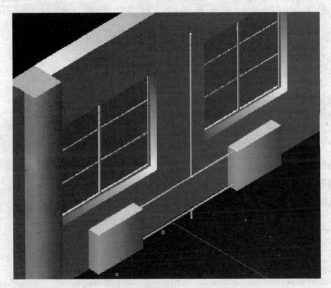

图 25-14　散连立管三维示意图

25.3.5　采暖干管

最后需要将采暖干管布置在平面图上，由于采用单管系统，因此干管只有在首层和顶层才出现，布置采暖干管需要注意标高的问题。注意：这里的标高仅仅指的是干管相对于这一层楼板的高度，而并非相对于地面的标高。单管系统干管类型需要选用"采暖"，不能选择"供水"、"回水"；否则，在后期的立管与干管的连接类型不匹配就不能进行连接。

最终，干管与散热器布置后效果图如图 25-15 所示。

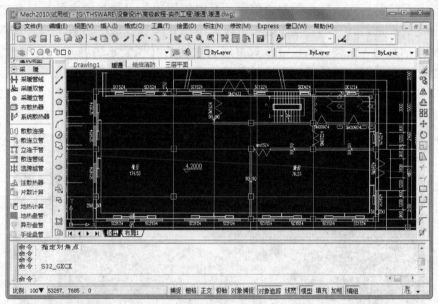

图 25-15　布置采暖干管效果图

25.3.6　立连干管

布置好供回水干管以后，需要将立管与干管进行连接，我们以首层图为例，这时我们选择【立连干管】命令，系统提示选择需要连接的立管和干管，我们框选上立管和干管就可以了，注意框选的时候不要将散热器与立管的连接管也选中，否则不能进行连接。因为连接的时候软件是通过找最近的管进行连接，如果选中了连接管那么软件就不能识别立管了。完成了立连干管后，采暖系统的平面图也就完成了。

25.4　通风设计

25.4.1　布置风口

本工程中我们将在餐厅设置送风口，厨房和卫生间设置排风口。餐厅风口的布置我们可以按个数布置，这里提请注意一下："行边距"、"列边距"指的是布置的风口与框选的矩形区域的边距。厨房布置排风口，首先将风口的形式变换过来，我们在此选用条形送风口，如对话框所示，这里的风口长设置为800，宽度设置为200就可以了。注意风口的标高，设置为3600，因为不注意风口的标高信息的话，那么可能在后续的【管连风口】命令中自动根据标高的不同添加立风管。

25.4.2 布置风管

运行【布置风管】命令，弹出如图25-16所示对话框。其中需要注意的是管线的标高、风量等参数信息。其中"风速"是通过输入的风量和选择的管径进行计算的，本工程中可以先不用管风量等这些参数，只需要将标高信息输入正确，风量等参数可以在后期的【风管水力】中进行修改。当然，如果对这些风量信息比较熟悉，也可以在此输入。管径也可以在后期的风管水力计算之后一键完成调整管径。因此，在前期只需要对绘图的基本信息输入正确，包括风管标高以及风管对齐方式等。

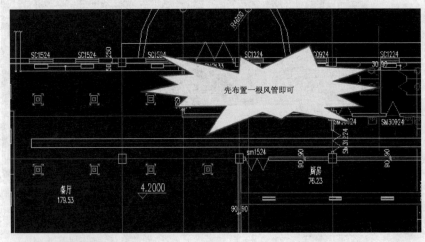

图25-16 布置风管效果图

25.4.3 管连风口

布置完风口和风管后可以通过【管连风口】命令将风口与风管连接起来。点击命令首先设定支风管与主风管高度不同时的对齐方式。同时命令行依次提示选择所要连接的风管和风口，并根据风口的位置，自动在主管上生成三通、四通等连接件，如图25-17所示。当然截面的尺寸也有三种方式：

由风口接口（喉部）尺寸决定：风口的喉部在图块显示时以红色高亮显示。

输入宽度和高度：输入支风管的宽度和高度。

由原风管尺寸决定：支风管与主风管尺寸一致，建议不采用此种方式，用处很少。

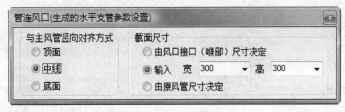

图 25-17　管连风口对话框

本工程中我们选择第一项：由风口接口尺寸决定，框选需要连接的风管与风口，软件自动连接风管与风口。最后效果图如图 25-18 所示。

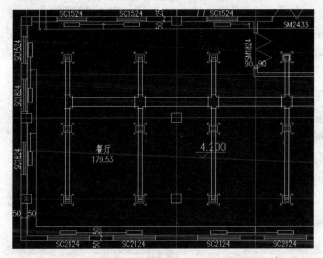

图 25-18　管连风口效果图

25.4.4　布置风阀

风阀的布置有多种方式：可以在菜单中找到【风管附件】命令，也可以选中风管对象，然后单击右键，里面出现【风管附件】命令，当然也可以在命令行输入命令的拼音首字母。在对话框中，［锁定打断宽度］选项用于设定风阀的打断宽度，点击图片按钮弹出图 25-19 所示对话框，通过此对话框可以选择风阀的样式。

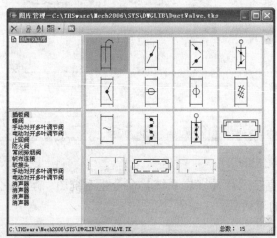

图 25-19　布置风阀图库

25.5   辅助功能

25.5.1   系统图

本工程中采暖采用的是上供下回式单管系统，由于绘制图形的时候我们已经注意到采暖水管的高度等信息，因此，我们可以一键完成平面转系统图。系统图分为单楼层和整栋建筑的系统图。对于单楼层的系统图，请参考《用户使用手册》，在此不作阐述。针对本工程，我们需要将各个楼层组合起来，这也就是建楼层框。这里建楼层框和负荷计算里的概念是完全一致的，如果在负荷计算中已将楼层搭建完成，那么在此就不需要重复搭建。

点取菜单命令【系统剖面】→【建楼层框】（JLCK），系统会提示进行命令交互过程，从而完成楼层范围、层号和层高的设置等操作。这里以首层为例，首先选定楼层框的左上角点与右下角点，使楼层框的范围包括了首层的全部内容，然后选取一点作为与其他楼层上下对齐所需的对齐点，这里选择1轴与B轴的交点，输入楼层号1，输入层高4 200，这样就完成了首层楼层框的设定，同理，我们给其他楼层也设定好楼层框，设置好楼层框后如图25-20所示。

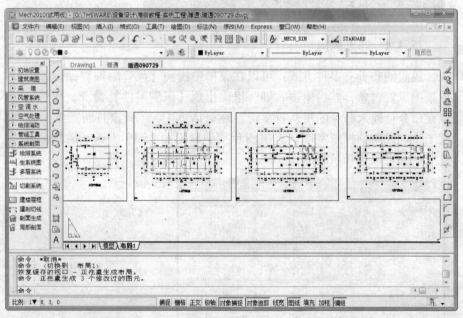

图 25-20　楼层框建立后效果

楼层框建好以后，可以直接运行【多层系统】命令生系统图，运行此命令后弹出如图25-21所示的对话框。

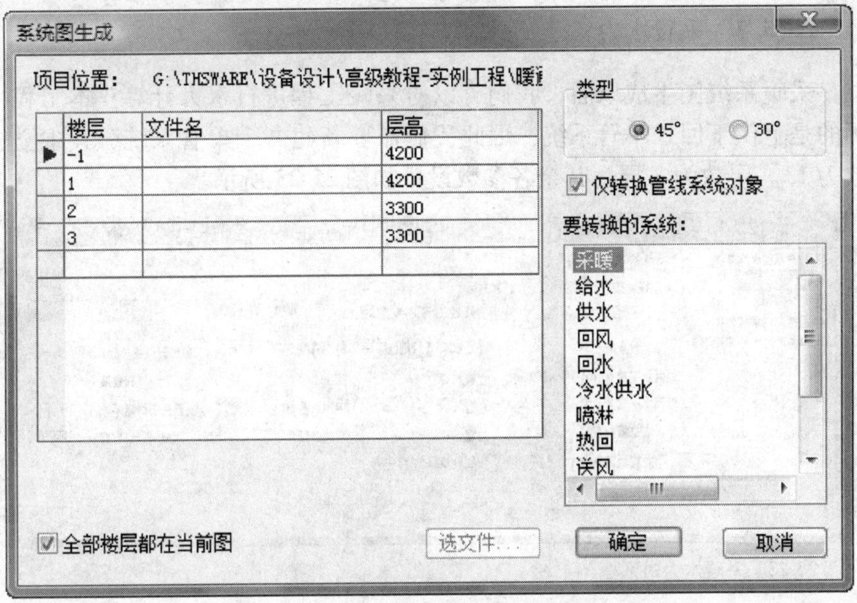

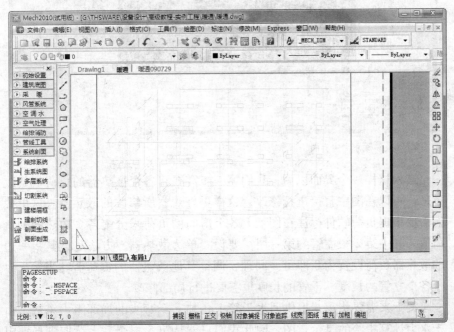

图 25-21　系统图生成对话框

　　楼层的信息，软件会自动提取到，这里需要对需要转换的系统进行选择，因为同一张图纸中可能有不同专业的平面图。另外，"类型"中可以选择是转化为45°、还是30°的系统图。选择完毕以后，直接点击确定也就可以了。转换前，命令行还会提示：请选择临时多层模型放置位置，点取空间中一空白区域，然后系统进行转换，最后需要点取一下系统图的放置位置。转换后的最终效果如图25-22所示。

图 25-22　生成后的系统图

25.5.2 采暖水力

采暖系统图生成以后，我们可以对采暖工程进行水力计算。本工程采用的是上供下回式单管系统，因此我们需要新建一个单管系统，其中立管数为13。层数为3层。其余各参数设置如图25-23所示。

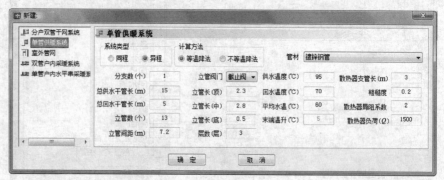

图25-23 采暖水力对话框

点击确定以后进入图25-24所示界面。

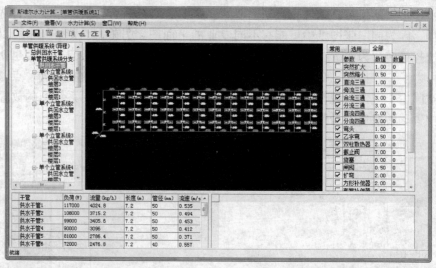

图25-24 采暖水力主界面

进入这样一个界面以后，我们第一步需要将各个散热器的负荷值修改过来，可以在图中直接进行修改，这样更好观察所修改的散热器。这里我们需要根据负荷软件标注在图纸上各个房间的负荷来分配各个散热器的负荷值。其中第2根立管的第一层需要设置单边散热器，方法是把其中一边的散热器负荷设置为0即可。同理，调整其他散热器的负荷值。当然，对于各个立管的长度、干管的长度也需要进行局部修改。

接下来需要将第5根供回水干管上各加一个弯头的局部阻力系数，由于水力计算中给的是示意图，因此我们只能从第5根干管上读取到局部阻力系数的信息，在示意图上不作标记。同理，在第8根和第12根干管上加弯头。

　　将这些工程的基本信息修改完毕之后就可以进行初算。初算后对不平衡率不符合要求的管段进行调整，这里调整的原则是：先调整管径、后添加局阻；对于本工程单管上供下回式系统，需要将离总供回水立管近端的立管管径调小，远端立管的管径调大一些。

　　当然这个调整的过程是一个反复的过程，一些管段用管径无法调整的只能通过调整局部阻力来达到要求。不平衡率是由立管压降与资用压力之差除以资用压力计算出来的。在各自对应各管段上添加局部阻力系数也就把立管压降增大。资用压力是通过最不利环路计算得来的，对于这种立管较多的情况更应该将远端立管（最不利环路）的压降降低，而近端的立管压降增大（调小管径）。

　　调整达到要求后可以输出计算书（图25-25）。

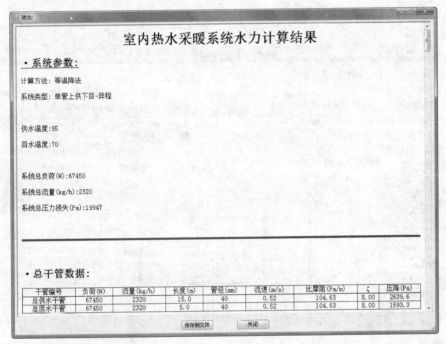

图25-25　采暖水力计算书

25.5.3　剖面图

　　由于平面图中也是具有三维信息的，所以剖面图也能够通过一键生成。首先需要建立一剖切线，如图25-26所示。

　　建立好剖切线以后，运行【剖面生成】，命令行提示选择一条剖切线。选择上刚才建立的剖切线，然后选择要出现在剖面图上的轴线，最后点取剖面图生成的位置。生成的剖面图如图25-27所示。

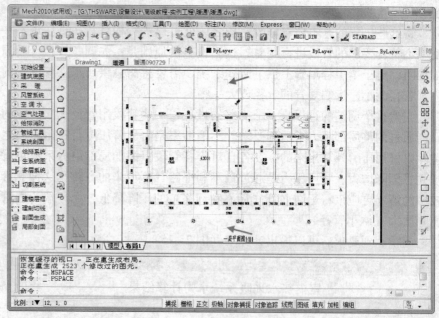

图 25-26 建立剖切线效果图

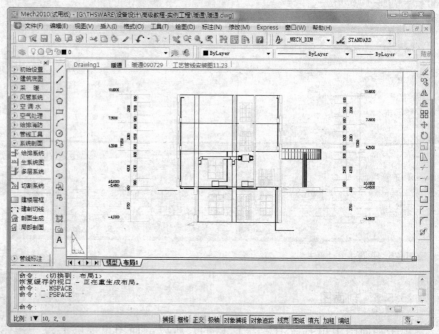

图 25-27 剖面图

25.5.4 材料统计

Mech 采用自定义对象核心技术，能够将用 Mech 绘制的图形都统计出来，包括各种管线、设备、阀门、节点等。运行【材料统计】命令，弹出如图 25-28 所示的对话框。

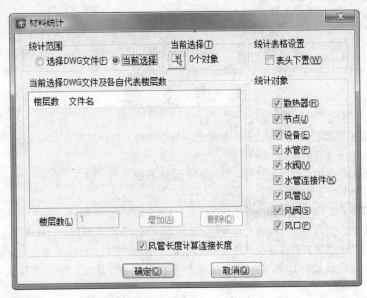

图 25-28　材料统计对话框

统计对象我们所有的都选中，最后点击确定，生成一个材料表（表25-1）。

实例工程统计出的材料　　　　　　　　表 25-1

主要设备材料表						
序号	图例	名称	型号、规格	单位	数量	备注
1		放热板		个	63	
2		不锈钢板风管	1 000 × 900	m	3.6	
3		不锈钢板风管	1 200 × 900	m	3.6	
4		不锈钢板风管	1 250 × 900	m	1.1	
5		不锈钢板风管	300 × 300	m	62.8	
6		不锈钢板风管	700 × 700	m	3.6	
7		不锈钢板风管	800 × 700	m	3.6	
8		不锈钢板风管	800 × 800	m	3.6	
9		不锈钢板风管	900 × 900	m	4.2	
10	▣	方形根风管	300 × 300 100m³/h	个	18	
11		镀锌相管	*DN*25	m	245.2	
12		镀锌相管	*DN*50	m	166.2	
13		弯头	*DN*25	个	82	
14		弯头	*DN*50	个	12	
15		堵头	*DN*25	个	52	
16		堵头	*DN*50	个	6	
17		三管	*DN*25	个	48	
18		三管	*DN*50	个	24	

参 考 文 献

[1] 中国有色工程设计研究总院. 采暖通风与空气调节设计规范 GB 50019—2003. 北京：中国计划出版社，2004.

[2] 电子工业部第十设计研究院. 空气调节设计手册（第二版）. 北京：中国建筑工业出版社，1995.

[3] 陆耀庆. 实用供热空调设计手册. 北京：中国建筑工业出版社，1993.

[4] 单寄平. 空调负荷计算理论与方法. 北京：中国建筑工业出版社，1989.

[5] 全国民用建筑工程设计技术措施 暖通空调·动力. 北京：中国计划出版社，2003.

[6] 北京市建筑设计研究院. 建筑设备专业技术措施. 北京：中国建筑工业出版社，2006.

[7] 中国建筑科学研究院. 民用建筑节能设计标准（采暖居住建筑部分）JGJ 26—95. 北京：中国建筑工业出版社，1996.

[8] 中华人民共和国建设部. 公共建筑节能设计标准 GB 50189—2005. 北京：中国建筑工业出版社，2005.